Image Digitalization Study

本书为国家社科基金艺术学项目（07BC20）结项成果

影 视 新 视 野 丛 书【第二辑】

影像数字化的历史沿革与媒介功能研究

李兴国 徐智鹏／著

中国传媒大学出版社

目 录

第一部分 影像数字化的中国进程

第二部分　媒介功能的数字化嬗变

第三部分　影像数字化与国家文化安全

第一部分

影像数字化的中国进程

第一章　影像数字化的国家进程

数字化已成为世界各国拓展影视服务领域、推动影视产业升级的主要原动力。

第一节　数字化是全球性的技术趋势

数字化是当前影视产业发展全球性的技术趋势，在各国政府的强力推动下，世界广播影视数字化进程大大加快，同时带来了网络电视（IP 电视）、手机电视、卫星移动电视等数字新媒体的出现。目前，我国广播影视正全力推进数字化，这是外部媒介大环境的直接影响，更是内部因素催促的必然趋势。

一、世界媒介大环境的影响

数字技术的发展与应用正在不断地改变着人类传播信息和生活的方式，同时也对社会产生深远的影响。就电视而言，数字技术全球化的影响体现在以下几个方面：

一是电视等媒介的节目内容与服务的传播途径和方式增多，多平台化、交互性的增强已是必然趋势。比如，电视内容可以通过手机等移动通讯工具、互联网等传输，步入频率频谱资源不再起决定性作用的后频率频谱稀缺时代。这不仅改变了人们的收视方式和习惯，也意味着巨大的市场空间和商机。

二是电视政策环境日趋复杂和多元化，对内容和经济行为的规制愈来愈超越了电视领域，呈现出跨行业性，而且监督管理的难度也在增大，特别是手机、互联网等使得信息传播更加个性化、便捷化。

三是数字技术不仅比模拟技术更能提供高质量的节目内容和更大的传输容量，而且为本来具有自然垄断属性的电视业进一步集中提供了可能性，这种集中又将跨越媒介、通讯、计算机等行业界限。这有利于规模经济和范围经济的形成，也有利于跨国媒介集团在全球范围内整合资源和资本运作，但对内容的多样性和丰富性却形成了巨大的威胁。因此，各国对数字技术倍加重视，不过不同的国家因体制和市场格局的不同，影视数字化的进程和程度也有较大的差别。

英国是世界上最早开始推广数字技术的国家之一。早在 1998 年 11 月，英国就开始推行 DTTV(数字地面电视)，经过七年的发展，目前有 60％的家庭拥有数字电视，按照计划，预计在 2012 年实现数字转换，届时家庭拥有率将达到 80％，数字广播(DAB)的覆盖率将达到 90％。到目前为止，英国的数字革命经历了两个阶段。第一阶段始于 20 世纪 90 年代中期，直到 2002 年 3 月，由 ITV 运行的收费电视模式宣告失败为止。这个阶段推行广电数字技术的主体是商业机构(ITV 和 BskyB)，其服务对象是消费者。在此阶段，广播频率特别是电视频道得以大量地增加，互联网所提供的消息内容也在扩展，为消费者提供了更多的选择机会。不过，由于采用的是受众付费的方式，推广的速度较为缓慢，而且其广度也是有限的，这就将许多付不起费用的公民排除在外。从这个意义上讲，势必会加剧社会的分化。从 2002 年 10 月 BBC 开始推行免费收视模式(freeview)，由 BBC 来主要负责到 2012 年实现数字转换的任务，英国步入了数字革命的第二个阶段，形成了免费和付费两大市场。DTTV(数字地面电视)得以迅速推广，从 2002 年 10 月起，在短短的 20 个月内增加到了 400 万用户。从英国广播电视数字化的历程来看，在新技术推广和应用中，不仅仅要考虑技术本身的问题，更为关键的是要考虑由政治、经济和社会要素的影响并形成的政策安排、已有产业格局、受众的消费时间和收视习惯等问题。

二、国家政策的推动

我国广播影视业发展迅猛，回顾广播影视的每一个阶段，发展的背后都离不开国家政策的推动。

上世纪 80 年代，中央 37 号文件确定的政策极大地调动了地方各级党委、政府办广播电视的积极性，使我国广播电视得到了快速发展。有线、卫星等技术的应用，使广播电视进入了多频道时代，覆盖范围不断扩大，地位不断提高。广播电视已成为我国新闻宣传战线的主力军和社会主义精神文明建设的重要阵地，成为最普及的信息工具和最好的信息载体，成为人民群众日常生活不可缺少的组成部分。

进入新时期，随着世界科学技术的日新月异和我国社会主义市场经济的不断发展，我国广播影视进入重要的战略发展机遇期，全力推进广播影视数字化是重中之重。数字化是广电系统的重要任务，是广播影视应对挑战的重要举措。我国政府高度重视数字化工作，把它列入了国家“十五”规划，同时列入了国家中长期科技发展规划。其中，有线电视数字化被列入了国务院工作要点。

数字化是广播影视拓展各项业务的基础和前提，关系到广播影视的核心竞争力和生存发展。2004 年中央文化体制改革试点工作领导小组在青岛专门召开了全国有线电视数字化推进工作现场会，对推进有线电视数字化进行了部署；2005 年年底出台的《关于深化文化体制改革的若干意见》、2006 年年初的《国家中长期科学和技术发展规划纲要》和“两会”通过的《国民经济与社会发展第十一个五年规划纲要》，均将广播影视数字化作为一项重点工作，并提出了明确的任务和要求。其后，国家广播影视总局提出了数字化发展方略：按照先有线、卫星，后无线的步骤，全面推进广播影视数字化，到 2015 年停止播出模拟节目。

三、受众需求的个性化

如今的电视已经远远超越了实物意义上的电视，站在相互作用理论的立场上,与电视发生相互作用的便是电视的受众——观众。传播学家麦克卢汉有一个著名的理论,“媒介是人体的延伸”。如果将这一理论应用于电视便不难发现,电视作为一种媒介手段,连接着位于它两端的传者与受者,以它自身的特性扮演着传者与受者相互作用的纽带角色,所以从传播效果的前馈分析而言,受众需求就显得尤为重要。

处于电视媒介一端的受众,在宏观上表现为一个庞大的集合体,从微观上看又体现为具有丰富多样性特点的社会个体。广大电视观众虽然身处异地、互不相识,但作为同一社会环境下的个体,他们有着在社会规范作用之下的广泛的共性,这些共同之处加之作为自然人的精神生理共性,共同构建起了电视受众之间的密切联系。

观众观看电视,是对电视媒介的选择和使用,个体受众选择电视来满足某些方面的需求是电视需求的微观存在,广大社会公众这种行为的集合便构筑了电视需求市场。那么观众对电视的选择到底要满足什么需要呢?美国学者对电视研究分类,归纳为四种基本类型,即:(1)心绪转换:提供消遣和娱乐,缓解生活压力,带来情绪上的解放感;(2)人际关系:“拟态”人际关系和现实人际交往的满足,摆脱隔绝于社会之外的孤独感;(3)自我确认:将自我与电视中的他我进行比较,以求对自我观念和行为作进一步调整;(4)环境监测:通过电视获取所处环境的信息,及时把握社会的变化,为采取行动提供决策依据。也许上述四个方面并不能体现出电视受众需求的全部,但是它至少为了解电视受众的需求提供了一个可以作为参考的范本。

有了需求,对电视的压力也随之产生。旧有的电视内容无法满足受众的需求,电视受众会采取力所能及的行动来对抗电视传播者。在社会大系统的运转之下,受众对传播者的对抗必然被电视传播者明显地感知到,而这种感知往往由社会的经济杠杆来衡量。传播者与受众之间的矛盾出现,对电视的压力随即产生,但它起初只出现于电视需求市场的局部,也就是压力来自于少数受众,而随着社会进步,这种压力会很快扩散,甚至布满整个电视需求市场。

电视的发展与两个并不矛盾的目标紧密相连,这两个目标分别是满足受众的需求(外部目标、社会效益)和实现自身的经济利益(内部目标、经济效益)。这两个目标互不矛盾的根据是从实践中得来的,因为电视的经济利益通常是在满足受众的需求中得以实现的,而且往往是越能满足观众需求的电视节目,其经济效益就越好。电视作为传媒产业的重要组成部分,产业特性是它的基本特性之一,因此经济利益对于电视产业来说是至关重要的,因为它不仅维系着电视产业的生存与发展,更与社会效益的实现息息相关。

社会的进步使人们所处的环境发生变化,人们在欲望刺激下的需求也相应提高,当原有的需求满足方式未能及时跟进时,压力便由此而开始发挥作用。电视不仅影响着人们的生活,社会公众也逐渐习惯了电视对自我的改变,并且将其视为一种理所当然的变革工具。如今的公众对电视的依赖是日积月累、逐渐形成的。越是依赖的事物,人们越寄予较高的期望。这一心理机制的成因之一即机会成本,人们依赖此事物的同时,往往放弃了对彼事物的信任,这种放弃便是一种巨大的无形成本。当对电视的信赖程度与日俱增时,付出的成本也相应提高;而电视本身不变化或改变甚微,仍旧保持旧有的形式,电视观众的需求便难以得到满足,由此传播者与受众的互动体系便开始发挥作用。观众的不满情绪便是压力的表现形式,这种压力通过观众的行为体现出来,经过反馈渠道为电视传播者所感知,在这种压力的作用下,传播者开始思考应对的办法,进行新的探索与尝试以谋求出路。

马斯洛著名的“层次需要论”指出,人们越是下层的需求越具备相近性,越是上层的需求越带有独特性。比如处于下层的生理需求和安全需求,即使对于不同社会中的个体也大都是相似的;而对处于社交需求及其上方的自尊需求和自我实现需求而言,虽然从粗放型的角度审视仍会有巨大的共性,但站在集约型背景下去分析则会发现,这类需求更多地会因个人的知识结构、家庭环境、行为习惯、生活水平、工作环境、自我追求、宗教信仰等等方面的差异而千差万别。现在的电视媒介已经将大众的低层次共同需求予以了基本的满足,而大众的品位也早已超越了这些相应的层次。因此,在一定程度上说,对社会公众个性化需求的满足成为了电视传媒面临的挑战与机遇。

多年来，我国提供的电视节目过于单一，依然停留在旧的思维上，市场服务没有充分开发，产业化的基础相当薄弱。电视纽带的重要组成部分就是电视内容，电视内容决定着受众的关注度，而受众的需求又决定着电视的内容。广电数字化以后，这一切都有所变化，收费方式也会从免费收看变成受众付费，随之频道趋于专业化，内容供应将有大幅度增长。节目内容的数字化是广播影视数字化的重要方面，它为发挥广播影视节目的内容优势，发展广播影视内容产业创造了条件。

四、我国影像数字化发展的条件日趋成熟

1. 具备数字化发展的成熟条件

我国广播影视数字化发展经过多年的努力取得了重大突破，条件也日趋成熟，主要表现在以下几个方面：

一是电台电视台数字化程度普遍提高。电视的数字化由节目制作和播出环节的数字化起步。目前中央和省级、计划单列市电台电视台的总体数字化率达到 90％以上，地级市电台电视台数字化率平均超过 50％，逐步实现了制作数字化、播出自动化，基本完成了数字化过渡。

二是有线电视数字化步伐加快。从 2003 年开始，广电总局先后在全国 53 个城市和地区开展有线数字电视试点。2006 年，有线电视数字化由部分城市试点向全国大中城市全面推开，朝着大容量、数字化、双向互动和区域联网等方向发展。

三是地面数字电视稳步推进。2008 年，地面数字电视已在北京等 8 个城市开通标清频道和高清频道。2009 年开始，广电总局计划在全国直辖市、省会市、计划单列市及部分地级市共 100 个城市开通地面数字电视，实现标清电视与模拟电视同步播出，在直辖市、省会市和计划单列市同时播出高清电视节目。北京、上海、广东等部分省市利用地面数字电视技术开展了车载移动数字电视业务；中央电视台采用互联网专网方式在全国近 30 个城市开展了公交车载电视业务。

四是卫星广播电视数字化积极推进。2008年6月9日，中国成功发射第一颗直播卫星"中星9号"。根据我国政策，直播卫星主要用于"广播电视村村通"工程，以从根本上解决广播电视人口覆盖盲区听广播难、看电视难的问题。

五是移动多媒体广播电视取得了突破性进展。2002年广电总局开始组织移动多媒体广播(CMMB)相关技术研究。2007年7月，北京地区CMMB系统测试成功。目前，中国自主创新的移动多媒体广播电视(CMMB)取得了突破性进展，完成了技术研发、标准体系建立、设备产业化、服务奥运、规模试验、运营体系建立等工作，初步走出了一条以自主创新、民族工业为支撑的产业化发展之路。移动多媒体广播电视产业链已形成规模，有多家企业生产出了CMMB芯片，100多家企业生产出了200多种CMMB终端。2008年6月，全国37个主要城市开播CMMB信号，8月成功服务于北京奥运会。截至2009年2月，全国157个地市级城市已开通CMMB信号，计划在今年年底全部开通336个地市级城市。

六是网络视频新媒体发展加快。央视网、国际在线、中国广播网等互联网视听节目服务网站达320余家，国内收视用户超过2亿，同时辐射180多个国家和地区；上海电视台等广播电视播出机构在哈尔滨、上海等试点城市设立了IP电视集成播出平台，用户规模达百万级；超过200万手机用户正在体验通过移动通信网络提供的手机电视服务。

七是电影数字化取得重大进展。20世纪末我国开始数字电影的研究开发，首次建立了电影数字制作基地——华龙电影数字制作公司，由此展开电影数字化制作。2005年完成52部数字电影，2006年完成110部，2007年完成197部，2008年完成260部，为城市数字影院建设和农村电影数字化放映工程提供了内容支持。同时，广电总局还建立了高、中、低档不同层次的数字电影技术标准体系；成立了电影数字节目服务监管平台；制定并颁布了《电影院星级的划分与评定》标准，建成了数字电影示范院线和农村数字电影流动放映体系。2008年全国投入影院市场运营的2K数字放映设备超过800套，建立流动数字院线179条，流动数字放映点24 734个，卫星接收站58个。

纵观近年来我国广播影视数字化进程,特别是从有线电视数字整体转换试点工作的经验来看,各级政府的有力推动与带有公益性的推广是实现数字整体转换的重要保障。同时,广开融资渠道,吸纳社会和海外资本,也进一步推进了数字化进程。

2. 拥有数字化发展的成熟技术

数字化技术给广播影视带来了重大变化,传统的模拟系统是使用模拟技术对信号进行处理、记录、传送和接收,产生的是模拟的电信号。而数字系统则是使用数字技术,产生的是由"0"和"1"组成的数字信号。数字技术使广播影视发生了重大变化:

一是改变了信号处理方式,使信号质量大大提高。模拟技术是将信号进行整体处理,用电平幅度的大小来表示一个信号,信号通过电路一级一级实时地、连续地、完整地处理,电路中的杂波也一起被当作信号予以处理,杂波一级一级地累加,使接收端得到的图像质量大大低于发送端的图像质量。而数字技术是将画面分割成一个个小块进行单独处理,用"0"和"1"组成的代码来表示,在发送端按照行列编好顺序,称为编码,在接收端也按约定的顺序还原,称为解码。数字处理变为对"0"和"1"的处理,即使有杂波,只要"0"和"1"处理不出错,就相当于去除了杂波,减少了损耗,使发送端和接收端的图像质量基本一样,信号质量大大提高。

二是改变了信号传输方式,使传输效率大大提高。数字技术利用压缩和存储的方法,传输第一幅画面时,接收端先存储起来,传第二幅画面时,发送端只传变化了的信息,传输量大大减少,一个通道就可以多传几路信号,使传输效率大大提高,传输空间大大扩展。由于是将多路信号打成数据包传输,传输的内容还包括了数据包本身的识别信息,这就使发送端和接收端有了更为紧密的联系。

三是改变了信号传输系统,可实现多种业务的融合。用模拟技术传输图像、声音、数据信号,必须使用不同的传输系统和制式。数字处理是将图像、声音、数据等不同的信号编成同一格式由"0"和"1"组成的数字代码信息,打成一个数据包，放在同一个系统、同一个通道里传输，这就可以实现广电节目与各种数据、互联网信息等业务的融合。

面对数字电视、直播卫星、数字电影、高清晰度电视、数字声音广播、移动多媒体广播、IP 电视等新技术，我国积极主动地学习新技术，掌握新技术，审时度势地应用新技术、推广新技术并及时调整和完善广电的管理政策和发展战略。

2001 年我国开始有线数字电视技术实验。虽然这次有线数字电视实验没有达到预期的效果，但是我国对有线数字电视的认识有了提高。在 2002 年底的苏州会议上，电视台和用户接入网这两个主力军被请进主战场，以节目为龙头，以网络为纽带，以城市分配网为基础，构建起由节目平台、传输平台、服务平台、监管平台构成的有线数字电视技术体系，推动了整个广电系统由模拟向数字转换。2003 年，我国在推动有线数字电视试点工作中又陷入了数字电视与付费电视的“鸡与蛋”的怪圈，以为可以照搬国外的做法，通过付费电视来推销数字机顶盒，从而推进数字化，但出现了“两万台”停滞现象。反思后，青岛市在 49 个试点单位中率先将国家信息化的要求、人民群众对节目和信息的需求有效结合起来，把电视机变成家庭多媒体信息终端，通过增加服务、增加收费、免费安装机顶盒等措施，实现了有线电视由模拟向数字整体转换，形成了一个政府支持、群众接受、市场运作，加快广电发展的有线电视数字化整体转换模式，初步走出了一条符合中国国情的有线电视数字化发展之路。

现今我国省级以上的电台、电视台已基本实现数字化，正进入网络化应用、媒体资产管理的新阶段，我国电影数字制作基地和数字影院的条件初步达到国际水平。特别是近两年来，有线电视数字化取得了突破性进展，初步走出了一条有中国特色的有线电视数字化发展之路，并建立了由节目平台、传输平台、服务平台和监管平台构成的有线数字电视技术体系，制定了我国有线数字电视发展规划过渡时间表和一系列技术政策、标准规范。

中央电视台、上海文广集团等单位建成了节目平台，国家干线网和各省级干线网建成了传输平台。青岛、佛山、杭州等城市在整体转换过程中，从国家对信息化的要求、人民对节目和信息服务的需求出发，把家家户户的电视机变成多媒体信息终端，人们不仅可以看电视、听广播，还可以获取电子政务、文化教育、生活信息、电视商务等海量的信息服务，为政府、社会各界和人民群众搭建了新的信息平台和服务窗口，以信息化、本地化、个性化服务推动了有线电视数字化，创立了符合当地实际的整体转换模式。

第二节　我国影像数字化的发展脉络

如果说电影、电视这种视听媒体的出现开辟了人类传播史上的新纪元，那么数字化技术的横空出世必将成为拓展世界影视发展空间至关重要的新的里程碑。自上世纪八九十年代以来，数字电视俨然已经成为世界各国追逐和关注的焦点。1999 年，欧美等国纷纷进入到电视数字化转化的轨道中，中国也紧跟世界的步伐，于 80 年代末开始进行数字电视的研发，并于 2000 年正式启动了影像数字化的中国进程。

一、初启阶段：政策催生数字电视试运营(2000—2002 年)

进入新世纪以来，数字化已经成为全球影视业的大趋势，欧美等国家的数字化发展较快，提供的服务多种多样，如图文电视服务、双向互动电视服务、多频道服务、视频点播等等。由于这些国家频道专业化的程度比较高，电视市场发展比较成熟，为数字电视的发展提供了良好的基础。我国则采取一种自上而下的策略，国家对广播影视数字化项目在政策上鼓励，在经济上扶持，这对于正处于迅猛发展中的数字化进程来说，无疑是如虎添翼。广电相关部门开始制定一系列的法规、文件，规范数字广播、电视等的健康发展，使数字化的推广更规范、更有章可循。短短三年间，各大省市电视台相继走上数字电视试运营之路。

2000 年 6 月，我国第一个数字电视广播平台在南宁开通，由此拉开国内数字电视广播的序幕。同年 10 月，国家计委批准将数字电视的标准研究制定列入 2000 年国家发展计划，标志着数字电视这一项关系到中国电视、电影、广播等文化事业兴盛发展的重大项目已成为国家发展中不可或缺的一个关键环节。12 月，国家广电总局颁布《广播电视卫星传输数字化过渡方案》，要求全国在 2005 年前完成卫星传输向数字化的平稳过渡，中国的电视数字化被正式提上议事日程，至此，数字化的进程也开始按照时间要求循序渐进、有条不紊地进行。

2001 年 1 月 1 日，我国第一批数字高清晰电视节目在上海开播。同年 2 月 8 日，国家广播电影电视总局发布《广播影视技术"十五"计划和 2010 年远景规划》。规划中明确指出，要以有线电视为切入口，积极稳妥地推进数字电视的发展。并明确提出我国有线电视走向数字化的过渡时间表，到 2005 年我国有线数字电视用户要超过 3 000 万户，到 2010 年我国要全面实现数字广播电视，到 2015 年国内将停止模拟广播电视的播出。至此我国数字电视转换的整体轮廓出现，此后我国数字电视的进程将根据时间表的要求和规定，按部就班地推进全国各个省市地区数字化的发展。

在政策的催生下，多家电视台走上了数字电视试运行的道路。2001 年 4 月 28 日，苏州有线数字电视正式投入市场；5 月，山东数字电视正式开始运营；6 月，河南开通数字电视广播平台；9 月，中央电视台体育频道试播数字电视节目；2001 年年底，南京多媒体交互式数字电视系统开始试运行，从开播之日起到 2002 年年初，相继开播 50 多套数字电视节目。

值得一提的是，2001 年 12 月，上海文广互动电视有限公司作为国内首个专业从事数字电视内容规划、运营的企业注册成立，这不仅标志着中国的数字电视节目进入规范化生产的时期，更预示着国内数字电视节目公司将以迅雷不及掩耳之势强劲出击。

2002 年是全面推进数字电视运营的丰收年。1 月至 4 月，无锡、广州、南京等地的数字电视纷纷进入正式运营或试运营阶段。5 月，常州数字电视步入正式运营阶段，四川广播电视网络有限责任公司也随即开通数字电视。在世界杯期间，中央电视台体育频道推出世界杯赛事的数字播出服务。数字电视节目的大行其道俘获了无数受众的欢心，为此类节目的推广盛行奠定了坚实的受众基础。同年 9 月，上海数字电视开始运营性试播，标志着上海摇身变成国内数字电视商业运营的第一城。10月,天津有线标清数字电视进入试播阶段,并于次年正式播出。与此同时,凤凰卫视也开始了将模拟信号转换成数字信号播出的尝试。12月,四川省绵阳市数字电视正式开通,成为中国西部第一个开通数字电视的城市,并对西部其他城市的数字化进程起到了促进作用。

2002年12月24日到27日,国家广电总局科学技术委员会第六届四次会议在苏州召开,会议对当前数字化转换过程中出现的问题作了全面、细致的考察。针对数字节目资源有限,加上机顶盒价格颇高形成的"两万户"瓶颈的困境,会议提出了建立国内有线数字电视技术新体系的思路和观点。此次会议还通过了《关于建立有线数字电视技术运营新体系,加快广播影视事业发展》的建议书,以书面形式明确指导了对于国内数字电视技术的体系构成、运行等关键问题的解决,难题的解决具有巨大的现实指导意义,更为今后数字电视的发展提供了条件和环境。

二、全面建设阶段:频道专业化、整体数字化(2003—2006年)

伴随着我国有线电视数字化整体转换工作的全面启动,广播电视数字化从局部走向全系统,由行业走向全社会。四年时间里,全国各个省市不遗余力地推动数字电视、数字电影、数字广播等项目的普及和发展。国内频道专业化程度越来越高,出现了青少频道、音乐频道、电影频道等,细分的节目市场为专业频道带来了大批忠实受众。在频道专业化建设的同时,全国各大省市也相继完成了有线电视数字化的整体转换工作。

2003年4月下旬,国家广电总局科技司提出"三步走"战略,战略中提出数字电视的发展要遵循从有线到直播卫星,再到地面无线的顺序,并提出有线数字电视整体平移的推进战略、分层递进的业务推广方式、在具体的实施步骤上采取以点带面的发展思路等等。

2003年6月6日,国家广电总局发布了《我国有线电视向数字化过渡时间表》,该时间表通过综合考量分析我国具体国情和各地有线电视的实际情况,依据各个地区当地的经济发展、地域文化及接受程度等情况,大体划分出东部、中部、西部及北京、上海、天津、重庆四个直辖市，以 2005 年、2008 年、2010 年、2015 年为四个时间段，逐步完成模拟信号向数字信号的转换工作。这为我国数字电视的整体转换提供了经济基础、区域特点等现实的参考依据，也使各个地区能够根据自己不同的现实情况进行转换。科学的地域划分和严格的时间限制使数字化转换在一定的时限之内达到最佳的状态，既达到质上的最优，也达到了量上的最多，为整体转换的成功奠定了基础。同时，国家广电总局发布《关于开展有线数字广播影视业务试点工作的通知》，通知决定在全国范围内选择 33 个地区分别进行有线数字电视的试点工作，这 33 个地区包括 4 个直辖市、10 个省会城市、4 个计划单列市、12 个地级市和 3 个省。以经济、文化等各方面发展较为迅速的地区作为试点城市，确保了数字电视推广的顺畅进行，为在相对落后的地区开展数字化转换积累经验。这样的做法大大拓展了数字电视的覆盖范围，使数字电视工作得到了全方位的拓展。

为了满足受众对于信息、服务及娱乐的不同需求，一批专业性频道借着电视数字化平台应运而生。2003 年，国家广电总局批准了第一批共 10 个付费数字电视频道，包括中央电视台的足球频道、电视剧场频道、音乐时尚频道、京剧经典频道、城市体育频道、卫生健康频道；北京广播影视集团的京视剧场频道、动感音乐频道、爱家购物频道；电影卫星频道节目制作中心的家庭影院频道，其中除了京视剧场和爱家购物频道外，其余 8 个付费频道均可在全国范围内播出。上述 10 个频道均从 2003 年 9 月 1 日起开播，试播期为 3 个月。

2003 年 9 月 29 日，国家广电总局又批准了第二批共 8 个付费数字电视频道，其中包括北京广播影视集团的车迷频道、考试在线频道、亲亲宝贝频道、四海钓鱼频道；天津电视台的天视家居频道；山东电视台的收藏天下频道、辽宁电视台的游戏竞技频道；江苏电视台的靓妆频道。以上 8 个频道都在全国范围内播出，其中除了亲亲宝贝和四海钓鱼频道外，其他频道均于 2003 年 11 月 1 日前完成筹建工作，并在 2003 年 12 月 31 日前完成试播。

2003 年 10 月，深圳电视台高清晰频道进行首次试播测试；环球影视频道、科学频道、卡通频道等 3 个有线数字电视加密频道登陆山东电视台，同时青岛市有线数字电视工作全面启动，它所采取的整体转换技术成为其他城市进行模拟信号向数字信号转换的模板；重庆经济广播电台打破广播与电视的界限，首次正式推出数字电视财经频道。2003 年 11 月，上海文广新闻传媒集团的东方财经、全纪实、动漫秀场、游戏风等付费频道经国家广电总局批准，纷纷加入到国内数字付费频道的行列中去，使付费频道涉及的领域和覆盖范围大大扩展，也为付费电视观众奉献出更专业、更精美的节目。

11 月 18 日，由国家广电总局举办的有线数字电视媒体见面会在青岛召开，副局长张海涛出席并作了题为《坚定不移地推进有线电视数字化》的讲话。鉴于青岛在数字化转换过程当中取得的骄人成绩和宝贵经验，全国各省市开展"青岛模式"宣传和学习的热潮，并将"青岛模式"的经验与各地区实际情况相结合，自主钻研适合本地情况的数字化转换之路。"青岛经验"带有鲜明的中国特色，适合中西部经济较为落后的地区。它采用机顶盒免费，为受众提供更多内容、信息和服务等方式进行整体转换，取得了较大的成效，分区分片，有条不紊地实现了从模拟到数字的转换，成功突破了其他省市在数字化进程中的瓶颈问题，成为国内数字化转换的典范。

2004 年伊始，内蒙古正式开通了数字电视系统，为数字电视的普及提供了先决条件；江西也紧随其后，开始在全省范围内播出数字电视节目。此外，一向走在电视节目前沿的湖南也不甘示弱，正式开通了数字电视地面广播单频网，这是国内第一个使用国产数字电视发射机的移动电视系统。2 月，佛山数字电视正式开播，采取一卡一费、分区域推进、完全关闭模拟信号等方式实行整体转换，并注重与用户的沟通交流，保证传播者与接受者之间的信息畅通，影响、培养消费者形成新的文化消费习惯和观念。这种较为人性化的方式易于被人们接受，为当地数字化转换工作减少了阻碍。

2004 年 8 月，中央电视台的节目平台正式开始进行卫星传输。与此同时，中央电视台的 6 个数字付费频道，即风云奥运－1、风云奥运－2、第一剧场、风云剧场、世界地理、风云音乐陆续开播。2004 年 11 月，家庭健康频道作为隶属于中央人民广播电台旗下的有线数字付费电视频道正式开播。12 月，由上海文广互动电视有限公司推出的都市剧潮、生活时尚、极速汽车、七彩戏剧、法治天地和魅力音乐6个全新的付费电视频道在全国范围内精彩亮相，这些频道的出现加快了国内专业付费频道的发展速度，也为开拓付费频道覆盖的领域和范围作出了积极的尝试和探索，更为进一步加速付费频道的发展带来了积极、良性的影响。

2005年7月，深圳市全面启动有线电视的数字化整体转换工作。同年9月，广西壮族自治区成为全国首个全面推进数字化整体转换的地区，在全自治区各地市全面推进有线电视数字化整体转换工程，并根据各个地市不同的特点"量体裁衣"、对症下药的做法颇有成效，使转换工作取得了较大的成功，这也为其他少数民族自治区的整体转换工作提供了经验。

2005年10月，青岛市率先完成市区60万用户有线电视的数字化整体转换工作，并因此享有了"有线数字电视示范城市"的美名。

2005年12月，杭州市圆满完成了市区约50.5万户有线电视的数字化整体转换工作，一跃成为继青岛之后的、全国第二个实现有线电视数字化整体转换的试点城市。

2006年2月16日，广西壮族自治区梧州市率先完成市区约7.3万户有线电视的数字化整体转换工作。3月，深圳市仅用半年的时间就顺利完成市区约60万户有线电视的数字化整体转换工作，其整体转换的思路为自治区内其他城市提供了启示和参照标准。5月，成功塑造了"佛山模式"的广东省佛山市顺利完成市区约41万户有线电视的数字化整体转换工作。8月，辽宁省大连市圆满完成市区约62.5万户有线电视的数字化整体转换工作。9月，山西省太原市完成市区约42.5万户有线电视的数字化整体转换工作，并由此成为中部地区首个完成数字化整体转换的试点城市。

2006年12月，走在国内电视领域前沿的中央电视台签订了手机电视合约，CCTV手机电视正式运行，并为用户提供多套直播节目。手机电视作为新媒体家族中的一员，拓宽了人们看电视的途径，这一举措也拉开了电视与新媒体相互融合的帷幕。

三、快速发展阶段：融合新媒体、深入数字化（2007—2009 年）

2007 年 2 月 1 日，国家广电总局又下发《关于清理和规范地面数字电视技术试验的通知》，通知中规定，任何单位在未获得国家广电总局批准的情况下，不得擅自进行地面数字电视技术试验和非法使用电视频道。为了给现在和未来的数字电视创造良好的生存发展环境，国家相关部门制定了一系列政策和措施，从中可以看出国家对数字化转换的重视程度及数字化的广阔发展前景。2 月初，国家广电总局进一步对数字化转换过程中遇到的问题进行修改和完善，要求所有实施有线电视数字化整体转换的地区，必须保留至少 6 套模拟频道，确保转播中央、省和当地电视台的主要节目，供没有机顶盒的用户接收。这个举动照顾了低收入人群，从人性化的角度制定政策，充分表现出国家策略的高瞻远瞩。

2007 年 2 月 28 日，国家广电总局在其官方网站上发布了《全国有线电视数字化进展的情况通报》，通报中对数字电视的性质、基本收视费等作了明确的规定，即有线数字电视基本收视维护费的上调应以基本服务项目的数量和质量的提高为前提，并为用户免费配置一台数字机顶盒，且强调要坚持有线数字电视的公益属性不动摇。截止到 2007 年 11 月底，我国有线数字电视用户已高达 2346.7 万户，国内 68 个城市顺利完成有线电视数字化整体转换工作。

2007 年 3 月 29 日，中国银联与青岛广电强强联合，达成合作协定，在青岛当地推出基于数字电视机顶盒的“家付通”支付业务，此业务让市民在足不出户的情况下，通过电视机顶盒和遥控器，便可享受到在自助银行、电视商场进行交费充值等现代金融服务。“家付通”将家庭信息终端由设想变为现实，为人们的日常生活提供了更为快捷和便利的服务，充分显示出数字电视的优越性。

2007 年 3 月 30 日，第十五届中国国际广播电视信息网络展览会在北京隆重召开，在主题报告会上，数字化转换和新媒体作为今后广电行业的两个重要发展对象被提出并广泛地讨论，尤其是新媒体更被寄予重望。

2007 年 4 月 6 日，中国国际广播电台与中国联通携手，共同推出手机广播电视。5 月 28 日，作为隶属于上海文广新闻传媒集团的分支机构，上海东方龙新媒体有限公司宣布，为了进一步打造全方位、综合性的手机电视资讯平台，将组建一个电视台，专门用于为手机电视制作、播放节目。7 月 4 日，全球首个专门为手机电视打造的专业频道在上海文广新闻传媒集团、中国移动及中国联通的倾情协作中粉墨登场，该频道开通后将全天滚动播报相关资讯。传媒业的先行者与国内两大手机巨头的强势出击带来了手机电视划时代的发展进步，也推动了手机电视在中国的繁荣兴盛。

2007 年 8 月 1 日，用于规范数字电视技术准则的数字电视地面传输国家标准正式实施，北京、上海、天津、秦皇岛、青岛、沈阳、深圳、广州等 8 个奥运城市成为国内首批试播地面数字电视的城市。传输标准的实施使国内数字电视的技术指标有了真正意义上的参照系，有利于规范行业内部的技术手段、传输模式，使国内的数字化进程朝着更规范、积极、健康的方向发展。

2007 年 11 月 10 日，由中国教育电视台主导，各个电视台及相关行业、部门纷纷参与的“全国新媒体联播网”正式成立。“联播网”的成立意在作为统一的新媒体传播平台，强势整合、捆绑、规范全国列车电视、公交移动电视、网络电视、手机电视等，使新媒体获得更广阔、更规范的发展空间。

2008 年 1 月到 3 月，国家广电总局接连发布了《关于鼓励数字电视产业发展的若干政策》《关于在有线电视数字化推进工作中进一步严格规范、加强服务的通知》《地面数字电视广播单频网适配器技术要求和测量方法》《地面数字电视广播发射机技术要求和测量方法》等数字电视、广播等多方面的相关条款和规范，明确了国家各部门、各单位负责组织实施数字电视专项工程的规章制度，以及支持数字电视标准开发、关键产品产业化以及基础平台建设等重要项目的细则条例。

2008 年 5 月，国家广电总局科技司召开了“全国有线电视数字化整体转换暨服务体系构建工作研讨会”，会议通过了《有线电视网络质量和服务监督管理办法》《有线电视用户服务规范》，从数字电视接收者和使用者的角度出发，进一步完善了数字化转换的监管和服务工作。

2008 年 7 月到 8 月，国家广电总局相继发布了《关于发布〈移动多媒体广播室内覆盖系统实施指南〉广播电影电视行业标准化指导性技术文件的通知》《移动多媒体广播技术白皮书》，加强对新媒体技术及其业务的监管力度，通过规范新媒体的技术手段来进一步实施对其行业内部的宏观及微观管理。

截止到 2008 年年末，有线数字电视进入全面发展的新阶段，全国有线广播电视用户约为 1.63 亿户，与此同时，地面数字电视、直播卫星、移动多媒体广播已经步入全面启动阶段。国内进行有线电视数字整体转换的城市达到 100 多个，其中完成数字化整体转换的城市达 57 个，数字电视用户达 4 500 万户，付费数字电视用户为 452 万户，约占数字电视用户的 10%。种种数据表明，我国有线电视数字化转换工作已进入繁荣发展时期，无论是用户数量，还是节目数量、节目品质都有长足的发展和进步。在此基础上，2009 年国家在大力促进数字化发展完善繁荣的前提下，将视线聚焦在政策的修改和完善上，从科学的视角、管理的视点、发展的高度对数字化的发展进行方方面面的调整，使数字电视朝着更稳健、更稳妥、更积极的方向发展。

2009 年 2 月到 5 月，国家广电总局、国家发改委相继发布了《关于 2009 年涉外宾馆接收境外卫星电视频道范围的通知》《关于加强互联网视听节目内容管理的通知》《国家发展改革委办公厅关于组织实施 2009 年数字电视研究开发及产业化专项的通知》，这些通知有较强的针对性，有条不紊、分门别类地解决不同领域出现的，或有可能出现的问题，起到了治疗和预防的作用。

2009 年 8 月至 9 月，国家广电总局、国家发改委分别发布了《关于加强以电视机为接收终端的互联网视听节目服务管理有关问题的通知》《卫星直播系统综合接收解码器(加密标清基本型)技术要求和测量方法(暂行)的通知》《关于加强有线电视收费管理等有关问题的通知》《广播电视广告播出管理办法》等，从这些政策和条例可以看出，随着数字电视的进一步发展，与之相应的规章条例也逐步完善，不仅与数字化的速度相辅相成，而且更具有前瞻性，对今后可能出现的种种问题进行预测并予以规避，从源头着手，将问题发生的可能性降到最低，为数字化发展营造了更适宜、更协调的生存环境。

随着用户数量的大幅增加，节目质量的日臻完善，广播影视的数字化发展将会达到一个较为理想的规模，并呈现出稳定发展的态势。当然，广播影视数字化的良好前景并不能遮盖其成长过程中显现出来的种种问题，譬如为了增加节目数量而忽视节目质量，因节目资源的匮乏而滥竽充数，频道定位与频道内容有所出入等等，种种情况的发生都表明，我国广播影视数字化还有一段很艰巨的路要走。

四、深入拓展阶段：三网融合全面开启(2010—2012 年)

2010 年 1 月 13 日，国务院总理温家宝主持召开国务院常务会议，决定加快推进电信网、广播电视网和互联网三网融合。会议提出了推进三网融合的阶段性目标：2010 至 2012 年重点开展广电和电信业务双向进入试点；2013 至 2015 年，总结推广试点经验，全面实现三网融合发展。同时，会议明确指出，加强网络建设改造，全面推进有线电视网络数字化和双向化升级改造，提高业务承载和支撑能力是当前推进三网融合的重点工作之一。

所谓“三网融合”是指电信网、广播电视网、计算机通信网(互联网)的相互渗透、互相兼容，并逐步整合成为全世界统一的信息通信网络。在现阶段，“三网融合”并不意味着电信网、广播电视网和互联网三大网络的物理合一，而主要是指业务应用的融合。其表现为技术上趋向一致，网络层上可以实现互联互通，形成无缝覆盖，业务层上互相渗透和交叉。“三网融合”是为了实现网络资源的共享，避免低水平的重复建设，形成适应性广、容易维护、费用低的高速带宽的多媒体基础平台。

早在 2001 年通过的《国民经济和社会发展第十个五年规划纲要》中就明确提出“促进电信、电视、计算机三网融合”。这是“三网融合”第一次在国家的五年规划中明确提出，但受制于多种因素的影响，“三网融合”进程相当缓慢。2008 年 1 月，国务院在《关于鼓励数字电视产业发展的若干政策》中，提出以有线电视数字化为切入点，加快推广和普及数字电视广播，加强宽带通信网、数字电视网和下一代互联网等信息基础设施建设，推进“三网融合”，形成较为完整的数字电视产业链，实现数字电视技术研发、产品制造、传输与接入、用户服务等相关产业的协调发展。截至 2009 年底，有线数字电视已经在全国 160 多个城市、460 多个县市完成了数字化整体转换，拥有超过 6 500 万用户。移动多媒体广播电视(CMMB)也已经完成了 337 个地市级以上的城市全覆盖，成为全球规模最大的移动广播电视网。经过近十年的准备与磨合，我国已经基本具备进一步开展三网融合的技术条件、网络基础和市场空间。

2010 年 6 月 30 日，国务院正式下发《关于印发第一批三网融合试点地区(城市)名单的通知》，包括北京、上海、深圳、杭州、南京等在内的 12 个地区(城市)，这标志着三网融合试点工作正式启动。2012 年 1 月 4 日，国务院办公厅印发了《关于三网融合第二阶段试点地区(城市)名单的通知》，包括天津、重庆、石家庄、西安在内的 42 个地区(城市)入围，加上首批的 12 个地区(城市)，我国三网融合试点已经基本覆盖全国。

三网融合试点期间，实行"不对称进入"格局，传统广电媒体在国家政策的支持下获得先期发展权。试点阶段符合条件的广播电视企业可以开展 IPTV、IP 电话、宽带等电信业务，而电信企业不得擅自开展传统广电内容业务，只有广电节目的传输权，而没有播控权。国家广电总局科技司司长王效杰指出，在 2010 到 2012 年试点阶段，广电将分"四步走"：第一，在试点阶段，有线电视网络在原来提供广播电视节目的同时，要能够提供数字电视、高清电视、互动电视等类型的广播电视服务。同时，还可以提供互联网的接入业务，通过广电网用户可以直接上互联网，同时可以开展国内的 IP 电话业务，通过广电网可以实现 IP 电话功能。第二，组建国家级的有线电视网络公司。通过成立网络公司，带领全国的有限网络进行数字化、双向化的改造，并且在这个基础上，建设下一代的广电网。第三，建设和管理 IP 电视、手机电视的集成平台。第四，建设和完善信息安全的手段。

2011 年 10 月 25 日，中共十七届六中全会审议通过了《中共中央关于深化文化体制改革、推动社会主义文化大发展大繁荣若干重大问题的决定》。《决定》强调，要"整合有线电视网络，组建国家级广播电视网络公司"；推进有线电视网络建设和整合,“实现由小网向大网、由模拟向数字、由单向向双向、由用户看电视向用电视的转变”。这既是广电业应对电信网、广电网、互联网三网融合的迫切要求,也是中国提升国家软实力,构建现代传播体系的内在需要。

近年来,我国各地加快推进有线电视网络建设,进一步整合条块分割的有线电视网络。截至2012年12月15日,全国有线广播电视用户数2.14亿户,比2011年增长5.42%。数字电视用户数1.43亿户,比2011年增长24.35%。全国广播人口综合覆盖率97.50%,比2011年增长0.44%。全国电视人口综合覆盖率98.20%,比2011年增长0.38%。与此同时,浙江、山东、湖南、甘肃、辽宁等省份陆续完成全省网络整合。至此,我国有线电视网络“一省一网”、全程全网、互联互通和数字化进程目标基本完成。

2012年是我国三网融合试点工作的收尾之年。在试点阶段,遍布全国的54个试点城市覆盖人口超过3亿。据统计,两年间已经积累了约4亿网络视频用户和1.43亿数字电视用户,有超过1亿人通过手机收看视频。双向网改造覆盖用户超过8 000万;互联网电视一体机存量年初超过了2 000万台。2012年9月,工业和信息化部同意试点城市的广电运营商开展基于有线电视网的互联网接入业务、互联网数据传送增值业务、国内IP电话业务。10月,国家广播电影电视总局也正式向中国电信集团公司颁发了《信息网络传播视听节目许可证》,同意该公司对关于从事互联网视听节目服务、IPTV传输服务和手机电视分发服务等3项业务的申请。随着工信部、广电总局同步向试点地区的广电和电信运营商发放双向进入许可证,我国三网融合进入了实质业务开展阶段。

数字电视是传统广电媒体实现三网融合的立足点。以广播电视网为渠道,通过数字电视实现对无线、有线和广播等多重网络的无缝连接以及与互联网的融合,形成在网络上互联互通、在业务上交叉渗透以数字电视为中心的发展模式。

第二章　影像数字化的行业进程

我国的影像数字化从无到有，发展变革进程由缓慢到迅速，无不倾注着影视行业从业人员的智慧与劳作。

第一节　数字化逐渐进入影像行业

我国影像行业的从业人员在冷静注视数字化带来视听奇观的同时，也在积极探寻着适合中国影像数字化发展的道路。上至影像行业的事业制定者，下至影像行业的事业实践者，在影像数字化的发展背景下，他们努力推进行业发展的步伐，使其在积极健康的氛围中成长。

一、广播电视数字化时间表日趋完善

2001 年，国家广电总局副局长张海涛在《十五期间至 2010 年我国广播影视科技事业发展的总体目标和主要任务》(以下简称《任务》)中，提出了广播影视科技发展的大致时间表，总体目标要求全面启动数字广播影视。《任务》指出，到 2005 年省级以上广播电台、电视台基本实现采、编、播数字化；2010 年基本实现广播影视节目制作、播出、传输、发射和接收数字化；到 2015 年完成模拟向数字过渡，全面实现数字化。

经过两年的试点调查，广播电视数字化进程的时间表日趋完善。2003 年，

广电系统提出了三步走的核心战略：针对数字电视的三种传输形态，采取有线先行、再卫星、再地面无线的步骤。同年，国家广电总局还制定了明确的《我国有线电视向数字化过渡时间表》，其中把过渡时间分为 2005 年、2008 年、2010 年和 2015 年四个阶段。

第一阶段：到 2005 年，直辖市、东部地区地（市）以上城市、中部地区省会市和部分地（市）级城市、西部地区部分省会市的有线电视完成向数字化过渡。

第二阶段：到 2008 年，东部地区县以上城市、中部地区地（市）级城市和大部分县级城市、西部地区部分地（市）级以上城市和少数县级城市的有线电视基本完成向数字化过渡。

第三阶段：到 2010 年，中部地区县级城市、西部地区大部分县以上城市的有线电视基本完成向数字化过渡。

第四阶段：到 2015 年，西部地区县级城市的有线电视基本完成向数字化过渡。

把影像数字化工作提上议事日程，是在充分考虑我国现今经济发展不平衡的国情和影视发展规律的基础上的科学决策，尽管在时间表的实施过程中出现了问题，但不能否认，它的颁布为众多当时还处在彷徨中的影像行业解决了后顾之忧，也使得行业之间的数字化步伐有了标尺，为 2004 年后的众多影视媒体，尤其是电视行业数字化革新节奏的加快奠定了基础。

二、五大政策稳固推进电视数字化进程

2008 年 1 月，国务院办公厅向各省、自治区、直辖市人民政府，国务院各部委、各直属机构印发了集业界专家和学界精英三年心血凝结成的《关于鼓励数字电视产业发展的若干政策》（以下简称《政策》），这份文件强调了“广播电视数字化是国民经济和信息化的重要组成部分”。《政策》分为五个部分，分别是明确发展目标、优化投融资环境、加强税收优惠支持、推动技术进步以及加强市场培育和监管。

《政策》共分五个部分二十一条，无一不渗透着文件制定者的良苦用心。国

家在战略、政策、资金以及技术方面，为参与影像数字化进程的各个行业给予了最优惠的条件，并调动各方力量为它们提供服务。可以说，影像数字化行业在经历了一段时间的瓶颈期后，迎来了发展形势最好的春天。

充满机遇的地方就会充斥挑战，国家越来越重视影视产业的力量，影视的数字化无疑是促进产业创收的催化剂。把影视的数字化工作放到市场中接受商业检验的做法，会使很多小的影视数字化行业在这股浪潮中覆灭，但从长远来看，会有利于更多行业保持竞争力，维系长久的生存和发展。在这个过程中，对于众多影视行业的从业者来说，他们的角色不再仅是偏安一隅、包裹在虚幻氛围中的艺术家，他们更是经营者，如何在数字化的浪潮中让自己的“产品”有销路，而且销量好，成为他们必须要考虑的问题。当然，他们也需要遵守市场的规则和程序，按照市场规律办事，尽快建立新型的影像数字化运营方式，确立合理的价格机制以及确保“产品”去除由市场盲目带来的糟粕，保证正确的舆论导向，这些都是行业从业者们亟待在实践过程中解决的问题。

第二节　影像行业数字化的三大特性

数字化的行业进程以各种媒介的逐渐交融汇聚为起点，发展到现在，不仅遍及我们所熟悉的报纸、广播、电视等多种传统媒介形式，更在传统媒介形式的基础上实现了 IP 电视、手机电视、楼宇电视和移动电视等多种新媒体样式的创新。2009 年 9 月，国家广电总局新闻发言人朱虹总结归纳了中国目前广播影视数字化取得的长足进步，主要表现在七个方面：一是电台电视台数字化程度的普遍提高；二是有线电视数字化步伐的加快；三是地面数字电视稳步的推进；四是卫星广播电视数字化的积极推进；五是移动多媒体广播电视取得了突破性进展；六是网络视频新媒体的发展加快；七是电视数字化取得了重大进展。在数字化进程中取得的这七方面成就并不是割裂的，它们层层相扣，相辅相成，在探索行进的过程中，逐渐产生了影像行业数字化进程的三大特性。

一、整体性

所谓数字化是指将以模拟形式存在的信息转化成数字信息的过程。数字化的这种转换，带来了一系列的问题，比如转化过程中应该使用什么样的标准，谁来负责这种转化，转化过来能否适应转化双方甚至多方受众的口味，这些必须要有全盘而细致的规划，它是任何一种媒介形式都无法独立完成的。广播、电视、网络等各种媒体相互影响、相互融合，从而产生新的变体，这种新的变体要具备媒介本体的性质，既要考虑人们长久以来形成的观赏习惯，又要保留适合现代生活的传统要素，必须从内容到形式上有新的模式，满足当今受众的观赏需求。这种密切的联系，使得无论是传统媒体还是新媒体，都面临共同进退的局面，以往各种媒体独自发展、互不影响，甚至相互抵触的格局，随着影像数字化进程的加剧便迅速瓦解。在今后的发展中，如何在保证各自媒体集团利益的同时，注重整体意识，有效地实现它们之间的资源共享，势必成为广大学者和业内人士关注的焦点。

除了传播媒介之间的整体互动，影像数字化行业进程的整体性还突出体现在其与社会政治经济等方面的协调并进上。随着欧美和日韩影视潮流的涌入，影视产业对国家政治经济利益的促进作用，越来越被大家接受和重视。例如，北京东部地区之所以成为近些年京城最为活跃的经济地区之一，得益于该区域逐渐形成的以文化创意产业为依托的经济开发模式，而作为文化创意产业的组成部分，影视文化的重要贡献功不可没。影像数字化的行业发展与其他产业对经济的刺激作用不同，尽管它是间接的，但是效益却是立竿见影的。可以预计，当影像数字化的基础推进工作在全国各地完成的时候，一定会带动全社会的整体政治经济实力迈上一个新的台阶。

二、不确定性

中国的广播影视行业数字化变革，可以说是在空白的基础上摸着石头过河。国外的影像数字化转换不完全适合中国的国情，国内的影像传播也没有技术先行、艺术跟进的经验。所以尽管国家有关部门很早就根据一系列理论基础,制定出相关策略来保障影像数字化行业进程的开展,但是在实际的操作过程中,还是出现了某种媒体的发展进程严重超前或者滞后的现象。这种现象,违背了行业数字化变革中整体性的特质,其结果导致了进程受阻。出现这一问题的原因有多个方面,最重要的有两点:

一是影像行业受国际市场的冲击大,这种影响着重体现在技术所带来的观念的更新速度上。如今的影视技术每天都在变化,每一次变化都会带来生存的考验,当我们还在思索国际影视圈中某一新奇的技术如何实现的时候,新的艺术创作手段和风格便又产生了,很快新风格和新艺术理念又带动了技术的新一轮进步,尴尬的我们只能追着别人的脚步前行。这种局面也会导致政策制定者在对影视全局的掌控过程中产生思想上的动荡,从而导致行业内部的不安和躁动。

二是影像行业数字化的整体推进需要各级政府、各个媒体、各个投资公司等方面的有效配合,但处于媒介变革初期的我们,社会经济发展还不协调,各种媒体还抱有各自为政的生存习惯,各方投资公司利益获取还不够均衡,观众的权益还无法与付出成正比等,都成为我国影像行业数字化进程不确定的潜在因素。就此看来,我们需要一个以国家人民意志为主导、一个强有力的主体势力的出现,将这种不确定的因子减少到最少,来引领行业的拓展前行。

三、融合性

中国的广播影视自成立之初,就力求为世界影视殿堂带去具有中国民族特色的创作样式。经过几代人的努力,中国民族化的影视艺术风格逐渐形成,作品朴实多于华丽,现实多于幻想,稳妥多于激荡。平实质朴的影视叙事风格和中国文人温柔敦厚的文化底蕴,让影像从业者在很多时候忽视了技术的作用。数字化技术的推行可以促进行业从业者艺术思维的进步,在新时期这场影视数字化的变革潮流中,影像从业者应首先改变观念,重视技术带给艺术的作用,进一步解放思想、开拓思路。2008 年的奥运会开幕式,世界亿万人在银幕上看到了数字技术和艺术的完美结合后演绎出的中国之美,8 月 8 日的北京奥运会开幕式获得了东西方观众的一致认可。在回答新华社记者的提问时，总导演张艺谋把这次奥运会的突破点和亮点归功于多媒体数字技术的应用。当然奥运会的成功因素有很多，但从张艺谋导演简略的谈话中，不难发现，技术先行成为创造经典艺术作品的一种可靠支撑，它让古老的民族躯体流淌出新鲜的血液。

同时，行业整体艺术修养的提升会促使技术力量的民族化。从国家广电总局推行广播电视数字化和 2002 年我国拍摄第一部数字电影《极地营救》开始，我国影像数字化制作的技术设备基本来自国外，技术指标仿照国外，甚至对相关机器的使用操作都由外籍专家、教授担任。究其原因，很大程度上是因为当国际市场多种媒体融合、数字化设备如火如荼地参与影视创作时，国内长久形成的艺术风格还没有变革的意识，影视叙事的手段满足于传统的技术。没有超前的创作意识，自然没有技术革新的需求，当好莱坞大片已如雨后春笋般蓬勃兴起的时候，国内方才如梦初醒。总结经验，在数字化的技术手段推行的过程中，要同时抓紧影视艺术和技术的两个层面，鼓励发展有民族特色的影视文化理念和我国自主创新的影视数字化技术。

影像数字化行业进程的三方面特征，一定程度上反映了我国影像行业数字化变革之路的初始背景、发展现状和未来前景。

第三节　影像与数字化新技术的嫁接

毋庸置疑，数字化技术已经融入了影像行业中，同时取得了一定的成绩和突破，不论是从数据实证、技术运用，还是从艺术创作角度等方面，无不彰显出影像行业对数字化新技术的运用。

一、用数据论证

截至 2009 年 9 月，我国中央和省级、计划单列市电台电视台的总体数字化率达 90％以上，地级市电台电视台数字化率平均超过 50％；全国有 229 个城市进行了数字化整体转换，其中 106 个城市已经完成了数字化整体转换，有线数字电视用户超过 5 000 万；到 2008 年，地面数字电视已在北京等 8 个城市开通标清频道和高清频道，中央电视台采用互联网专网方式在全国近 30 个城市开展了公交车载电视业务；2008 年 6 月 9 日，中国第一颗成功发射的直播卫星"中星 9 号"，从根本上解决了广播电视人口覆盖盲区听广播难、看电视难的问题；截至 2009 年 2 月，全国 157 个地市级城市开通 CMMB 信号；目前互联网视听节目服务网站达 320 余家，国内收视用户超过 2 亿，同时辐射 180 多个国家和地区，超过 200 万手机用户正在体验手机电视服务；2008 年完成数字电影 260 部，在全国投入影院市场运营的 2K 数字放映设备超过 800 套，建立流动数字院线 179 条，流动数字放映点 24734 个，卫星接收站 58 个。

从以上这些看似枯燥的数据中，可以看出无论是中央还是地方，无论是广播、影视等传统媒体，还是手机电视、移动传媒等新兴媒体，各个地区的影像行业在数字化的进程中，都呈现出一片欣欣向荣的景象。

二、用技术铺路

从全局立场上审视数字技术在影视创作行业中的发展，曾几何时，数字技术还是一种新技术的代名词，但是近几年它广泛应用于影像创作的各个相关行业，频繁的身影已经让这个词不再神秘莫测，甚至有些影像作品在单帧画面形成的每个环节，几乎都可以看到数字技术的身影。加大数字信息的基础设施建设，重视国内数字影像行业人员的技能培训，提升中国影像数字化技术的国际知名度，已经成为所有关心影视数字化进程人们的共识。令人欣喜的是，近年来我国从事影像数字化技术研发制作的行业水平不断提升，在 2009 年中国数字电视产业发展高峰论坛上，清华同方消费电子事业部副总经理王向东表示，"清华同方将在未来三年内，拓展国际市场，全面进军欧美、中东和拉美市场，实现全球市场的覆盖"。

我们看到了数字技术这条宽广的道路通向光明的未来，但是如何在这条路上走得顺利和迅速，还需要从局部角度关注数字技术在影视创作行业中的发展。随着使用范围的扩展，数字技术所形成的艺术特色也在不断更新，"数字技术"这个统一的称谓已经不再恰当，要使数字技术更专业，让行业从业人员短时间内提高效率，就要为数字技术分级，根据它在不同的影像行业中所形成的艺术效果为它量身命名，并形成各自的理论系统。电影创作者成为这一方面的先行者，数字化前期准备、数字化现场制作和数字化后期制作就是他们按照电影制作的流程把数字技术进行的梳理和分类。而在这三部分流程的分支下，每部分都有具体的支流，比如制作前期的计算机辅助拍摄文案、中期的数字化照明以及后期的胶片数字化等，这些命名的背后是无数电影人经验得来的科学系统，它们随时为新的电影制作者提供技术服务，最大程度上节约了成本。

而比较同样重视画面拍摄的电视节目来说，数字技术的总结和命名工作就显得粗糙而单薄，在数字化完善的道路上，很多电视人的实践经验和技巧随着节目的播出付之东流。把这项工作慢慢常态化，不仅有利于电视行业的数字化发展，还能为其他新兴媒体提供数字化转换过程的借鉴意义。李兴国教授在2008年第七届两岸传播暨影像艺术学术研讨会上刊发的《影像的理性重塑》中，就做了这个方面的尝试。文章在认可数字技术这一庞大范畴的基础上，细分出数字技术在电视行业画面应用上的一个分支——"即时影像处理技术"，认为"即时影像处理技术，即利用即时影像处理系统中包含的大量图像和数据，通过多角度图像视窗、多视点数据比对等共时传播的再现方式，有目的地及时拓展有价值的信息，增强对智能场景的科学分析，进而带给受众实时、准确、多维的观看模式"。

三、用艺术升级

"艺术"随着媒体时代的发展也在悄然发生着变化，很多传统的经典艺术样式，特别是民间艺术在大众传播的时代被观众遗忘，越来越没落，直至消亡。而新兴事物，尤其是新的传播媒体还没有形成别具一格的风格特色，它们能不能被称为艺术，还有待考究。在这样一个艺术茫然的时代，人人都可以说自己是艺术家，任何一种技术带来的"产品"，都可以被研究它的专家抬升到艺术品的高度。但是我们认为，在媒体时代大众认可的艺术品，除了能够带给人们暂时的美的享受外，还应该让人们即使在线性的、无法复制的条件下，也愿意反复揣摩，最终领悟到生活以及生命的真谛。数字化在影像创作中所产生的视听风暴，就是力求寻找到这个支点，并渴望在音像的世界里得到认可，甚至推崇。“电视所能做的是展现事物和产生效果。荧光屏上不精密的形象并不是真正的绘画，也不替代真实的艺术经验……最大的长处是它传达热情的力量”①。从这个角度来说，可以肯定数字技术为大众带来的精神动力，但是它能否符合艺术的含义，最终还要靠有艺术价值的作品来证明。

我国目前的影像数字化作品呈现出参差不齐的现状。以文艺晚会为例，打开电视机，几乎每天都会看到经过后期数字设备的修饰，摄影、舞美、灯光、剪辑等各部门配合得天衣无缝的各类文艺晚会，但多数情况下，我们会毫不犹豫地在扫过一眼后继续按遥控器换台。几个明星、两到三个固定主持、换汤不换药的问候和寒暄以及观众整齐划一的掌声，凑成了一系列雷同的晚会。数字技术的精确使用让文艺晚会较之以前精美、细腻、震撼、隆重，但是却无趣、死板、虚假、遥远。这一现象出现在很多类型的作品中，在熟练掌握数字技巧的今天，影像行业却面临数字技术与创作理念脱节的尴尬境地。影像行业数字化进程中要吹散泡沫，保存旺盛的生命力，就必须使作品有艺术价值。艺术性从何而谈，我们还得另辟蹊径。

在影像整体数字化过渡的时候，如果影像作品既要能完美地呈现出各类数字化技巧，又要能经过时间的检验形成真正的艺术作品，这样的要求对于尚处于不成熟期的数字化进程未免苛刻。但是否可以利用影视的传播优势和数字化技术的雕琢，对受众已经认可的艺术来进行数字化的加工，让艺术品走下圣殿，让普通人拥有欣赏艺术的权利，从而拉近精英与大众的心灵距离？比如对于没有绘画知识的孩子来说，在荧幕上看中国的《清明上河图》和毕加索的《格尔尼卡》可能同样没有吸引力，原因是因为前者展示的生活场景离我们的时代太远，陌生的感觉让现代生活背景里的孩子难以领悟绘画的意境；后者立体主

---

① 赵凤翔、吴炜华、薛华编：《电视艺术文化学》，中国广播电视出版社2002年版。

义遵循的绘画原则打破了人眼的正常习惯，构图反常规，孩子更是难以理解。在明晰孩子们需求的基础上，数字技术完全可以帮助他们解决艺术欣赏时出现的问题。编导者只需在荧幕画面的适当位置，利用动画或者影视资料的形式，介绍前者的生活图景以及后者的创作时代，就可以快速地普及相关知识，方便孩子们理解艺术作品。

当影像行业数字化进程完成并且日渐成熟的时候，制作者们就会根据新的创作思维产生新的创作冲动，对经典绘画作品进行二度深入剖析和艺术加工，形成真正影像数字化的艺术流派，从而完成艺术升级数字化进程的全过程。

四、用实例举证

以电视的数字化作品为例，随着数字技术的融入，越来越多的电视行业从业者，开始悉心研究小小的荧幕到底可以创造出多少视听特效，而这些视听特效又会引起受众多大的反响。由于电视荧幕外部轮廓的限制，编导者会更加注重利用数字化技术延展荧幕的内部空间，增加信息内容，拓展图像与受众的互动空间。在前文中提到李兴国教授提出了数字技术的一个电视画面处理分支——即时影像处理技术，实际上他的研究范畴很细微，就是在画面上做文章，研究如何切分画面才能达到最大的信息传播效果，还能形成独特的美学风格。这一细微的技术也有自己的显著特点：其一，“快”。它的使用可以达到信息的瞬时再现功能，对所报道事件进行分析的时间缩短为最小；其二，“准”。数据准确、可信度高，即时影像处理的背后是一套精密复杂的程序系统，科学合理的信息存储设备，为实现影像的即时传递提供了供给保障；其三，“深”。再现方式多元，打破传统的信息传受形式，促使双方更加直观深入地阐述报道中出现的不同问题；其四，“奇”，创造感官饕餮盛宴。即时影像处理系统带来全新的视觉体验，观众可以不再完全按照“摄像机的眼睛”来观察场景。

以广告为例，以往人们厌恶广告，是因为广告总是不合时宜地出现在节目关键时刻，打断节目的连续性，影响人们的观看热情，但是电视台为了利益需求，不得不让广告占据一席之地，双方矛盾一度尖锐。其根本原因在于节目和广告都需要线性传播，占据时间，致使广告一度成为“垃圾”的代名词，更没有人想过对它进行深度思考，使其具有美学价值。即时处理技术的出现，解决了这一问题，特别是在大型赛事的转播中。如赛马转播画面中出现的三星广告。广告没有在比赛进行到最紧张的时刻插上一脚，而是被即时影像处理技术作为画面素材的组成部分，呈现在显著而不影响观看的地方。如果多加留心还会发现，三星广告没有随意地放置，它的出现不但没有打破整幅构图的均衡，反而利用椭圆的形式为构图增添了趣味，让电视机前精神处于极度紧张的人们得到适当的放松，很好地解决了商业利益与美学的关系。

图 2－1　出现三星广告的赛马场

事实上，在对 2000 年悉尼奥运会的报道中，中央电视台就采用了傲威（Orad）的虚拟广告系统（IMadG-INE），成功实现了虚拟广告制作。它既可以实时控制信息及播放表，又可以实现多个商标或公司共享同一广告位置，打破了线性传播规律。当然，这只是即时影像处理技术在电视数字化行业进程中的一个小的应用，然而这种应用就已经颠覆了电视传统的线性模式。另外，以上例子中广告的插入涉及了赛马（见图 2－1）、媒体、广告商等众多行业利益，从中可以总结出一条规律，那就是在影像数字化的进程中，行业之间各自为政的局面已经不再适应现代媒体的发展，影像数字处理的相关行业除了力求实现各方之间信息资源的共享、利益均衡之外，还要顺利完成与其他行业的对碰。

五、用问题思考

1. 数字化影视内容亟待创新，观众呼唤精品出现

中国的第五代导演在电影胶片时代，为世界电影艺术宝库带去了有强烈民

族特色的中国风，但是在数字技术普及的今天，很难再看到他们电影中曾经的那种深邃和厚重。尽管他们的作品可能拍摄同样的场景，但是绚丽的视觉冲击和激烈的听觉刺激，让平凡的真实变了味道。人们只能记住令人眩晕的画面视角，至美至纯的视觉气氛，但是属于中国电影最本质的东西却被消磨殆尽。同样的问题也出现在电视等行业中，在影像行业的数字化过渡时间表颁布后，数字化进程曾一度进入了瓶颈期，主要原因就是观众不能接受在高价添置数字电视机顶盒后，看到的是画面清楚而内容仍旧一成不变的节目。受众自掏腰包买来了大量雷同的节目，怨言骤起，严重影响了影像行业数字化的进度。

事实上很早以前，学术界就提出了数字内容制作商的理念。除了传统的电台、电视台或者电影集团外，越来越多的非强势行业也投入到影像内容创作的队伍中来。比如在公交车上，除了大家经常看到的很多节目内容，是直接来自电视台的信息外，还有专门为宣传公交移动传媒而制作的广告作品。尽管作品质量不高，参与者也并非专家，但是这种新的尝试值得认可，因为其他群体开始有了自主创造的能力和意识，这些比广告本身更有价值。

2. 数字化影视作品形式需要改变，应制作“通用型”节目

“三网融合”已经成了家喻户晓的名词，媒介之间的相互渗透对影视内容的播放形式提出了更高的要求。适合在电视上播放的节目样式不适合在网络上播放，适合在网络上播放的样式又不能满足移动通信设备的需要。比如网络只能对影视节目进行技术上的压缩，网民经常连正常的中景画面都看不清楚，更不用说让他们关注即时影像处理技术修饰后的细节。

因而，我们可以在内容过关的基础上，从内容制作方的环节直接把节目内容划分为三种或是多种，以符合各自媒介技术指标的形式，分别传送到相应的播出媒介中，达到播出效果的最优化；或是直接制作通用型的节目，所谓通用型节目，前提是必须在三者各项技术指标统一的基础上才能完成。在目前的技术条件下，显然还不能达到这种理想状态。但是我们可以利用数字化后期处理技术制作以静态图片为主的活动视频，因为图片本身所占空间比影视视频要小，数字化特效使用也较为方便，像素可以保证，因此无须为播出的画面效果做太

多考虑，而只需最快最直接地把图片信息传递给受众。

3. 影像数字化过程鼓励形成有中国特色的自主产业，建立完善的行业产业链条

近些年来，日韩影视作品引发的日潮韩潮蜂拥而至，宫崎骏动画片的流行带动了印有龙猫形象的玩具、文具、自行车的热卖，韩剧的热映引发了韩国美容、服装甚至泡菜的火热。而反观同时期的中国影视作品，很多大投资的动画或者电影作品，在海外市场并没有达到投资方所希望的效果。《2007 年中国广播电影电视发展报告》指出：我国影视作品的产业链虽已初步形成，但是还未最终完成，作为产品存在的影视作品衍生物的制作规模还很有限。

总体来说，有中国特色的影视自主产业还处在发轫期。应该利用数字化影像行业进行革新的契机，在行业与行业间形成默契和共识，寻找有眼光的投资商投资有发展前景的影视作品。在这方面，电视行业利用其传播优势作出了很好的探索，主要表现在与其他行业密切相关的数字付费电视稳步发展。截止到 2008 年末，付费频道、信息服务、股票交易、互动游戏、电视购物等增值业务开展得如火如荼。在 2009 年，增值业务成为有线数字电视发展的关键，高清、电视支付和电视游戏成为增值业务的亮点。借鉴英国在数字化进程中的做法，国家可以在确定指导方向的基础上，鼓励多种形式的资本投入，适当放权，把影视产业放进市场，接受市场的监督检验；给有生命力的企业以优惠条件，吸收多方资本，为产业链条的完成铺平道路。

4. 利用数字化的推行缩小城乡之间影像行业的差距

我国历来把三农问题放在工作的首位，中国广大农民的影视文化需求也同样引起党和国家的高度重视。但是由于国情决定，我国城乡间的差距还将在一定时间段内存在，在影像行业数字化进程中，无论是在技术设备的更新上，还是在艺术手段的多样性上，城市占有绝对优势，而很多农村地区甚至还是广播影视信号接收的“盲区”。面对这一状况，影像行业特别是一些在大城市中缺乏竞争力的影像行业，可以转变思路，到需要的地方去拓展市场，满足广大农村地区群众的需求。

5. 影像数字化的推行方式不宜强硬

在北京地区的电视数字化推行过程中，观众平时经常收看的频道，因北京地区进行数字化技术改革而“搬家”，如果想要重新收看，必须安装数字电视机顶盒。也许这的确是一种推行方式，也基本符合自愿原则，但是在转化过程中暴露的问题也是无法回避的。如果收视率是唯一的“搬家”标准，那么无形中就会鼓励各台使尽各种“高招”提升收视率，这又会引发新一轮对收视率的狂热追捧。短时间急功近利的结果就是，节目必然出现低俗化倾向。这一系列连锁的问题都会为以后的发展埋下隐患，所以影像行业数字化不应仅仅为了按照时间表规定的时间完成任务而采取强硬的手段。如果时机准备好了，推行是顺其自然的事情，如果没有准备好，行业人员应该宁肯把时间推后一点，也要把工作做扎实，做稳妥。

第三章　影像数字化的民间进程

随着数字化技术的不断发展，影像数字化对民间产生了持续而深远的影响，其中最明显的特征是大众的直接参与。

第一节　影像数字化“家用化”的过程

对于许多普通人来说，数码摄录设备已经从以前的偶尔为之，过渡到成为日常生活不可或缺的一部分。以数码照相机(Digital Camera，简称 DC)和数码摄像机(Digital Video，简称 DV)为代表的家用拍摄器材和与之配套的 Photoshop、premiere 等视频图片编辑软件为例，在当代的普通大众手中，这些数字设备及软件止在逐渐成为百姓手中的必需之物。随着科技发展，DV、DC 不断更新变化，后期编辑软件的界面越来越友好、功能越来越强大，这些因素使普通人掌握它们成为可能。DV、DC 和与之配套的后期编辑软件已经成功参与到大众的生活中来了，并改变着他们的生活，让他们的生活不断地和数字化的影像发生作用。当今的生活已经渐渐变为“数字化影像的生活”，对于大众来说，数字化的影像已经不自觉地在他们的身边以“习惯”成为了一种必需的“生活方式”。

一、数码相机进入民间的进程

照相机自 1839 年由法国人达盖尔发明以来，已经走过了 170 余年的发展道路。从最初的黑白到彩色，从机械到电子，从手动到自动，从胶片前进到数码，可以说照相机的发展走过了漫长而艰难的路程。然而数码相机的出现却标志着相机实现了跨越式的发展，数码相机的出现极大地改变了人们的生活方式。

数码相机的出现起始于电荷耦合元件(CCD)的出现，1969 年 10 月 17 日美国人鲍尔和史密斯宣布发明电荷耦合元件，这种感光元件的出现为数码相机的发明奠定了坚实的基础。1981 年日本的索尼公司推出了全球第一台不用感光胶片的电子相机——静态视频“马维卡(MABIKA)”。随后，松下、富士、COPAL、尼康、佳能等公司也参与到了电子相机的研制工作中来，并陆续推出了自己的电子相机。

1986 年索尼推出了在 DC 产业发展史上具有里程碑意义的第二款数码相机 MYC－A7AF(图 3－1)，第一次让数码相机具备了纯物理操作方法，图像可以以数码的方式记录在盘片上，图片的像素也达到了 38 万。

图 3－1　MYC－A7AF

在上世纪 80 年代，各大公司不断地加大对数码技术的开发和创新，经历了一段时间的积累，到上世纪 90 年代，随着数码相机新品的不断推出，数码相机产业终于真正迎来了繁荣的发展。柯达公司于 1990 年推出了对于确立行业标准产生重大意义的 DCS100 电子相机(图 3－2)。

图 3－2　DCS100

这台数码单反相机的像素达到了 140 万像素，20.5×16.4mm CCD，1.8 倍光学变焦，由于当时的技术水平限制，这款相机并没有内置存储器，相片只能存储在一个外接的存储单元（DSU）中，容量为 200MB，可以存放 150 张未经压缩的 RAW 照片。在这款 DCS100 相机获得了巨大成功之后，柯达又在 1992 年推出了后续机型 DCS200，这款机器的存储器终于被安置在了机身内部，给使用者带来了极大的便利。DCS460（图 3－3）是柯达公司于 1995 年推出的首部 DCS 系列的专业级数码相机，开创了数码相机民用的先河，从此数码相机走入了百姓的生活当中。

图 3－3　DCS460

●DCS460 主要技术指标

像素：620 万

机身：Nikon N90（F801），可搭配全系列 F－接环镜头

ISO 感光值：80

文件格式：RAW

变焦倍数：1.3 倍

存储媒介：18MB PCMCIA（TypeⅢ）存储卡

传输界面：SCSI

推出年份：1995 年 3 月

上市售价：12000 美元

同年，尼康、富士公司联手推出了全新设计的 E2/E2s 款数码相机，这款相机在机身的设计上采用了一体化的风格，放弃了传统的相机设计，给大众一种耳目一新的感觉。1999 年 6 月，尼康公司推出了其首部自行研制的数码单反相机 D1（图 3－4），这款相机最大的竞争优势就是其低廉的价格，售价 5 580 美元，虽然在今天看来仍然显得昂贵，但在当时此价格具有极大的竞争优势，这使得更多的大众可以购买并使用它，加速了数码相机家用化的进程。这款数码相机的机身是在胶片相机 F5 基础上经过改装完成的，保持了尼康相机一贯具有的专业性。

为了打破尼康 D1 所创造的销售神话，佳能公司于 2001 年 9 月推出了 EOS-1（图 3－5），这款专用于快速拍摄的数码相机在速度和技术指标上全面超越了尼康 D1，创造了 DC 产业又一个神话。

● D1 主要技术指标

像素：274 万

ISO 感光度：200～1600

存储媒介：CompactFlash 存储卡、Microdrive 微型硬盘

文件格式：JPEG、TIFF、RAW

推出年份：1999 年 6 月

上市售价：5580 美元

图 3－4　D1

● EOS-1 主要技术指标

像素：400 万

ISO 感光度：100～1600

存储媒介：CompactFlash 存储卡、Microdrive 微型硬盘

文件格式：JPEG、RAW

推出年份：2001 年 9 月

上市售价：7000 美元

图 3－5　EOS－1

2003 年 8 月，佳能推出了采用塑料机身的 EOS300D(图 3－6)，它整合了 CMOS 感光器件，售价首次低于 1000 美元，从而彻底改变了数码相机市场原有的竞争格局。

● EOS300D 主要技术指标

像素：630 万

ISO 感光度：100～1600

存储媒介：CompactFlash 存储卡

文件格式：JPEG、RAW

推出年份：2003 年 8 月

上市售价：1000 美元

图 3－6　EOS300D

从 2003 年以后，数码相机的发展不断向着高像素、超薄、宽屏幕、大存储、娱乐化等方向发展，玛米亚公司更是推出了像素数高达 2170 万的单反 DC——MAMIYA ZD(图 3—7)。

图 3-7 MAMIYA ZD

●MAMIYA ZD 技术指标：
总像素：2170 万
传感器：48×36mmCCD 传感器
记录格式：非压缩 RAW 格式
分辨率：5328×4000
文件存储方式：RAW JPEG RAW+JPEG
镜头转换系数：1.16x
对焦系统：TTL 相差侦测 3 区域对焦自动对焦模式
感光度：ISO50－400
快门速度：30－1/4000 秒
存储介质：CF Type Ⅰ/Ⅱ以及 SD 双存储设计
电源：可充电式锂离子电池
重量：1.3kg（不含电池）
体积：161.5×152×90.8mm

时至今日，像素的高低已经不是数码相机提升产品竞争力的唯一手段。今天的数码相机设备更多的是从 GPS(地理定位)、增强图像动态范围、面部对焦功能、高清 16∶9 的宽画幅、wi-fi(无线内存卡)、支持打印、动态摄像等服务功能方面，让自己的产品更加好用、易用，更加具有人性化和亲和力，这早已成为产品设计的最新共识，如佳能 5D Mark II(图 3—8)，尼康 D3X(图 3—9)。

图 3-8 佳能 5D Mark II

●佳能 5D Mark II 技术指标：
感光器件：CMOS
感光器件尺寸：36×24mm
有效像素数(万个)：2110 万
最高分辨率(像素)：5616×3744
上市时间：2008 年 9 月
高清格式：1920×1080(Full HD)
短片拍摄功能：1920×1080 每秒 20 帧(Full HD)；1280×720 每秒 30 帧(HD)；640×480 每秒 30 帧(SD)

●尼康 D3X 技术指标：
感光器件：CMOS
感光器件尺寸：35.9×24 mm
有效像素数(万个)：2450 万
最高分辨率(像素)：6048×4032
上市时间：2008 年 12 月
连拍功能：每秒约 5 幅(FX 格式/5：4)；每秒约 7 幅(DX 格式)。
短片拍摄功能：1280×720/24fps，短片长度最长可达 5 分钟；640×424/24fps，320×216/24fps，短片长度最长可达 20 分钟

图 3-9　NIKON D3X

经过十几年的不断发展，DC 产业已经渐趋成熟，外观设计时尚专业，操作功能强大，界面友好。随着制造成本的进一步降低，这类产品已经显露出巨大的前景优势。总体来看，在制造厂商的不懈努力之下，今天的数码相机市场已经变得繁荣和兴盛，人们在享受数码相机所带来的便利的同时，数码相机也已经成为大众身边不可或缺的必需品。

二、数码摄像机进入民间的进程

与数码相机一样，随着时代的发展，数码摄像机在人们的生活中也已经迅速地从最初的奢侈品转变为必需品。数码摄像机在人们的生活中可以轻松方便地记录下那些美好瞬间，近年来它以极快的速度在平民大众中普及。在这个普及的过程中，数码摄像机也随着科学技术的发展经历了一次次的蜕变。这其中包括了存储介质的变化，从最初的 DV 带到 DVD 光盘再到硬盘以及闪存。随着数码摄像机走向平民化，如今数码摄像机的品牌和种类极大丰富，可供消费者按照不同的功能要求和价格随意挑选。以下我们首先回顾一下数码摄像机的发展历程。

第一台数码摄像机 DCR-VX1000(图 3－10)是索尼公司于 1995 年 7 月发布的。该产品推出后受到电视台记者及视频从业人员的广泛欢迎。这款产品

图 3－10　DCR－VX1000

采用 3CCD 传感器，41 万像素和 10 倍光学变焦，具有光学防抖系统，使用 Mini-DV 格式的磁带。它是影像史上的一次重大变革，从此，数码摄像机开始步入数字时代。

1998 年，日本的两大摄像机制造商松下和索尼联合全球五十多家相关企业开发出新的 DV(Digital Video 的缩写)——数码视频摄像机。新的摄像机记录视频不再采用模拟信号，而是以数码信号的方式记录影像，从而提高了图像的清晰度。在当时的条件下，其播放质量达到专业级摄像机拍摄的图像质量，音质达到 CD 级质量。视频格式的统一为 DV 的快速发展奠定了基础。

图 3－11　DZ－MV100

随着技术的发展，视频的存储介质也发生了改变。2000 年 8 月，日立公司推出第一台 DVD 摄像机 DZ-MV100(图 3－11)。这款产品以 DVD-RAM 光盘记录，这是业界第一次把 DVD 盘作为存储介质带入到数码摄像机中来。8cm DVD-RAM 刻录盘作为存储介质的使用，摆脱了 DV 磁带的种种不便，是继 DV 摄像机之后的一次重大革新。

图 3－12　HDR－FX1E

2003 年 9 月，索尼、佳能、夏普和 JVC 四巨头联合制定高清摄像标准 HDV。2004 年 9 月，索尼发布了第一台 HDV 1080i 高清晰摄像机 HDR-FX1E(图 3－12)，HDV 的记录分辨率达到了 1440×1080 像素，水平扫描线比 DVD 增加了一倍，清晰度得到极大的提升。HDR-FX1E 以及以后推出的 HDV 摄像机继续以 DV 磁带为存储介质，同时支持 DV 和高清格式拍摄，在 HDV 摄像机推广过程中起到了承上启下的作用。

2004 年 9 月，JVC 推出第一款硬盘摄像机 MC100 和 MC200（图 3－13），从此硬盘作为存储介质开始进入消费类数码摄像机领域。两款硬盘摄像的容量为 4GB，采用 MPEG-2 压缩拍摄视频影像，并可以通过改变压缩率来延长或缩短拍摄时间。硬盘介质的采用方便了视频的编辑，使消费者在编辑视频方面变得异常轻松，极大地推动了 DV 在民间的发展和普及。

图 3－13 MC100 和 MC200

到 2005 年 6 月，JVC 发布了采用 1.8 英寸大容量硬盘的摄像机 Everio G 系列，硬盘的存储容量达到了 30GB，DV 的销售价格则保持在同类 DV 摄像机的水平上。采用大容量微型硬盘后，DV 用户无须购买 DV 的 Mini DV 磁带或 DVD 刻录光盘等存储介质，不必担心 DV 存储的问题，而且方便了用户后期进行视频采集和编辑。随后，东芝、松下、佳能也都推出了硬盘式 DV 机。随着技术的逐步成熟，如今硬盘摄像机的技术含量更高、性能更加完善，硬盘容量更大，随着生产成本的降低和拍摄画面指标的提升，硬盘式数码摄像机已经逐步走入普通百姓家中。

2006 年松下公司就把日趋成熟的 3CCD 技术运用到了 DVD 数码摄像机身上，VDR-D250 和 VDR-D300 这两款机型都采用了 3CCD 的影像感应器。3CCD 拍摄出来的图像从彩色还原上要比单 CCD 拍摄的画面好，亮度以及清晰度也比单 CCD 大为提升。在 2008 年，各大数码厂商发布的新款 DV，型号之多让人眼花缭乱，每个厂商都有自己独特的发展思路。如 JVC：立足于小巧、双存储、大 CCD；佳能：内置大容量闪存、SDHC 当家；三星：高清、高速摄像；松下：紧抓高清、小型化；索尼：高像素静态拍摄、发展记忆棒。很多厂家都采用了可以媲美 DC 的大尺寸的感光元件，使人们拍摄到的画面更加清晰，DV 向着更高、更快、更强、更加人性化的方向不断地发展。

如今，民用数码摄像机的价格日趋下降，目前主流数码摄像机厂商都把中低端数码摄像机产品作为自己力推的重点。在近几年发布的数码摄像机新品里，很多数码摄像机都属于中低端民用产品。目前家用数码摄像机的价格底线已经突破了2000元，最低的产品仅有1000多元。如果用价格来划分现在的家用数码摄像机市场的话，3000—5000元是中低端产品，5000—8000元已经是中高端产品，8000元以上则是高端产品。数码摄像机的持续降价激发了巨大的消费热情，越来越多的数码摄像机走入寻常百姓家。

三、音视频编辑软件进入民间的进程

1. Photoshop的发展进程

1987年，汤姆斯·诺尔在家里用他的Mac Plus计算机编写了Photoshop。Photoshop的诞生最初仅仅是Thomas Knoll的娱乐，但正是这个程序引起了他的哥哥John的注意，此后在一年多的时间里，兄弟两人不断完善该程序，并最终把该程序起名为Photoshop。1990年2月，Photoshop1.0版本发行，很快在1991年2月又发行了Photoshop 2.0版本。1994年Photoshop3.0版本发行，相比较Photoshop 2.0增加了一些新的显著特征——调色板和16-bit文档支持，并增加了图层的概念。最初Photoshop的版本一直由诺尔两兄弟着手开发，但在Photoshop的4.0版本之后，Adobe公司出面收购了Photoshop软件。当时Adobe公司可能没有注意到他们做了一笔改变公司未来的生意。在成功收购Photoshop软件后，Adobe公司旗下众多的优秀图像设计及软件编程专家和工程师，不断发展Photoshop，终于使其成为统治全球图像处理的权威。

1997年9月，Herasimchuk以及另一位界面设计师Katjatimmi和一些alpha测试者商讨5.0版本的新功能，增加了历史面板、图层样式、撤销功能、垂直书写文字、魔术套索工具，其中最具创造性的是新增了历史动作功能。

时隔一年，Photoshop 5.5版本发布，此次升级，主要是增加了支持网页的功能，并将Image Ready 2.0捆绑到Photoshop中一起销售，填补了Photoshop在网页功能上的缺陷。Photoshop 5.5版本一经推出便取得了巨大成功。

2000年9月，Photoshop 6.0版本发布，增加了矢量绘图工具、新的工具栏、扩展的 Web 工具包、增强的层管理功能。Photoshop 7.0 版本适时地增加了 Healing Brush 等图片修改工具，还有一些基本的数码相机功能如 EXIF 数据、文件浏览器等。

2003 年 9 月，Adobe 再次给 Photoshop 用户带来惊喜，它集成了 Adobe 的其他软件形成了 Photoshop Creative Suite 套装，不再延续原来的叫法称之为 Photoshop 8.0，而改称为 Photoshop Creative Suite，即 Photoshop CS，功能上增加了镜头模糊、镜头畸变修正、智能调节不同地区亮度的数码相片修正功能。2012 年 3 月 Photoshop CS6 发布（图 3－14）。随着版本的不断增加，Photoshop 在保留了许多原有功能的基础上不断开发新的功能，满足了高低端各种用户的不同需求，Photoshop 的普及从另一个方面来说也促进了数码相机在民间的普及。

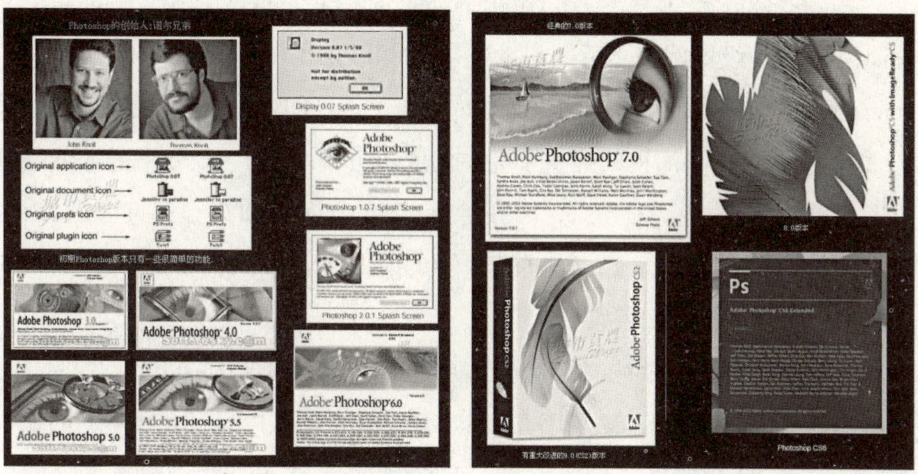

图 3－14　Photoshop 不同版本的界面

2. Premiere 的发展进程

Premiere 是 Adobe 公司开发的一款功能强大的视频处理软件，拥有合理化的操作界面和强大的工具，兼顾了广大视频用户的不同需求，提供了强大的编辑能力和灵活性。Premiere 出自 Adobe 公司，是一种基于非线性编辑设备的视音频编辑软件，可以在各种平台下和硬件配合使用，被广泛应用于视频剪辑领域，是目前使用最广泛的视频编辑软件之一。

2001年，Adobe公司推出了 Premiere 6.0，Premiere 6.0 在诸如素材和附加素材的编辑功能和音频滤镜的功能上做了较大改进，而且新增加了一部分控制面板，用户使用起来更加得心应手。Premiere 6.0 是 Adobe 公司在推出 4.0、4.2、5.0、5.1 和 5.5 之后的又一个升级版本。Premiere6.0 的推出为视频节目的创建和编辑提供了更加强大的支持，在进行视频编辑、节目预览、视频捕获以及节目输出等操作时，可以在兼顾效果和播放速度的同时，实现更佳的影音效果。在 Premiere 6.0 中，首次加入了关键帧的概念，用户可以在轨道中添加、移动、删除和编辑关键帧，方便用户对二维动画的控制。同时 Premiere6.0 提供了兼容于 QuickTime 系统和其他系统的第三方插件，使用这些插件可以实现滤镜效果和过渡效果。

Adobe 公司于 2003 年推出了 Premiere Pro，Premiere Pro 实际上是 Premiere6.5 的升级版本。之后 Adobe 公司又相继推出了 Premiere Pro1.5、Premiere Pro2.0、Premiere Pro3.0。Adobe Premiere 目前已经成为主流的 DV 编辑工具，它为高质量的视频提供了完整的解决方案，作为一款专业的非线性视频编辑软件，它在业内受到了广大视频编辑专业人员和视频爱好者的好评。2012 年发布的 Premiere ProCS6(图 3－15)和其他视频编辑软件一起，为专业人员提供了更好的创作手段。

Premiere 作为一款被广泛应用的视频编辑软件具有以下几个优点：一是可以为不同的用户定义不同的操作界面；二是一个功能可以通过几种不同的操作方式实现；三是提供各种不同功能的模板。如内装一些常用的字幕和特技效果模板供用户调用或者修改以创造出自己的效果；四是有帮助提示，能提供详细的使用说明并能较方便地下载教学教程或制作实例；五是兼容性好，能够和其他的图像处理软件共同使用。

图 3－15　Premiere Pro CS6

第二节　DV和DC承载的技术与艺术的互动关系

上世纪90年代，数码摄像机传入中国。经历了十余年的发展，数码摄像机已经逐步从电视台专业视频人员手中的高档设备演变为普通人手中的家用数码设备，也成为普通大众表达思想情感的一种媒介。DV的出现颠覆了传统的视频创作观念，使普通大众创作影片成为可能。DV已经逐渐融入到电影、电视等大众媒介当中，并且随着DV技术的不断进步，它将对大众传播媒介产生深远的影响。

DV技术的进步提高了广大民众观察生活、表达情感的愿望，提高了民众的审美情趣。民间的DV影像记录是普通大众记录社会历史和表达情感的过程。普通大众可以随时随地用DV影像记录下专业媒体无法顾及的突发事件或者日常生活的普通事件，从而实现个人记录和表达，同时也是对于大众媒体的补充。

随着DV技术的不断发展，由DV带来的艺术创作成为可能。DV技术的不断发展促进了创作者对于DV影像语言的探索。在影片的创作中，一方面自由、独立、个性化的创作成为可能。很多电影艺术家由于经费的限制，无法完全表达自己的创作理念，而DV的低成本使这种创作成为可能。如许多低成本的纪录片：胡杰的《远山》《媒婆》，季丹的《贡布的幸福生活》《老人们》，杨天乙的《老头》《家庭录像带》，吴文光的《江湖》，胡庶的《我不要你管》，睢安奇的《北京的风很大》，王兵的《铁西区》，段锦川的《八廓南街16号》《广场》(与张元合导)，张元的《疯狂英语》，朱传明的《北京弹匠》《群众演员》……在这些影片的创作中，导演可以不考虑或者说较少考虑拍片成本带来的影响，有利于创作理念的完全表达。另一方面是新DV的使用带来的艺术观念的创新。由于电脑多媒体技术的发展，DV的发展有了无穷的可能性，DV制作的影像在以超媒体文件出现后，彻底打破了影视、文学、音乐的界限。由于DV自身方便小巧的特点，使更多抓拍成为可能，被拍摄对象对镜头的抵触情绪降至最低。一种更自然、更真实的镜头风格呈现在观众面前，带给观众以前没有过的感受。这种全新的艺术形式和创作理念，使人类的艺术感受方式产生巨大的改变。虽然其中的一部分作品在图像质量上没有专业器材拍出的画面质量高，影片的剪辑、运镜方式也很业余，但这些影片表达了很多普通人对生活的真实感受，记录了民间生活的百态和社会发展的进程。

DV 能让更多的人接触和拍摄自己的影像作品。DV 创作的意义不仅仅在于民间上，还在于它让更多的人用更多样的艺术形式与影像结合起来，从而让影像在艺术和商业上更灵活、自由。DV 创作在现时对于艺术创作更为急迫，它让个人影像表达普及开来，从而可以让艺术创作，特别是影像艺术创作活跃起来。在积淀、反思与艺术积累的过程中，DV 创作会逐渐让国内的短片制作如实验片、美术片、纪录片等成熟起来。

反之，艺术的发展也促进了 DV 技术的不断发展。随着大众化文化消费时代的到来，个性化、自传性、平民性和世俗性、多元、自我的情感表达，使得广大群众不满足于传统媒体所标榜的审美趣味，他们需要更多元化的、内容更丰富的信息来源。大众传媒对于整个社会受众的平均主义关注转化为对艺术风格多样化的追求，由不关心大众意见转为对个性的重视。这也促进了 DV 技术的不断向前发展，从单片 CCD 到 3CCD，DV 拍摄的影像越来越趋近于专业摄像机。

DV 带来的技术进步，也促进了视频编辑软件的发展，使影像手段日益简单和便利，个人创作可以选择的功能和新的艺术探索样式更加丰富。Premiere、Vegas、绘声绘影等一系列家用视频编辑软件，将个人电脑变成剪辑机器，DV 爱好者们可利用这些软件将自己拍摄的短片进行编辑，甚至可以尝试各种创新的表现手法。软件商们也在根据大众的需要不断推出更加新颖、更加方便的视频特效软件。

对于 DC 来说，由于存储介质发生了根本性的改变，DC 的创作者相比于传统相机的使用者而言，可以更轻易地按下快门而不用考虑胶片的费用，可以拥有更多的拍摄角度、更多样的拍摄内容、更简单的后期加工；Photoshop、Premiere 等图片视频编辑软件的出现，使得 DC 的民间化进程能够大大地加快。用传统胶片机拍摄的照片很难进行修改，而用数码相机拍摄的照片却可以用与之配套的图像软件进行修改，极大地方便了普通创作者的需求。然而由于可以很方便地对图像进行修改，又导致了人们对影像资料“真实性”的重新定义与认识。如在 2007 年末发生著名的“周老虎”事件中，陕西农民周正龙自称拍到已经绝迹多年的野生华南虎，其公布的照片刚发布不久，就有网友认定其为经过图像软件修改过的假照片；CNN 网站对西藏的报道中错误地引用了几年前公安民警协助拍摄《天脉传奇》的照片，将其当成我国人民警察监视西藏喇嘛的证据。还有轰动一时的“纸包子”事件，都让人们不禁对影像数字化背后的真实性提出了疑问。

技术的发展推动了艺术的革新；艺术的革新反过来又进一步推动了技术的发展。虽然技术的发展和艺术的革新都带来这样或者那样的问题，但是人们正是在不断地发现问题、解决问题中前进的。

第三节　影像数字化民间进程对传统媒体的冲击

无论是在技术上还是艺术上，DV 带来的革命都足以使传统媒体发生一次深刻的变革。民间数字化的进程也令那些专业的媒体从业者重新意识到他们在大众传媒时代的责任和历史使命。

一、对传统媒体制作理念的颠覆

虽然 DV 在中国的出现只有短短几十年的时间，但随着它的推广与普及，中国的 DV 影像创作队伍迅速地发展壮大。初期的 DV 拍摄制作是被作为表达个人思想的工具，延续着纪录片电影的功能。用 DV 记录影像逐渐成为有摄影爱好或是喜欢记录的人们一种重要的沟通方式，并且慢慢地超越了专业与非专业的界限。随着 DV 的普及和价格的降低，更多的人可以用它来创作自己的作品。1997 年,演员杨天乙买了一部 DV 数码摄像机,当她发现自家门口有着一群寂寞无比、成天靠扎堆聊天来打发时光的老头们时,她萌发了记录这些七八十岁退休老头日常生活的念头。于是她独自抱着一台小机器,蹲在街边,用了两年的时间,完成了取名为《老头》的纪录片。这部影片获得了 1999 年日本山形国际纪录片电影节“亚洲新浪潮”优秀奖、2000 年法国真实电影节评委会奖、2000 年德国莱比锡电影节金奖和观众最喜爱影片奖。

“如果说早期的 DV 影像的创作者还多是出身于电视人的话,到了 20 世纪 90 年代末,新一代的独立制片人开始登上了舞台。从 1998 年开始,在挣脱了影像摄制设备的束缚之后,DV 技术的成熟和由此带来的 DV 时代的来临,使他们可以自由地表达他们的所思所想、所见所闻。”[①]就在这个时期,北京电影学院的学生朱传明、杜海滨等发起成立了一个以拍摄纪录片为主的“道光电影小组”。朱传明在 1998 年拍摄了纪录片《北京弹匠》,片子的内容很简单,就是一个来自湖南农村的小伙子,和他的哥嫂及小侄子在北京的一个街角就地搭了个窝棚住了下来,为周围的居民弹棉絮为生。这部片子也在 1999 获得了日本山形国际纪录片电影节“亚洲新浪潮”单元优秀奖。接下来他又拍了另一部重要的作品——《群众演员》。“道光电影小组”的另一位发起人杜海滨在毕业前的最后一个寒假到宝鸡火车站附近,准备为拍摄他的毕业作品选景。而他和铁路流浪汉们的一次邂逅,使他决定放弃拍摄剧情片,开始了他的独立纪录片——《铁路沿线》的拍摄。2001 年,这部纪录片获得了中国首届独立映像展最佳纪录片和日本山形国际纪录片电影节特别奖。

即便是《老头》《北京弹匠》《铁路沿线》这些优秀的纪录片,在那个时期,流传度也是比较有限的。不同于传统媒体强大的播出平台,DV 很难找到合适的放映地点。成都玉林路的“白夜”酒吧,是最早开始放映个人 DV 影视作品的地方,这里每天都会有两三个作品与酒吧的客人见面,甚至成为了这个酒吧的特征,在圈里也变得小有名气。到这里来的客人中有自由撰稿人、大学教授、白领、学生,他们都是 DV 爱好者和观众。就在这些“艺术前卫者”的探索过程中,

① 冷冶夫、刘新传:《民间影像的革命》,中国广播电视出版社 2007 年版。

网络迅速地发展了,越来越多的DV作品通过网络视频的途径在不断地被下载、被传播。自拍、自导、自编也成为许多人闲暇生活中的一种精神享受。

进入21世纪后,越来越多的人感受到了信息化、数字化带来的巨大变革。随着数字科技的发展,DV、DC的低成本、便携式等特质,打破了影视神秘莫测的光环,DV、DC已经成为一种普通大众彰显自我意识的手段。DV也因此列入了许多家庭新增家电的名单。以前的家庭聚会、外出旅游,只能通过几张照片记录下来。而DV的加入,无疑使影像变得更加生动活泼。DC也慢慢成为外出旅游的必备品,没有胶卷的限制,即时拍摄即时翻看,避免了很多的缺陷与遗憾。对DV而言,越来越多的DV爱好者不再满足于把DV仅仅作为记录、拍摄生活片段、旅途风光的工具。他们已把DV拍摄当作了真正的艺术创作,DV成了一大批渴望用影像表达自我的人们实现梦想的钥匙。DV的主要使用者来自民间,近几年在DV界颇有影响力的"DV小组"以及"实践社"等都是非官方的,由DV爱好者自行组成。这些DV爱好者在电脑上用编辑软件把拍摄的素材发布到网上,在土豆网、猫扑网上有很多这样的DV爱好者拍摄的视频作品。视频网站(播客)的发展大大冲击了人们对传统媒体的依赖,分流了很多观众。网络媒体由以前单纯地对静态的文字、图片的传播,发展为对动态的音频、视频的传播,网络媒体也成了一种普通大众表达自我、实现价值的舞台。而DV群体也不再仅仅是早期的那些追求先锋意识的前卫青年。虽然仍然有一些DV人带着自觉的美学意识,试图在这个新领域有所发现、有所创造,希望成为DV思想和艺术的主导,但他们已经不再占大多数。而普通的DV使用者,他们的目的不过就是记录自己的日常生活,然而就是这类人构成了DV的群众基础。他们并没有自觉的创作观念或者独到的艺术趣味,他们的作品只是带有某种日常纪念性质。

民间的数字化进程以自己独特的方式在发展。DV的便捷、快速,不仅方便了百姓的生活,也挑战了传统媒体的新闻权威。在灾难报道中,民间DV的强力介入是个巨大的亮点。灾难发生后,展现在人们眼前,帮助人们了解那场灾难的惨烈的资料,除了有电视台的新闻记者和摄像机传回来的画面外,更是有众多民间人士在危急关头抓拍的珍贵镜头。这些民间 DV 的拍摄者，有的是灾民，有的是游客，他们许多人平时已有运用手机、电脑、DV 等数字化手段的能力，并具有很强的新闻传播意识，所以在灾难发生时，他们很快就缓过神来，拿起手边的摄像器材，记录灾难现场。汶川大地震发生后的第一段视频，不是电视台的新闻记者传回的，而是四川大学的一名学生用手机拍摄的宿舍剧烈晃动，书本四处散落的画面，这条"新闻"很快地出现在网络上。现在在北川县城外的板房区，有许多小摊贩，他们不光卖羌族的纪念品，还有自己整理制作的"5.12 汶川大地震民间影像资料"光盘，里面的内容都是北川当地居民在地震发生的第一时间用 DV 记录下来的珍贵画面：地震发生时山体滑坡、池水翻滚的场景、颤抖中正在坍塌的房顶、被灰尘笼罩的街道、在地震中被砸得血肉模糊的受伤群众……这些影像的真实性和冲击力远比电视画面更加令人震撼。

DV 的便捷和随之而来的快速抓拍，使众多的传统媒体在与之对抗时也显得力不从心。不少的新闻媒体、纪录片栏目也相继对民间 DV 进行吸纳。1999 年北京电视台率先在北京地区举办了一次《家庭录像》征文，要求是可以送素材，由台里帮助剪辑。湖北、安徽等各地电视台也相继推出 DV 纪录片大赛，大众 DV 作品慢慢开始登上荧屏。2001 年，中央电视台创立了《讲述》栏目，栏目的定位就是"讲述老百姓自己的故事"，其中不少都是来自民间的 DV 影像。与此同时，凤凰卫视也推出了《DV 新世代》。这两个栏目成为最出色的民间影像交流平台，也掀起了一股 DV 创作的热潮。主流媒体开始为民间 DV 敞开大门，甚至在一些新闻报道中也出现了"网友拍摄"等字样。许多传统栏目纷纷引入"我的 DV 作品"这样的单元，连老牌少儿节目《大风车》也在征集少儿 DV 作品播放。DV 的出现，给传统媒体带来了全新的变化，真正的大众传媒时代到来了。

二、对草根阶层真实关注的呼唤

影像数字化的发展，使一些平凡的普通人进入大众传播视野成为可能。这类影像作品可以补充传统媒体只关注主流受众的缺陷，拍摄一些不为人知或不为人关心的事件或个人。这类人群对主流文化不产生影响，但却真实地存在。把镜头对准他们，可以展示中国社会阶层的真实情况。我们可以认识他们的生活生存方式，了解一个更加完整的社会。

用DV来记录社会，记录社会中的人，成为草根纪录片创作最常见的手法。而这种记录的方式，更加具有传播性和普遍性，甚至超越了语言和国界。在国外的一些纪录片影展上，不难发现一些小众、边缘的纪录片创作者，用他们的DV记录中国最平凡的那些角落、那些人群，而这些正是世界文化交流中不可或缺的一部分。就像“一千个读者便有一千个哈姆雷特”，民间DV创作者有自己的个性和表达方式，而不同文化背景的人对相同的事件也会有不同的理解和诠释。这种独立思考的个性化方式，打破了主流媒体将国家大事、英雄人物、历史事件作为纪录片创作主角的准则，更多地融入了大背景下小人物的生活常态和心理变化，使不同文化背景的人们增进相互的理解、沟通和尊重。它体现了一种必要的人文关怀，而这种人文关怀可以弥补主流媒体容易忽视的方面。

DV作品作为一种公众性的影视作品，最大的特点就是崇尚个性。“它要求用平民视点观察和拍摄平民生活。与其说DV的这种理念开辟了一种新的纪录片采集方式，倒不如说它选择的是一种立足民间，平视客观的拍摄态度”①。DV强烈的民间性，使DV作品也具有浓厚的个人色彩。作为便携式的拍摄工具，拿着DV的人可以在任何时刻拍摄自己感兴趣的内容，并通过个人电脑的简单剪辑，将画面组接成极富个性化的语言。即便是拍摄与电视台相同题材的故事，DV作品往往不同于传统媒体的选题角度，使事件有了更多的理解方式。

而这种平民化、个性化绝不等同于随意化。正如中国纪录片的领军人物冷冶夫所说，“平民视点、个性化创作”应当是：用平民视点观察生活、观察社会，具备大众意识，创作出观众喜闻乐见无愧于我们这个时代的作品。“平民视点”如果是反映底层人民的生活和价值观念，应该是基于底层的某些方面，而不是刻意寻求另类的表现。DV平民化、人性化的视角总是能渗透到社会的最底层，触及我们生活中的敏感地带。胡杰的作品《远山》，讲述非法经营的小煤矿矿工的

① 冷冶夫、刘新传：《民间影像的革命》，中国广播电视出版社2007年版。

生活。曾经在《南方周末》做过记者的周浩，以极大的耐性深入到厚街镇三里村的一间公共出租房里，拍摄了一部新闻记者式的纪录片《厚街》。该片讲述"9.11"事件后，以制造加工为主的厚街不可避免地受到冲击，一时间几乎每个人都面临失业的危险，该片展示了一群外来民工鲜为人知的生活状况。同样将镜头对准底层民工的，还有张洪峰的《窑工》、晓鹏的《八矿》等。

DV取代了传统的纪录片作者的一系列身份，如科班出身、电视台工作、作品要公开播出等等，因此，拍摄作品时，缺少了条条框框的束缚，视角更独特，更能够体现真实的现实生活。关注社会底层的弱势群体，利用影像画面揭示中国社会所面临的，却有意无意被忽视掉的现实问题，成为DV创作的一个总体趋势。

三、对民间创作技术与艺术手法的吸收

从大量的民间创作的影像作品中可以看到，尽管层面不同、视觉各异、画质与技术条件参差不齐，但这些作品与专业创作作品的理念和做法有着明显的区别。这主要体现在他们拍摄的作品几乎都是自己熟悉的生活或者是感受最深的生活经历，而不是从宏观概念性任务出发去寻找题材。他们的作品眼光平视，视角独特，生活气息浓厚，完全没有公式化、程式化和概念化那些弊端。与专业创作不同的DV作品或者DV节目，因为采取普通人的视点，所以自然平实、小中见大，直接贴近生活，情感坦诚质朴，率真动人而具有感染力。

朱传明的《北京弹匠》拍的是北京某个住宅小区里一个弹棉花的湖南小伙子。后期剪辑时，作者把影像处理成黑白，但那种异常粗糙，甚至让人难以看分明的效果却部分来自于生活本身。弹匠所处的环境，他在异地城市窘迫的生活以及亲情友情的失落都一一呈现出来。DV影像带给人们一种前所未有的新鲜感，让人们用一种前所未有的个性化视角去关注生活、关注自己身边的一切。这个逐渐扩大的群体习惯性地关注社会和审视自我对传统媒体产生了巨大的影响，传统媒体也开始从民间创作的手法中吸取养分。

首先是民间DV作品的直接植入。现在几乎所有的电视台都有一档自己

的DV栏目，这不仅给DV爱好者们提供了交流空间和播出平台，也为自己收罗了不少好的选题。以往电视台拍摄的纪录片大多是弘扬主旋律的大制作，在中国，这类纪录片一度叫作“专题片”。八九十年代的纪录片（专题片）过多地依赖于意识形态和形式框架，造成了千篇一律的平庸局面，使观众产生了审美上的疲惫感。“在数字技术诞生之前的大部分时间里，许多纪录片工作者依赖电视台配给的价格高昂的摄像器材以及按小时收费的后期编辑设备区‘制造’着纪录片。这种技术化、工具化的思维模式将创作者异化为生产工具的从属物，使得纪录片的摄制过程无时不在社会利益与经济利益的量化测算中消解着珍贵的独创性和体验性精神。”[①]DV的出现不仅带来了对普通人的关注，也在某种程度上打破了原先建立在体制与拍摄经费基础上的霸权。于是传统媒体也放下了高高的姿态，开始谦虚地向DV精神学习。现在电视台制作的那些“探访类”“人物类”的节目里，我们不难发现DV的痕迹：大量的跟拍、晃动的镜头、杂乱的同期声，取代了原先那些工整的画面和贯穿始终的解说词。

其次是新闻节目引入了DV化的制作方式。用DV拍摄新闻，可以说是对电视新闻记者的一大解放。摆脱了笨重的肩扛式摄像机，这种拿起来就能用的“傻瓜”机器，大大地降低了新闻拍摄的难度和成本。而数字技术的便捷也免去了从对编再到非线的繁杂过程，缩短了后期制作的时间，使新闻更具实效性。像SONY190P这样的便携式DV已经成为许多新闻记者随身携带的看家武器，尤其是在新闻调查类和法制类的节目中，DV作为隐蔽拍摄的工具被大量使用，放在一个不起眼的包里，便能拍到更具真实性的素材。

艺术是以大众为基础的，“DV从神殿上走下来成为大众进行自我表达的工具，与此同时它又给人们带来了酒神祭祀式的影像狂欢的愉悦，DV影像成为了一场平民娱乐的盛宴”[②]。DV的这种娱乐性是它能够吸引大众参与的一个重要原因。传统媒体也在大众娱乐的精神下，越来越开始强调电视的互动性与娱乐性。在综艺节目里，“VCR”构成了一种新的娱乐形式。中央电视台的王牌综

① 冷冶夫、刘新传：《民间影像的革命》，中国广播电视出版社2007年版。
② 同上。

艺节目《非常 6+1》每一期都加入了参赛者在一个星期里生活、训练的短片。比起舞台上的单纯表演,那些“背后的故事”更能塑造出参赛者的形象,更能打动电视机前的每一位观众。这种方式无疑也满足了受众的猎奇心理,使整个节目更具可看性。湖南卫视红极一时的《超级女声》也通过这种方式来打造“平民偶像”,那些 VCR 记录着每个“超女”的成长历程,分享着她们的喜怒哀乐,拉近了她们与观众之间的距离,也将大众娱乐的精神推向高潮。

第四节　影像数字化民间进程的影响力

影像数字化为广大民众参与社会发展进程提供了一个新的平台。一方面,影像数字化在民间的发展丰富了大众表达情感的方式,同时也提高了他们参与社会的热情和积极性,适应了当前新媒体时代的要求。另一方面,在更广阔的领域内,影像数字化在民间的普及又规范了媒体的发展,推进了社会的进程,起到了舆论监督的作用。随着影像数字化民间进程的不断推进,在不远的将来,影像数字化必将会对社会各个层面的发展产生更大的影响,起到更大的促进作用。

一、影响社会进程

影像数字化的民间进程极大地影响了社会的进程。数字化的影像涵盖了社会生活的各个方面,影像以最直观的方式改变着普通人的行为和价值观,大量的视频文化充斥在人们的周围,使人们不断地对自己的行为和价值观进行修正和再认识。当今社会,数字化影像构造的视觉文化与人民大众的消费价值观有着极为密切的关系,“通俗”和“浅显”的文化更容易被大众所消费。而影像在“易懂”方面所具有的先天性优势,使它更容易为大众所接受,因此,当今全民进入的是一种可视化的视频信息时代。这种可视化的影像,一方面可以让广大民众参与其中,另一方面也是对主流文化和审美原则的挑战,这一切最终会影响整个社会的发展进程。

2009 年 2 月，云南省晋宁县看守所在押人员李荞明非正常死亡，警方最初称他是与狱友玩“躲猫猫”游戏时撞墙受伤而死。消息一出，引起轩然大波，网友纷纷质疑。后在舆论关注下，云南检察机关很快公布了调查结果：李荞明是被牢头狱霸殴打成重伤后不治身亡。近年来，从“华南虎照”当事人被判刑到“躲猫猫”“抽好烟”事件的水落石出，网络评论产生的舆论监督作用凸显。网友的评论产生的舆论影响力，让更多的公众可以参与到打击丑恶、惩治腐败的社会进程中。网友还可以通过评论参与国家政策的讨论，对执政者建言献策。在 2009 年 3 月的“两会”期间，政府官员、两会代表积极和网友交流，和网友共商国是，把网友的意见写到提案中，服务于民。

由于当代大众对数字化影像的巨大消费，数字化影像实际上已经被推到影响社会的发展和进程的高度上来。它召唤着大众进入到这种消费数字影像的文化中来，享受消费数字影像带来的感官和身心上的愉悦。对此，英国学者费瑟斯厄进一步认为，“消费性视觉文化传播，对社会具有三种功能：一是文化的削平功能，二是文化的民主功能，三是特有的经济功能”。[①] 这表明，数字化时代的视觉影像传播不但对社会的文化传播产生了巨大作用，同时在社会的其他环节也带来了巨大的变革。由于数字化影像的传播是以现代化的媒介作为平台，其实时性、全球性、便捷性的流通方式将比以往任何信息的传播都更具有优势和吸引力。可见，数字化的可视影像传播对于推进社会的进程起着重大的作用。

二、表达个人思想

影像数字化的发展使大众尤其是年轻一代有了表达自己想法的手段，当人们拥有了数字拍摄设备，身边的广泛生活便都被纳入了记录的范围。他们通过数字化的影像手段来表达自己的声音或者表达自己对生活的意见，反映出他们

---

① 梅琼林：《消费社会的视觉文化》，《青年记者》2006 年第 5 期。

的真实状态，诠释出他们对生活的理解和感悟。无论这是出自个人需要、渴望，还是兴趣爱好，这种干预生活的热情都会导向产生一批影像记录人，在生活工作中他们用DV、DC或手机等数码设备来记录影像并表达思想、发表观点。由于数字媒体技术的发展，使得每个人之间的思想交流变得更加容易，无论是通过互联网的交流还是媒体的交互，每个人都可以把自己的想法表达于其他人的面前，可以说如今的社会已经进入到了一个思想的交流整合时代。比如，由于互联网的发展，许多网民可以方便快捷地在网络中发表他们对所观看节目的评论。这种评论可长可短，不受篇幅和字数的限制，形式异常灵活，长到大篇文章，短到一两句话或者几个字。这种不受外在形式约束的文字评论更符合当下人们快节奏生活的要求。

影像数字化的发展使大众能够更方便地运用视频作为评论节目和表达自己想法的一种手段，而用画面来代替文字对各种社会现象进行评论，可以更加直观、形象地表达创作者的观点、情绪及感受。2006年1月3日，上海音乐人胡戈将《无极》一些片段放在央视法制节目《法制在线》的框架中重新剪辑编辑，节目预告、插播广告、段落提示、图文说明等元素一应俱全，甚至连解说词都严格遵循典型的《法制在线》风格。令胡戈本人没想到的是，他一夜成名，这部20分钟短片的受欢迎程度一时超过所有电影。于是，在视听界就出现了这样一个"只有在网络时代技术背景下才会出现的尴尬：投资3.4亿人民币、耗时三年制作的电影《无极》在网上的点击率败给了根据其盗版碟画面，仅仅花费6元、耗时9天改编的搞笑视频《一个馒头引发的血案》"①。网络影像《春运帝国》是胡戈继《一个馒头引发的血案》之后的另一个作品，它以诙谐幽默和调侃的方式向人们讲述一个春节回家火车一票难求的故事。从最早胡戈的《一个馒头引发的血案》《春运帝国》到今天各视频网站中涌现的大量短片视频，每一个视频的创作者其实都是在用画面来代替文字表达他们的内心感受。

---

① 程杰、张健：《网络传播学》，苏州大学出版社2007年版，第176页。

三、监督社会舆论

随着影像数字化民间进程的发展，普通大众获得了更多监督的方式和手段，对他们身边发生的不公平事件他们会更容易地记录并存储下来。数字化影像的社会监督功能主要体现在：利用数字化的影像对社会热点、焦点信息进行评论，发表意见，引导大众参与到讨论中来并影响大众的观念和态度。

时下，电视媒体与其他媒体之间、各个电视台之间的竞争日益激烈。许多电视台为了争夺观众，争夺广告商，致使一大批为迎合观众低级趣味的庸俗、媚俗的节目大行其道，严重地损害了大众的价值判断和身心健康。有的电视节目为了提高收视率更不惜采取弄虚作假的方式来吸引眼球，比如某电视台的“纸包子”事件就引起了社会的广泛关注。虽事后经证实是记者导演的一场“假戏”，但产生的影响却不是一时间可以平息的，许多人当时“闻包色变”。这则假新闻播出时正值奥运前期，它无疑给中国的食品安全在国际上的形象造成了不良的影响。

从这则事件中可以看出，如果不对电视节目加以严格的监督，许多电视节目就会为了追求短期的利益而“造假”，长久以往必然会损害电视在受众中建立起来的良好声誉及公信力，同时也对观众身心产生不良影响。《新闻媒体“人文关怀”下的伤害》一文提出，媒体在对弱势群体实施人文关怀的过程中，常常在不经意间给报道对象造成另一种形式的伤害：报道贫困生接受资助时，记者常常让镜头前手足无措的贫困生说几句感谢的话等等。从这个意义上说，电视节目评价体系的核心功能应该是对电视节目进行监督指正并使其更快更好地发展，尽量减少或避免电视节目给受众带来消极的影响。这篇批评文章最后指出，真正的人文关怀不是简单的关注，不是消极的同情的眼泪，而是传媒在报道时对弱势群体发自内心的一种尊重，包括平等地对待报道对象，设身处地为报道对象着想，注意避免对报道对象隐私的侵犯以及注重维护弱势群体的人格尊严等等。

一旦电视媒体制作者为了追求高收视率，在节目形式内容上迎合大众的需求，就会生产大量浅显的、通俗的、娱乐的、不触及深层社会问题的节目，也就放弃了电视作为大众传播媒体应该担负的对大众精神引导的功能，放弃了社会的责任感。美国学者道格拉斯·凯尔纳在评价辛普森杀妻案时说："媒体将一起卑鄙的谋杀案夸张渲染为时代奇观，将严肃的主流新闻降格为信息与娱乐的综合体，而忽视了其应当承担的更加重要的社会责任。"[①]可见，电视媒体应该有其独立的判断能力和思考能力，否则电视只会越来越沦落为娱乐大众的工具。因此，在新闻节目传播的过程中出现的一些错误，我们可以利用民间的舆论进行很好的指正，起到监督匡正的作用，保证社会更好地发展。

四、满足审美需求

后现代主义思潮对艺术的发展产生了深刻的影响，带来了艺术大众化和受众审美取向多样化，同时也丰富了艺术的内容和形式。后现代主义思潮促进了各种艺术形式的融合，推进了艺术的繁荣，满足了大众多层次的审美需求。但另一方面，后现代主义思潮对当今艺术的发展也起到了消极的作用，一些艺术创作低俗化倾向严重。比如：许多电视制作机构和制作者为了迎合大众低俗的审美趣味，为了追求受众人数的最大化，制作出了大量的单纯追求感官刺激的电视节目。暴力、凶杀、色情、婚外恋等内容充斥着荧屏，大量的低俗、庸俗、媚俗的电视节目进入到传播领域中，对受众的正确的审美观和道德观建立产生了消极的影响，尤其是严重腐蚀了青少年一代的心灵。影像数字化的发展有助于更多的民众参与构建新时期的艺术审美标准，有助于倡导那些有着深厚人文精神、美学品位的艺术形式的出现，有助于促进大众艺术朝着艺术精湛和有思想深度的方向发展，也有助于培养大众正确的审美价值取向。通过影像数字化的民间普及和发展促使那些贴合时代发展、蕴含丰富人文价值和审美价值的电视作品不断涌现，促进大众艺术审美品位的提高。

影像数字化的发展使人们可以更容易、更方便地表达个人的看法和审美标

① 〔美〕道格拉斯·凯尔纳，史安斌译：《媒体奇观——当代美国社会文化透视》，清华大学出版社 2003 年版，第 111－114 页。

准，也能使他人更容易地认识到这种审美标准。影像的民间数字化设备和编辑软件的普及，使得大众利用影像来表达情感和态度变得更为容易，这也打破了主流媒体对影像书写的话语垄断。影像数字化发展的积极意义在于有助于引导大众去发现、感受现实生活的美，人们通过审美化的形象来满足自己，提升自己的生活品位，适应了现代社会大众的消费娱乐需求，丰富了人们的日常生活。

五、产生负面影响

1. 曝光和偷拍现象

随着数字化技术的发展，大众获得即时拍摄工具越来越方便，种类也越来越丰富，但这种工具在方便和丰富了人们生活的同时也带来了种种弊端。比如，"偷拍"和"曝光"现象就越来越多地出现在我们的生活之中，并由此引发了一系列社会问题。互联网的匿名性和高传播性的特点使任何一个简单的影像信息，一张图片或者一段视频都可以在极短的时间里传遍整个世界，而且对当事人来说，效果会被无限地放大。

如果所曝光的是腐败和丑恶的现象，那么这种现象就是影像数字化发展带来的积极的一面。如之前南京江宁区房管局局长周久耕因为他常抽 1500 元一条的"九五至尊"香烟照片被发到网络上，引起了网友们的广泛关注。网友纷纷质疑，究竟是什么人可以抽如此天价的好烟？在人肉搜索之下，很快周所开的名车和所戴的名表被曝光，其在南京"万科光明城市"的销售中"涉嫌价格欺诈"的行为也被曝光，周最终被罢职免官。但也有些时候，偷拍和曝光所带来的并不总是积极的一面，比如在涉及某些人的隐私方面，这种利用互联网和影像数字化手段传播的影像往往会给当事人造成严重的影响。比如"艳照门"事件给当事人带来了极为严重的伤害。因此，曝光也考量着作为社会的人所应遵循的道德和价值底线。

造成偷拍的原因有很多，首先是"偷窥欲"，每个正常人或多或少都有窥视他人的欲望，但大多数人都能把它控制在合理的范围内。其次，也有少数人为了其他目的有意地从事侵犯他人隐私、利益的偷拍活动，并且随着数码技术的发展,偷拍的手段也越来越隐蔽,令人防不胜防。“针孔摄像机”“微型照相机”等“偷拍利器”能够很容易地获得,也助长了偷拍行为的发生。偷拍是一种对他人利益的侵害,尤其是那些刻意去谋取非法利益的偷拍更是产生了严重的社会危害性,严重侵害了他人合法权益,在破坏社会生活秩序的同时也构成了犯罪,对于这样的“偷拍”行为应该给予严厉的打击。

2. 垃圾信息大量涌现

在社会从“文字”时代向“读图”时代转变的大背景下,人们对于社会的认知方式已经发生了改变,数字化技术的发展使数码设备得到普及,音视频编辑软件大众化、后期制作技术简单化,对传统的视频制作产生了颠覆式的影响。人们已经开始习惯于通过影像来认知、思考和表达这个世界。在这种“读图”时代中,每个“社会人”都有可能成为影像的制作者。由于拍摄成本越来越低廉,技术手段越来越易学,每个人都可以按照个人的喜好来拍摄或者录制自己喜欢、感兴趣的画面,这样就造成了大量的垃圾信息。甚至有许多机构和个人出于各自的私人利益制作一些内容和画面低俗的影像提高点击率,这些现象的出现不仅造成了网络资源的浪费,而且造成了视觉污染,荼毒人们的心灵,对社会的发展起到了阻碍作用。

3. 恶搞事件成风

任何社会行为都是某种社会情绪的反映。早期的精神病学家认为,人受压抑的情绪和本能只能在梦中得以释放,然而在数字和网络技术高度发展的今天,大众可以很方便地利用网络来表达或者宣泄他们的感受,网络世界有别于传统媒介的地方在于它不会像传统世界那样具有多重的把关人,发表观点的人的身份也不确定,这样就极大地降低了大众表达思想和意愿的门槛。这样造成的结果是,一方面大众能够很方便地利用自己手中的数码设备来表达思想,另一面这种表达由于缺少监管而具有混乱性,这种混乱性造成网络中的“恶搞”成风。“恶搞”现象有其积极的一面,通过对现有作品或者人物的恶搞,可以缓解人们在生活中的委屈和怨气,使这些不满有了发泄的平台。如果这种发泄是以不损害他人和社会利益为前提的话,那么这种“恶搞”现象就对社会和个人起到了一个缓解矛盾的积极意义，那么这种“恶搞”可以说只是一个“游戏”。但如果那种损害他人和社会利益的“恶搞”，我们就要对其加以限制，否则会演变成对当今文化的一场颠覆。

如在音乐方面就存在恶搞的现象：周杰伦的歌曲《双截棍》被改编成为湖南话、重庆话、湖北话、天津话、东北话等各种方言版；歌曲《吉祥三宝》在网络上出现了博客分钱版、爸妈离婚版、吉祥小偷版、研究生版等各种版本，虽然音乐依旧，但是歌词却被改得面目全非。

当然，从法律的角度严格来讲，在未经原作者许可的情况下，肆意地对原作品进行随意的篡改是要负法律责任的，属于侵权行为。清华大学尹鸿教授曾在博客中表达了对恶搞和娱乐庸俗化现象的担忧。他说：“电视剧《丑女无敌》——中国版《丑女贝蒂》，是湖南卫视年度自制的所谓励志偶像喜剧。无论喜欢还是不喜欢，审美还是审丑，《丑女无敌》第一季在‘口水声’中创造了收视成绩：它因夸张的方式迅速夺得同一时段全国收视第一；以一种夸张的表演引发网民的纷纷议论，单百度贴吧就有近 7 万个帖子；以夸张的软广告植入遭到质疑，但厂商和湖南卫视实现商业双赢。把一个丑女搁在浓妆艳抹的女人和如狼似虎的男人周围，形成强烈反差，释放人们‘恶搞’的欲望和情绪。从《粉红女郎》到《武林外传》再到《丑女无敌》，这种释放的喜剧成为娱乐文化的组成部分，它不高雅也不经典，但却成为越来越繁忙和郁闷的现代都市人的减压阀。这也是第一次购买国外电视剧模板进行本土化改造，从此有了所谓的‘山寨版电视剧’。当然，无论什么释放、恶搞，健康仍然是前提。过犹不及，永远是中国娱乐文化难以解决的平衡。”

还有一些网友在评论电视节目时常常哗众取宠，热衷于找电视剧的“穿帮”镜头，比如有网友曾把国内古装剧中出现现代物品的“穿帮”镜头进行了整理：电视剧《走西口》中出现的黑色塑料桶，《李小龙传奇》中出现的空调，《神雕侠侣》中出现的高压电线杆，《大宅门》里出现的绿茶饮料，《大汉天子》中出现的方便面等，不一而足(图 3－16)。

图 3 - 16　电视剧中的穿帮镜头

虽然国内电视剧确实经常出现这些不注重细节的地方，但网友对电视剧的评论不应该只停留在这些表面的地方。这些电视评论偏离了对电视节目评价的最初方向，有哗众取宠、吸引眼球之嫌。因此，如果不加以约束，这种恶搞会对现有的美学秩序、道德秩序、文化秩序进行嘲弄和颠覆，最终会造成社会的审美、道德和文化标准的迷失以及代表主流文化价值观的作品传播失控。因此，要有针对性地对网络恶搞行为加以规范和引导，使“恶搞”现象朝着健康有序的良性方向发展。

第二部分

媒介功能的数字化嬗变

第四章　数字化对影像媒介的整体影响

21 世纪初，人类进入信息社会。正如农耕技术标志着农业社会，机械技术标志着工业社会一样，数字技术成为信息社会的主要标志。

第一节　影像传播本体的影响

信息社会从初见端倪到今天的欣欣向荣，大致经历了两个阶段：上世纪 80 年代末，以数字技术为首的高科技开始介入影视创作。当 CD、VCD、DVD 光碟涌进千家万户，观众可以有选择地购买、消费并保存自己喜爱的影视节目时，这股数字潮流冲破了规范电视行业多年的模拟信号大堤，我们也进入了“大众数字时代”。而在 90 年代中后期，电脑和互联网的普及带来了“个人的数字时代”。观众对影视节目的选择不再依赖节目播出单位限定的节目单，甚至也无所谓影片销售商的推荐，抛开“没有现货”的烦恼，人们开始在网上搜索自己想看的节目。可以说，媒介在很大程度上改变了人们的生活方式。

互动技术到来后，人们对事物的接受和理解方式今非昔比：以更为主动的方式观察世界，通过搜索引擎寻找自己想要的答案；在相关链接中，比较、选择适合自己的答案；通过 Web2.0 等技术，在互联网上分享个人经历，创造出个性化的虚拟世界。收藏夹、个人空间、朋友圈……这些都是耳熟能详的个性化术语。

科技进步的力量势不可当,热火朝天的新媒体研发带来猛烈的技术更新热潮。从整体上看,当下流行的和即将流行的媒体形态间,有一个很明显的共同点,就是它们对声像的利用,而区别往往只是屏幕的大小和对声像信息的使用方式。

一、信息、信号与符号

在人类文明发展的历程中,声像传播与文字语言传播就像人的左右手一样,对人类文明的传承作出了不可泯灭的贡献。将文字语言归为符号的一种虽然无可非议;但是符号学理论一直将以声像为主体的声像传播定义为一种符号性传播,则忽视了其与文字传播的根本不同,即声像传播的非符号性。在数字技术的影响下,声像传播的内容发生了巨大的变化,一方面改变了其原有符号性中能指与所指的关系;另一方面,则强化了其所具有的非符号性,并继而影响着人们对声像信息的接收方式。

相对于其他学科,与文化传播最为紧密的传播学、符号学等学科并不是成熟的学科,由于其处于快速发展变化中的研究对象和研究者的不同研究方法,每一门学科中都有众多分支和流派。因而在展开对声像传播的符号学分析前,有必要对几个重要概念作简要阐述。

1. 信息

我们生存的环境中充斥着信息的流动,它的形式很多:文字报刊、电视图像、广播播报……那么究竟什么是信息?它与我们所在的"信息社会"又有着怎样的联系?

当前,在我国较有代表性的一种看法是,将信息与物质、能量相提并论,认为世界是由物质、能量、信息三大要素组成的。其中最具代表性的观点是由我国著名信息理论专家钟义信先生提出的层次化信息理论:

本体论层次的信息定义:某事物的本体论层次信息,就是该事物运动的状态和状态改变的方式。

认识论层次的信息定义:某主体关于某事物的认识论层次信息,是指该主体所感知的或该主体所表述的相应事物的运动状态及其变化方式，包括状态及其变化方式的形式、含义和效用。[①]

然而信息不等于事物的物质属性，而是在反映论上对事物的抽象与体现。如杨刚元先生在《具象传播学》一书中认为："诚然，物质属性是信息的来源和内容，但物质属性并不能自动生成为信息，由'谁'来'抽取出各种形式'的问题是不能回避的。信息仅是由生物这种高级物质形态特有的物质属性所派生的。非生物物质间的关系属性是相互作用与反应，而生物与其他事物则有主客体之分，其关系属性增加了'反映'这一中介环节，因而信息只是生物这种处于高级层次的物质的特殊属性的产物。"[②]

随后，杨先生对信息作了如下定义："信息是生命或仿生系统对事物及其属性(包括自身)的反映和表达形式，它表述对象对生命系统呈现或被其抽绎出来的形态。"[③]简言之，与生命体的相关性是信息的重要属性。信息来源于客观现实的物质属性，但是并不能独立生成，而是由具有意识的生命体"抽取"出来，这也就是其区别于事物物质属性的关键。

2. 信号与符号

信息的传播需借助媒介而实现，后者为信息的传播提供了主客体间或主体与主体间的讯息通道与代码。理论界对讯息通道的分类有着比较明确的阐述，一般将讯息大致分为两类：自然形成的通道，如光线、灰尘、水等各种介质；以及非自然的人工通道，如语言、文字、无线电、卫星通讯等。而关于代码的阐述则比较繁复，加之对国外学术著作翻译时不可避免地产生的误差，国内学术界对信息代码的理解可谓是众说纷纭，对相关术语也没有明确的规范，而作为其基础概念的记号、信号、符号等则更是易被混淆的对象。在对众多的理论系统进行比较后，笔者认为，杨刚元先生在《具象传播学》一书中对记号、信号、符号等概念的分析与阐释较为贴切。

---

① 钟义信：《信息科学原理》，北京邮电大学出版社 1996 年版，第 38 页。

② 杨刚元：《具象传播学——形名学之形学》，人民文学出版社 2008 年版，第 111 页。

③ 同上，第 112 页。

"……所谓符号，指在生命的共存系统（对人而言即社会—文化系统）中被定义的记号；所谓信号，指能够被生命体感知（这是一个主客体或主体间在互动中建构的动态实践过程）的客体的记号；而记号则用于概称讯息的构成单位，常用作信号与符号的共名。"[①]如果找寻与之对应的英文术语，则为信号 signal，符号 symbol，记号 sign。杨刚元更倾向于将 sign 翻译为"形名"，但为了与学术界有效沟通，本书仍采取较为通用的"记号"作为信号与符号的共名。记号与信号、符号二者间是种属关系，而信号与符号间则是分属于"物理的存在世界"与"人类的意义世界"的不同概念。例如，在自然光谱中，红色光线的波长最长，对视神经的刺激大于其他自然光线，因而人眼对红光比较敏感，当看到红色的物体时，常常产生激动、兴奋的情绪变化，这便是红色（信号）被人（生命体）所感知的过程，这种刺激来源于物理的存在世界，不是由个人或某个文化集体所定义的，而是在主体与客体或主体与主体的互动中建立起来的实践过程，并且随着客观自然的改变而调整相互间的关系，因而是动态的实践过程。

而当红色被用于交通的红绿灯后，其意义便得到了引申，也就是被赋予了人类文化的"印记"。因为人眼对红光比较敏感，为了防止交通事故，人类在交通指示灯中使用红色，并告知社会成员：看到红灯时，应当立即停止行动，直到交通灯转为绿色。这时候的红色就具有了"停止、警示"的意义，这是社会文化系统对客观事物的定义，也就是人与人（生物主体）之间相互约定的符号。即"信号是物理的存在世界之一部分，符号则是人类的意义世界之一部分。信号是'操作者'(operators)，而符号则是'指称者'(designators)。信号即使在被这样理解和运用时，也仍然有着某种物理的或实体性的存在，而符号则仅有功能性的价值"。[②]

在自然环境中，我们通过视觉、听觉观察事物，而作为人工影像，通常需借助某种媒介进行传播，但是不同于文字、音乐的抽象性，声像的传播具有具象性，并且兼具符号性与非符号性。

---

① 杨刚元：《具象传播学——形名学之形学》，人民文学出版社 2008 年版，第 131 页。

② 〔德〕卡西尔著，甘阳译：《人论》，上海译文出版社 1985 年版，第 40—41 页。

二、影像传播的符号性

符号学讨论的不是文本的意义，而是意义的形成，能指与所指是这门学科的重要概念，两者相结合形成了符号。根据索绪尔在《普通语言学教程》中的定义，符号是能指与所指的结合，前者是表达其他事物的事物，而所指则是能指所表达的事物的意义。在此基础上，另一位法国符号学家罗兰·巴特将符号学的概念从文字、书面语言等，扩大至视觉文本，他认为任何事物都可能是一个符号；并且由于其感性的特点，图片比文字更具有说服力。面对一幅图像，语言的疆界被打破，观众可以从中阅读到其中的意义，也可以赋予其新的意义。由此他进一步论证了符号学的一个基本概念：任何事物都不能代表它们自身，而是要靠社会和文化的灌注才能获得意义。从这点看来，“世界上的每一个物体都是经由社会调试从一种沉默封闭的存在过渡到发声状态的”①。

美国宾夕法尼亚大学教授保罗·梅萨里在其著作《视觉说服：形象在广告中的作用》一书中，探讨了视觉形象在信息传播中的三个特性。他认为作为一种传播模式，在描述影像特征时，可以从语义符号学（semantic）和符号关系学（syntactic）这两方面入手。

“符号学（semantic），即致力于符号（signs）研究的学术领域……”②

在诸多符号学体系中，美国哲学家皮尔斯（C. S. Peirce 1839－1914）提出的实用主义符号学理论开启了符号学中的科学主义倾向。在皮尔斯看来，符号通常可以分为图像（icon）、标记（index）、象征（symbol）三个范畴。

图像符号（iconic sign，或译作“相似符号”）的特征是符号与其所代表的实物之间有着某种相似或相同之处。而某一符号如果确系由某物体所造成，并成为指名该物体存在的物质痕迹，那么这一标记就是标记符号。第三种符号，即象征符号，所涉及的既不是相似性，也不是实际的因果关系，而是由象征符号使用者作出的一种硬性规定，例如文字。

---

① 〔法〕罗兰·巴特著，许蔷蔷、许绮玲译：《神话学》，（台北）桂冠图书公司1993年版，第109－111页。

② 〔美〕梅萨里著，王波译：《视觉说服：形象在广告中的作用》，新华出版社2004年版，第4页。

梅萨里的研究结论是，“相对于文字、声音等其他传播载体，视觉形象在符号语义学上具有形象性和标记性（即指示性）的特性；在符号关系学上则具有结构的不确定性”①。摄影影像作为视觉形象的一种，最显著的特质就是标记性。“按照皮尔斯所下的定义，标记是一种与其所代表的物体或时间有着某种实际关系的标志。……由于照片是由来自外部世界的光线造成，并实际记录在胶片或其他各种电子介质上，摄影（包括录像）形象是它们所再现的物体和事件的标记符号（它们同时也是画像）。”②

在摄影术发明之前，人类力图通过绘画再现生活，再现周遭世界。19 世纪 30 年代，人类找到了记录影像的新方法——银版摄影术。将近两百年的摄影史，也是一部技术与艺术相碰撞、相促进的历史。在模拟时代，影像作为一种标记符号，是由现实世界中的某物体所造成的，并成为指名该物体存在的物质痕迹，既满足了人们再现真实的愿望，也为新时期科学技术的发展提供了不少技术支撑。正因为一幅照片常常与客观现实紧密联系，摄影形象历来被视为证据，用来说明照片中所描绘的景象如同它们所显示的那样确实发生了，而人们常说的“眼见为实”也变成了“眼见照片为实”。

随着影像后期技术的普及，人们对照片再现真实的能力有了新的认识。如果说，在模拟时代，通过光影、化学作用，成就了影像对现实的再现，那么在数字时代，我们所见到的影像往往不是对现实的直接再现，而是对现成影像的二次乃至多次再加工。符号的所指往往不再是真实的世界，而是另一个符号。因而影像所具有的标记符号的功能随之受到了质疑。

2008 年春天，西方媒体针对拉萨暴力事件进行的歪曲报道，让人们看到了外国媒体虚伪的“客观公正”假象，在震惊于对照片神不知鬼不觉改头换面的图像编辑技术的同时，我们不禁也对影像的“真实魅力”愈发担心起来。更严重的是，现在的人们已经不再相信相机、摄像机所记录的影像，当我们看到令人惊奇的照片时，我们的第一反应不是去惊叹于影像所表现的场景，而是将它理解为

---

① 〔美〕梅萨里著，王波译：《视觉说服：形象在广告中的作用》，新华出版社 2004 年版，第 17 页。
② 同上，第 131 页。

PS技术加工后的产物。在数字影像面前，人们变得越来越多疑。“眼见为实”的时代正逐渐离我们远去，纪录影像的真实性受到了严重的挑战。

三、影像传播的非符号性

然而，随着技术的发展，声像信息的形式越来越新颖，传播渠道也越来越多样。如果认为声像传播的意义仅限于其符号性的标识意义，那就大大低估了人类的智慧，以电影、电视为载体的声像传播，其意义远不仅仅是一种符号，其非符号性也体现在其传播的各个环节之中。

首先是作为声像传播的信息源。这一部分由客观存在的现实所构成，属于物理的存在世界，而非人的观念世界，因而不是符号。

其次是传播主体。传播主体通过声画记录手段，将客观世界的声画信号记录下来，其记录过程遵循的是观察和捕捉信息的逻辑，而文字记录所遵循的是理解的逻辑。在记录声画信息的过程中，传播主体凭借其视觉、听觉等生理器官，对处于变化中的物理世界作出生理性反应，当然也会依据其个人兴趣作出选择，但这一过程中，个人观念意识的产生在信息观察之后。随着事态的发展，拍摄主体或传播主体通过不断捕获、观察获取信息，继而作出意识上的判断与推理，并形成观点。而文字语言的记录过程，则是将对客观存在的理解放置前位，在意识观念的指导下，形成文字记录符号。

在数字技术的环境下，记录工具的种类大大增加。不仅专业摄影摄像机得到改进，家用摄影摄像设备也各显神通，它们的功能越来越强大，体积上也越来越小巧。加上数字后期技术的普及，影像拍摄的门槛逐渐降低，人们可以随时记录下每天的所见所闻。

正是在这样的传播基础上，与抽象的符号不同，声像传播的内容具有感性的特点。观看者通过视觉、听觉等感觉器官进行接收，其接收逻辑依然是观察的逻辑，观看时间极其有限，理性思维很难对观者的具体接收过程进行指导，因而在很大程度上无法在短暂的时间内作出对某特定符号的理解。非逻辑的观察、判断在这一过程中起到了决定性的作用。

具体来说，非逻辑的观察过程依靠的是“注意”，即在杂乱的环境中，选择线索，在忽略其他细节的同时，获得有利于自身的信息。英国心理学家当纳·布罗德本特(Donald Broadbent)在其重要著作《知觉和通讯》一书中写道：注意是一个容量有限的信息处理系统的必然结果。“布罗德本特理论中的基本观点是，世界上的感觉对象的数量远远大于人类观察者的知觉和认知加工的容量。因此，为了应对信息的洪流，人类只能选择地注意其中的一部分线索，而将其他的忽略掉”①。

这个注意规则作用于我们所有的感觉经验(视觉、听觉、嗅觉、味觉和触觉)。在对视觉注意的研究中，科学家发现视觉注意的初始阶段，是对影像的一种映像，他们称之为前注意加工。该过程对视野进行扫描，迅速地检测客体的主要特征，如大小、颜色、方向和运动等，生成特征地图。之后，焦点注意再从映像中抽取信息以便详细分析图形中选定区域的相关特征。在初始阶段，为了生成特征地图，视觉需要从外部影像中获取信息，认知心理学家特雷斯曼(Treisman)及其同事发现，这个过程首先是纵览整个视野，并生成基本的信息。当视觉元素截然不同时，观察者能够在50毫秒内看出图形的边界——称为“弹出效应”(pop-out effect)。这种“弹出”使我们能够对刺激进行平行搜索，观者能立即摄取所有的信息。而当“视觉系统发现观看主体与背景很相似时，就不得不对所有项目进行扫描，才能发现目标观察物”②。

将这个理论应用到影像观赏中，我们便知道，当观众在对一幅画面产生理解之前，同样也要对影像进行映射，而主要方式就是搜索、扫描并生成特征地图。在构造式照片中，景物的出现不以惯常时空逻辑为基础，观众在连续不重复的搜索、扫描中获得信息，并自主地选择视点与观察角度，能够按着自己的意愿，依照个性化的顺序阅读画面，结构叙事，以一种探索的方式去理解眼前的影像。

数字影像的发展可谓是顺应了这种接收方式，影像越来越多地出现在我们

---

① 〔美〕罗伯特·L.索尔所、M.金伯利·麦克林著，邵志芳、李林等译：《认知心理学》(第7版)，上海人民出版社2008年版，第75页。

② 同上，第85—87页。

身边,影像画面正从家里的客厅、电影院等固定场所,转移到了手机、电梯、公共交通等流动场所上,影像的非符号性在观众身上(接收端)愈发体现出来。观众观看无须再受到时间、地点和环境的制约,不再依赖文字式的"电视指南",电子期刊为观众提供了影像索引,伴随点击便可收看到节目片段;3G 手机让观众无论身在何处,都不会错过喜爱的节目,即便错过,也可以通过 VOD 等方式重新点播收看喜欢的节目。

而在收视的过程中,影像的伴随性也得到了加强。随着播放影像的增多,观众不用再专注于某一影像画面的播放,而是采取选择观看,根据自己的兴趣爱好收视,以自然观察为逻辑。

第二节　数字化影像的真实性

影像的真实性从一开始就充满了挑战,而这份挑战却恰恰出自于促成影像生成的技术手段和之后的技术发展。"视觉欺骗""视觉谎言"也逐渐成为业内学者,甚至影像消费者的谈论焦点。数字化技术对影像真实性来说可谓是把双刃剑,一方面依然是老生常谈的后期制作造成的"所见非所闻";另一方面,则是流媒体、手机电视等新媒体带来的空前程度的即时传真性。

一、"所见非所闻"

"视觉欺骗"的手段很多,如曾在学术界引起激烈辩论的摆拍,现在很多人已经能接受纪录片中的摆拍,因为在很多不可抗的因素下,摆拍可能是最好的视觉描述方法,前提是它本质上忠于历史真实性。

在数字技术时代,最受关注的是对影像的后期制作与编辑。虽然在数字技术盛行之前,通过多次曝光、胶片剪辑、粘贴等方式也能实现对影像的改造,但这也只是少数专业人士才能掌握的技巧。今天的数字摄影、photoshop 图片编辑软件很大程度上降低了这道门槛,如果作者刻意隐瞒、更改事实,将编辑过的照片当作摄影镜头对所"看到"的情景的真实记录,那这种做法就构成了视觉造假或视觉欺骗。

二、影像真假的“灰色区域”

除此以外，在视觉真相和假象之间还存在着一个相当大的灰色区域，就是影像选择性问题。“从某一情景中选取一个并不具有代表性的形象，是利用摄影术制造现实世界错误印象的一个最简单，可能也是最有说服力的方法。”[①]比如在拍摄过程中，带有主观性地去选择某一视角展现事物，从而隐蔽地引导观众去观看、理解事件。人们习惯于从有限的视觉证据中进行概括和抽象，这种倾向有时是无意识的，换句话说，人们会将自己手中的影像资料看作是整个事件，也就是它所指示的现实世界的典型代表。这种视觉欺骗正是利用了观者的这种心理。

但是不同于之前讨论的对照片的编造或篡改，有选择性的展示在摄影过程中无法避免的。摄影师必须从大量不同的视角，从某一情景的众多瞬间中作出选择，由此判断照片中各层面的选择是否具有误导性往往是很微妙的。正是由于真与假的界限不明确，构成了介于影像真与假之间的“灰色区域”。

然而数字化技术为解决这一“灰色区域”提供了一条道路。造成上述这个灰色区域的一个技术原因，就是在前期摄影中，多视点的拍摄方法还没有被普及。摄影师利用手中的相机，不得不从一开始就对要拍的角度、高度、景别做出选择，这是单视点对画面信息的局限。为了弥补这个遗憾，创作者开始在照片后期处理上寻找突破口，叠画、组片、“接片”组照都是一种解决方式。

然而现在在拍摄过程中，也可以利用便携式拍摄设备，如 DV、DC、手机等，让人们从更多视角观察并记录同一场景，将所有素材传至网上。以互联网为终端，可以有更多的视角供观众选择，这是在传统媒体上无法完成的。并且利用多视窗，人们可以将来自多个信号的画面并列收看，体验非线性的收看经历，而无须再受制于电视节目单。

---

① 〔美〕梅萨里著，王波译：《视觉说服：形象在广告中的作用》，新华出版社 2004 年版，第 149 页。

三、数字影像的即时传真性

由于技术的更新，拍摄制作门槛被降低了、获取影像信息源的渠道增多了，影像传播从此具有了空前程度的即时传真性。即时传真性在电视媒体上已有表现，并且作为其主要特征，与电影相区别。人们通过观看电视，体会到的不是震撼的视听效果，而是时间的同步性，观众与电视上的新闻处于同一时间中，而不是观看电影时体验到的过去时。在网络媒体大行其道的今天，影像的这一性质得到了更大的扩张，我们不仅可以在网上看到主流媒体所报道的事件，还可以选择其他媒体频道，对事件以及事件评论有更全面的掌握。流媒体的加入，实现了更进一步的即时影像传送；有了多视窗，导播的重要性也不再那么明显，打开多个窗口，从不同视角看事件发展，此时的观众也正成为自己的导播。

第三节　数字化影像的艺术性

数字技术手段也为影视艺术工作者提供了前所未有的创作条件。电影、电视、网络新媒体影像及视频，正逐渐成为大众视觉狂欢的舞台。影视艺术脱胎于其他艺术门类，在其中我们看到了绘画的魅力、经受了音乐的洗礼、体验了戏剧的表演、驰骋在文学的想象空间中，然而它的时空结合的艺术形式和程度却是前所未有的。延续的时间性使观众必须以线性的方式接收故事，在视听语言的行进中感受故事、体会心情；而空间的展现为观众创造了一个看似真实的梦境。

在此过程中，感官尤其是视觉感官具有举足轻重的意义，但时时刻刻处于变化的动态画面中能引起我们理性思考的成分却越来越少。如鲍曼所指出的："后现代身体首要的是一个感觉的接受者；它介绍并吸收体验；接受刺激的能力使它变为一种乐趣的工具。"鲍曼认为，这种接受刺激的能力就是适应，同时，不适应就意味着"呆滞、冷漠、颓废、对刺激无精打采的回应"，以及"一种萎缩的或仅仅'低于平均水平'的对新感受和体验的能力与兴趣"。接受刺激的能力成为对媒介影像观者的一个评判方式。在鲍德里亚看来，这种接受刺激的能力则有可能使人们的激情消失，“有一点是确定的：场景使我们兴奋，淫秽使我们着迷。伴随着入迷与狂喜，激情消失了”[①]。这是因为影像所带来的愉悦是原始的，是毫无理性可言的，甚至是不道德的。

当影视艺术成为我们目前所处的文化形态的主要方式时，其中所包含的与传统经典美学大相径庭的审美因子造就了迥异于以往所有的审美经验。本雅明曾在《机械复制时代的艺术作品》一书中说：“把电影在上面放映的幕布与绘画驻足于其中的画布进行一下比较。幕布上的形象会活动，而画布上的形象则是凝固不动的。因此，后者使观赏者凝神观照。面对画布，观赏者就沉浸于他的联想活动中；观赏者很难对电影画面进行思索，当他意欲进行这种思索时，银幕画面就已经变了。电影银幕的画面既不能像一幅画那样，也不能像有些现实事物那样被固定住。观照这些画面的人所要进行的联想活动立即被这些画面的变动打乱了，基于此，就产生了电影的惊颤效果。”[②]

“惊颤”一词，准确而形象地概括出当代人在欣赏数字影像时的审美感受。首先，这种感受具有直观性。观众可以直接从影视视听语言中获得震惊的感觉。通过构图、色彩、光影等画面构成要素欣赏到前所未见的视觉景观；从陌生的乐器、电子合成音响等声音元素获取前所未闻的听觉体验。其次，“惊颤”的审美感受具有相对滞留性。这种直接的作用有时可以保持一段时间，甚至在影片结束后，仍然留下印迹。但是这种滞留是相对的，在影片行进的过程中，滞留几乎不存在，对于每一格画面来说，在不到半秒钟的时间中转瞬即逝，观众甚至还没来及对其中的“韵味”和“意境”作出反应，画面就换了，于是观众面对“惊颤效果”往往处于相对被动的局面。他们没有办法和能力将画面定格，只能是在时间的流逝中获取对影片整体的感受。

所以，这种审美体验与从经典美学中获取的审美体验大不一样。首先，相比较于传统美学中的审美体验阶段来说，数字影视带来的体验依然处于审美初

① 梁虹：《视觉狂欢与视觉权力——电子媒介影像的审美批判》，《现代传播》2006年第5期。

② 〔德〕本雅明著，王才勇译：《机械复制时代的艺术作品》，中国城市出版社2002年版，第61页。

级阶段，由新奇、惊颤等体验构成；其次，初级审美体验不能得到延续，任何场景在一般情况下都无法获得足够的时间延续，来使观众能从容地对该场景的每一局部进行辨析和记忆；继而，审美体验在不能得到延续的情况下更无法升级，观众没有足够的时间对每一场景进行思考，于是联想、感动等审美体验无法适时展开，共鸣、领悟、升华等高级审美体验更无从谈起。其实，在享受数字影像给我们创造的虚拟世界、惊叹于一个又一个视觉奇观时，回味电影所表现的思想，才是其能被称为艺术之根本。

第四节　数字化影像的未来走向

在经济学中流行一种理论，叫作"长尾"理论，它体现在数字化时代下主流势力的衰弱，以及个人意愿的上升。当数字技术运用在影视经济上时，可以看到这种经济现象同样存在，其成因便来自于观众收视习惯正从原来的被动选择转到主动的搜索、点播，而这也是驱动数字化影像发展的重要因素。数字化影像也将不断发展并完善其功能，不断满足观众的收视需求。

一、实现"长尾"效应的经济模式

"长尾"(Long tail)是近年来开始流行的一种经济收益理论。根据维基百科的解释，2004 年 Chris Anderson 在给连线杂志的文章中首次使用"长尾"一词，用以描述某种经济模式如 Amazon. com 或 Netflix。长尾术语也普遍使用于统计学中，如对财富分布或词语应用的统计。长尾理论的基本原理是"只要存储和流通的渠道足够大，需求不旺或销量不佳的产品所共同占据的市场份额可以和那些少数热销产品所占据的市场份额相匹敌甚至更大。即众多小市场汇聚成可与主流大市场相匹敌的市场能量"①。

① http://news. xinhuanet. com/newmedia/2006－06/21/content_4727372. htm。

随着研究调查的深入，人们发现长尾理论不仅适用于经济学和统计学，在各行各业都有“长尾”的迹象。从1897年经济学家帕累托归纳出“二八定律”(即20%的人口享有80%的财富)后，人类一直在用“二八定律”界定主流、计算投入和产出的效率。“尽管这并不是一个准确的比例数字，却表现了一种不平衡关系，即少数主流的人(或事物)可以造成主要的、重大的影响”[①]。引申到传媒业，电视就是一个支持主流的媒体。这里的主流并无任何意识形态色彩，而是指具有影响力的、最大程度上符合多数人需求的、占有播出及收视优势的节目类型。以我们惯常的经验看，最具收视效率的节目往往集中在每天19:00至21:00播出，这两个小时也就是我们常说的“黄金时段”。在这个时段里，观众的收视密度最大、节目的被关注度最高，而在这两个小时内的广告效益也最丰厚。所以，从电视节目营销学角度上看，这两个小时的节目也就代表了“二八定律”中的“20%”，而它创造的财富则占了全频道全天收益的“80%”。

剩下的日常收视率不高的节目及其收益就是可以被忽略不计的另一个“80%”，也就是“长尾”部分。长尾理论的作者Chris Anderson说：“我们一直在忍受这些最小公分母的专制统治……我们的思维被阻塞在由主流需求驱动的经济模式下。”[②]而二八定律的改变在媒体和娱乐业中尤为明显，经济驱动模式呈现从主流市场向非主流市场转变的趋势。

利用互联网的传播，非主流节目将在统计图表上形成一条“长长的尾巴”，无限延伸。“长尾现象”的数据表明，即便是在“尾巴”的末端，也能拥有过千的点击下载量。

在传媒业，“长尾现象”的直接表现就是观众根据自己的需要，对不同电视节目的关注度分散；观众掌握了更多的节目信息，也更为主动地进行收视，不再依赖电视台制定的节目表，而是制定个人的收视计划。当观众多元化的需求得到尊重，节目制作方也将花更多的精力创作多样化的节目内容和形式，而节目收益也随之分散开来，实现收入“渠道”的多样化。

---

① http://news.xinhuanet.com/newmedia/2005-07/25/content_3264719.htm。

② 同上。

二、拥有点播与搜索的主控权

现在的电视观众不再满足于过去的被动看电视、无奈选择的状态。从技术角度看，电视节目从黑白到彩色、从模拟信号到数字信号的转变，被认为是电视发展史上的两次革命。但对观众而言，能体验到的可能只是图像色彩和质量的改变，只有通过数字、互动媒体环境下所实现点播与搜索的主动收看方式，才体验到了前所未有的收视主控权。

目前，能够实现观众主动收视的数字技术很多：互联网点播、VOD（视频点播）、PVR（个人视频录像机）等。以国内的一家从事 EPG（Electronic Program Guide，电子节目单）互动媒体业务的企业为例：该公司从美国引进 PVR 服务后台和终端产品的相关技术专利和应用许可，创建了目前国内最丰富、最准确的 EPG 数据库和服务后台。这个 EPG 电视节目单包括静态数据和动态数据。动态数据可提供中国国内主要大城市 1 500 多个电视频道未来两周的电视节目预告；静态数据可提供 120 万部集影视节目和栏目的内容介绍、人物介绍、剧照和片花。观众可以通过手机订制相关的“手机电视导航”服务，或进入该公司网站，或通过该公司的家用 PVR 进入节目分类或关键字搜索，就能在自家电视屏幕上简单、快捷地找到要看的节目。

另一方面，即时影像收录技术也改变了以往电视单向网络只能被动看电视的不足，实现了个人 VOD。往常像节日晚会、电视剧等观众需求度高的节目都会被安排在黄金时段播出，而体育比赛往往不能严格按照某国的黄金时段进行，直播时间决定了观众的收视时间。在 PVR 技术的帮助下，借助缓存，运营商可以通过直播频道播出各种精彩的节目，而这些节目也可以利用非黄金时段播出，PVR 按用户预约自动录制节目并存到本地节目库，同时利用前端发送的节目信息表（如 EIT、SDT 等），将节目的名称、简介资料以节目表的形式存储在硬盘中。而用户可以通过机顶盒的本地导航管理进行视频点播，即在机顶盒本地实现 VOD，用户通过录像的方式延时收看，这种方式大大弥补了直播节目实时性强、时间灵活性差的问题。

电子节目单的搜索功能使观众变得更为主动，而点播则实现了电视节目与观众的互动。它们改变了过去"你播什么我看什么"的收视方式，满足了电视观众追求"互动"甚至"主动"的心愿。从某种意义上说，点播和搜索为观众在收视体验上，带来了质的改变。

三、数字化影像媒介的发展趋势

思考影像的发展趋势，必将观众需求作为一大因素，有需要才能有更新的目标和动力。对于观众来说，"主动"的权利，一旦拥有，便难以割舍。因而，未来的影像发展也将以为观众提供更多主动权为发展之要领，结合更优质的功能，为其提供现代化的影像体验。具体而言，表现在以下几个方面：

1. 综合化

在上世纪多媒体流行的时代，人们就开始关注媒体播放形式多样性问题，多媒体将影视、广播等结合在一起，而新媒体则在此基础上融入了更多以往不具备的功能，MP4、手机电视让影像无处不在，电信、广电、IT 等多种产业间合作日益紧密，产业间的竞争也愈发激烈。

如今的 3G 刚刚起步不久，广电系统也随之推出 3T 网络，争分一杯羹。2009 年 2 月，上海市部分地区居民可以通过机顶盒与青岛市的电视收看者拨打可视电话。并且，通过青岛的数字电视，也可实现与杭州地区用户进行视频通话。上海文化广播影视管理局科技处刘处长接受《IT 时代周刊》采访时指出，在双向网络里实现拨打网络电话正是基于广电与国家科技部研发的 3T 网络技术（高性能宽带信息网的简称），国内正逐步走入"三网融合"的时代。然而"三网融合"强调的是合作，而非以邻为壑。广电拥有内容资源、内容管理优势；电信拥有交互网络、终端资源优势。因此，电信、广电双方应凭借各自优势进行资源互补，实现共赢，这才有利于促进市场的有序发展。

由此看出，数字化影像媒介的综合性不仅体现了其自身声像形式的综合性，也表现了行业间、媒介间的综合性。

综合性数字影像媒介为数字影像传播带来了诸多便利，从影像记录到影像后期制作，再到播出，从各个环节上都给观众带来耳目一新的收看体验。

2. 智能化

现在，我们正处在影像的数字化阶段，借鉴其他行业的发展历史，也许在不久将来，我们将进入影像的智能化阶段。比尔·盖茨曾在2006年年底作出这样的预测："当年我和保罗·艾伦一边看着各种新技术相互融合，一边梦想着将来有一天，家家户户的书桌上都摆着电脑。现在，我看着多种技术发展的趋势开始汇为一股推动机器人技术前进的洪流，我完全能够想象，机器人将成为我们日常生活的一部分。我坚信，分布式计算、语音与视觉识别以及无线宽带网络等新技术，将为我们开启通向新一代自主式装置的大门，使电脑不仅能在虚拟世界里大显身手，还能代替我们执行现实世界中的各项任务。或许我们很快将跨进一个新时代，那时，电脑将走下办公桌，通过它，我们能够观看、倾听、触摸，甚至操纵那些我们难以亲自接触的东西。"

1968年，由美国斯坦福研究所研发成功的机器人Shakey问世，它带有视觉传感器，能根据人的指令发现并抓取积木，尽管控制它的计算机有一个房间那么大，它依然是世界第一台智能机器人，从此拉开了第三代机器人研发的序幕。自上世纪70年代起，中国的人工智能（机器人）研究领域也获得了蓬勃的发展，在教育（科普机器人）、商业（公关促销机器人、导览机器人）、保安保密系统（保安机器人）等方面都有着很强的推广潜力。

例如在保安系统中，固定的监控装置往往不能随意地变换摄像头的观察角度和位置，所以常有监测盲点。而机器人监控系统，则可以监视各个角落，并且能主动调节观察的角度。另外在突发情况下，机器人保安可以及时通过无线网络报警，并能立即作出反应，如释放烟雾，使用声音威慑等。更有甚者，通过智能机器人平台上的图像跟踪，目标检测与识别以及语音识别与合成技术等，还可以再实现诸如迎宾、导航等服务功能，在安全化与人性化之间找到平衡。

随着相关理论研究与技术实验的进一步发展，我们有理由期待以上技术在影视制作中得到运用，并以人脸识别、图像跟踪等技术为基础，实现影视制作的智能化。

第五章　传统媒介的数字化嬗变

随着“第三次浪潮”的席卷全球，人类社会走入了信息社会。数字信息技术的迅速发展，正改变着整个社会的传统媒介环境。

第一节　数字化时代下的电视传播新格局

媒介是人类身体的延伸，借助新的媒介环境，这种延伸正向着广度和深度这两个不同维度继续延续和拓展，深刻而彻底地演绎着“地球村”的媒介生存状态。

新媒体是这个变革时代催生出的新传播媒介，打破了广播、报纸和电视三大传统媒体的格局，数字化技术就像一道闸门，开启了传统媒体与新兴媒体对话交流的通道，各种媒介之间的界限变得越来越模糊，而这种融合的趋势必然带来新旧媒体的功能嬗变。电视是最具影响力的传统媒体，随着数字化技术的不断发展，电视数字化进程的步伐加快，电视的媒介功能也悄然发生着变化。根据《传播理论：起源、方法与应用》一书对大众传播媒介的功能界定以及中国电视媒体的特有属性，可以归纳出模拟时代下电视的四大主要媒介功能：(1)喉舌功能，即政治功能；(2)监视功能，即提供并告知新闻，传播信息；(3)联系功能，即服务功能，引导舆论；(4)传承社会文化功能，即教育功能，教育大众；(5)娱乐功能，即提供娱乐。然而，在数字化背景下，电视被赋予了更多元、更广泛的功能，从内容到形式，从生产到播出，都经历着数字化的演变，同时也拉开了电视传播的新格局。

一、电视数字化趋势下的传者和受者

在数字化生存的环境中，数字化技术给中国电视带来了一系列革命性变化，中国电视的传播格局出现了巨大的改变和调整，因而数字电视成为了电视新一轮的改革方向。

数字电视在学术界还没有形成一个公认的概念。一方面，可以从电视传播技术角度考虑，即为狭义上的数字电视，数字电视是电视作为传统媒体本身的数字化，也就是从模拟信号向数字信号的转变。追溯历史，电视的发展从黑白电视发展到彩色电视，一直是处于电视模拟时代，而数字化技术在电视领域里的应用将带领电视进入一个全新的数字时代。这时，数字电视是指从电视节目的采集、制作、传输以及用户终端的接收全部实现数字化的电视系统。模拟电视包括了地面无线电视、有线电视和卫星电视，相应地，数字电视包括了地面数字电视、有线数字电视和卫星数字电视。另一方面，可以从电视传播渠道角度考虑，即广义上的数字电视，以前电视内容只能通过传统电视频道播出，数字化之后电视内容的传播渠道增加，包括了数字付费电视、直播卫星电视、网络电视（包括手机电视）、移动电视、楼宇电视。而网络电视、手机电视、移动电视和楼宇电视也可以归类于新媒体（见图 5－1），因为它与传统电视依托的播放载体不同，但也是数字电视的另一种呈现形式。

无论是狭义上的数字电视还是广义上的数字电视，电视数字化传播的新格局已经逐渐形成，作为电视媒介功能的传者和受者不可避免地出现新的特质，出现了相对于模拟电视时代不同的特征。

1. 电视数字化趋势下的传者

一是数字化技术提高了电视生产制作的效率。电视节目的生产制作过程包括素材的采集、编辑、存储、播出等多个程序，随着数字化技术的应用，加快了对信息加工、处理的速度，从而提高了生产制作电视节目的效率。

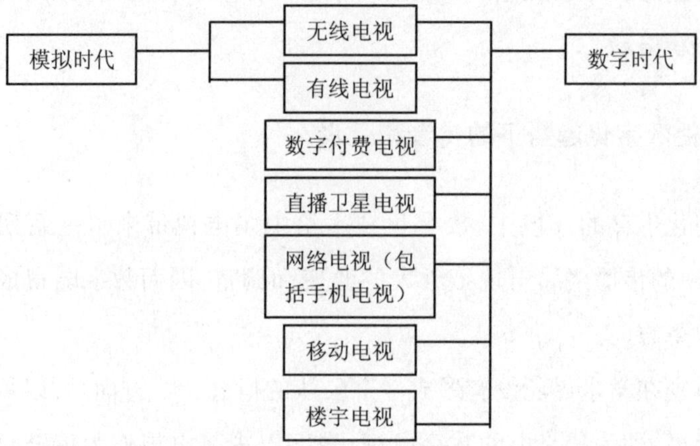

图 5-1　模拟时代与数字时代的电视传播格局对比

(1)采集素材的数字化。最能体现素材采集数字化的是电视媒体对重大突发事件的实时报道，数字化的信息采集工具和传输设备从最大程度上保证了新闻信息的时效性。目前，国内各个电视台使用的数字摄像机能够使记者迅速获取数字化的声音和图像，并且使用数字化的传输设备或数字卫星传送设备将数字视频信号传送到电视台，这些数字视频资料几乎可以实时处理，这就解决了电视台在直播报道中不能及时收到突发事件的实时信息的问题，提高了电视传者对直播新闻的控制能力。2008 年 5 月 12 日 14 时 28 分，四川汶川发生 8.0 级特大地震，仅 32 分钟之后，中央电视台新闻频道首发新闻，报道了此次地震，仅 52 分钟之后，中央电视台推出了《关注汶川大地震》的直播特别报道，整个新闻报道过程中，通过移动卫星地面站、卫星电话、数字摄像机、数字编辑机等采编播设备，除了传送回大量新闻素材外，还在突发事件现场与演播室对接，随时进行现场直播。电视媒体快速、稳固地搭建起了灾区与世界之间信息的桥梁，这种快速的反应与数字化的信息采集工具及其快捷的编辑、传输手段是分不开的。

(2)编播节目的数字化。目前最广泛应用的一种电视数字素材编辑技术是数字编辑系统即非线性编辑系统，这个系统是用电脑软件编辑代替了原来的磁带编辑机，打破了以往必须按顺序一个一个组接镜头的局限，实现了素材的随机存取，任意修改或插入，从而大幅度提高了节目编辑、播出的速度。

(3)存储信息的数字化。电视台各部门的无序采访、重复采访现象经常发生，多次出现若干部门同时采访一个事件等现象，甚至各自建立了自己的素材资料库，造成了人力、物力上的资源浪费。为了避免这种信息的重复采集以及设备的大量添置，电视台可以利用数字存储系统，建立科学合理的信息资源共享系统。2001年，中央电视台建立了新闻共享系统，截止到2005年已基本实现全台新闻信息共享，依靠信息共享系统的资源整合，挖掘新闻共享的潜力，从而增强信息存储的方便快捷功能。

二是数字化技术加速了电视与其他媒介的融合。在模拟时代，电视就是电视，它与广播、报纸等传播媒介一样，都是大众传播媒介独立的一部分，彼此之间并没有什么直接联系，但在数字化技术的推动下，媒介之间互不相干的状况发生了根本变化。

也许从技术角度看，数字电视似乎只是模拟电视的一种技术升级而已，增加了电视频道的数量，频道资源从稀缺变为丰富，其实数字技术本身的融合性已为数字电视加入媒介融合提供了技术上的可能。数字技术为不同媒介提供了资源整合的平台和基础，也为不同媒介形态如广播、电视、互联网、短信、数据库、报纸、刊物等等的聚集提供了新的基础。“由于融合化的发展，以前特立独行的电信、互联网和电视走向了融合，行业之间的界限变得模糊，特别是电视业与电信业，在新技术条件下，都可以传输声音、图像和数据信号，正在发展的网络电视、手机电视，就是电视业与电信业联动的最典型例子”①。这种融合打破了原来的产业界限，促进了大众媒介产业的变化和进一步的媒介融合。

2. 电视数字化趋势下的受者

一是数字化技术增强了受众选择的主动性。数字技术的应用使得数字电视的频道资源大量增加，原来几十个频道可以增加到上百个数字电视，多频道产生的可选择性增强了受者选择的主动性，同时，传者的主动权已经变得越来越微弱。

---

① 张海潮：《眼球为王：中国电视的数字化、产业化生存》，华夏出版社2005年版，第100页。

传者提供足够让受者选择的频道和节目,大大释放了受者原来的被动性,使被动与主动的比例严重倾斜,受者主动性程度得到了很大的提高。模拟电视时代传者提供的信息是有限的,受者几乎无从选择,为了满足自身对信息的正常需求,只能被动地接收。而数字电视大容量的频道资源使得节目内容无限丰富性成为可能,加大了受者选择信息的机会,选择的主动性自然得以增强。

二是数字化技术实现了受众收视的个性化。数字电视的各类付费专业频道为受者实现个性化收视提供了可能。数字电视的付费专业频道,既不是模拟电视里面相对专业的电视频道,也不是从境外直接引进的专业频道,而是专门为细分的小众市场提供的数字付费电视频道,如医疗频道、购物频道、卡通频道等。这种付费专业频道的内容专业性非常高,涉及领域也日趋细化,能够为不同的兴趣爱好者和个性化受众提供信息服务。

三是数字化技术提高了受众参与的积极性。手机短信、网络留言等参与互动的现象在如今的电视屏幕上比比皆是,这种新媒体与电视媒体的巧妙结合提高了受众参与的积极性。通过这些互动平台,受众可以直接参与到电视节目中,改变了以前电视单向传播的单一功能,双向的互动传播为电视荧屏增添了更为活跃的气氛,既满足了受众渴求参与的需求,从另一方面也为电视节目形式多样性和互动性提供了更广阔的空间。

二、"传者本位"真正向"受者本位"的转变

电视数字化趋势下的受众出现了与电视模拟时代下的受众明显不同的特性,具有了主动性、个性化和参与性等特点,使得两者之间有了本质上的区别,数字电视的受众不再是传统意义上的受众,他们已经成为了主动的电视使用者。在传播学中,"传播的关系看起来是简单的,两个人(或两个人以上的人)由于一些他们共同感兴趣的信息符号聚集在一起"①,"在传播过程中,传受双方行为具有内在联系,传者的讯息传递与受众的讯息接受相互依存,形成互动,传者

---

① 〔美〕威尔伯·施拉姆:《传播学概论》,新华出版社 1984 年版,第 45 页。

只有提供那些符合受众实际需要或趣味的信息才会被受众接受,取得好的传播效果"①。因而,传受本位问题主要是研究信息传播从谁出发的问题,即信息传播按照谁的利益和需要来选择并确定传播内容,传受本位是一个倾向性的概念,可以分为"传者本位"和"受者本位"。

从人类传播史的发展脉络来看,人类最原始的传播方式就是一种实时高效的、面对面的直接互动交流,只是当时的交流限制人们只能在一个相对狭小的时空范围内进行,因此超越时空限制的交流成为后来人类一直坚持不懈的追求和梦想。当时这一阶段的传播方式主要是人际传播,信息传播手段还没有明确的传受角色,也就不存在传受本位的问题。自从报纸、广播、电视等传统大众传播媒介产生后,这种传播方式从根本上创造了人们超越时空交流的梦想,但与此同时,却将人们分成了传者和受者隔离的两个不同群体,从而大大降低和减弱了传受者之间的直接互动交流。这个阶段的大众传播媒介进入传播过程中出现了明确的传受双方,传受本位的问题也就随之产生了。总体来说,从人类大众传播史上看,"传者本位"一直占据着主导地位,传者决定着要传播什么、怎样传播,模拟时代的电视传播更是如此,从传播观念到传播行为,一直都是遵循"传者本位",受者毫无选择性地接受传播内容。

伴随着数字技术的应用,数字电视正在改变着电视传受双方之间的交流方式,电视传受关系发生着本质的变化,相比模拟电视时代,数字电视传受双方之间的互动和相互作用出现增强的趋势:数字电视通过多种渠道、多种形式增强了传受之间的互动交流,受众对电视的接收更像是一个积极主动的过程,具有极强的自主性和选择性。这种互动之所以能够持续进行,其动力是源于它的不确定性,例如电视真人秀节目之所以具有其他电视节目形式无法比拟的魅力,其中一个重要的原因就是其传播过程存在着诸多不确定性,虽然节目的主题是确定的,但节目的过程和结果如何则是不确定的,由于传统大众传播媒介的传者只负责传播信息,传播的方式和内容都是确定的,因此传受双方很难产生互动。电视数字化之后,传者的角色发生了根本的改变,这种改变最直接的表现

① 胡正荣:《传播学总论》,北京广播学院出版社 1997 年版,第 263 页。

就是受众与电视的互动程度,例如在数字电视视频点播功能的使用中,受者可以根据自己的需要点播电视节目,相当于是向传者反馈信息,传者则会根据受者的信息来作出适当的调整,这个过程其实就是一个完整的传受互动的过程。

随着电视产业化进程的加快,数字化和产业化成为了电视新一轮的生存状态,而这两者也促使电视传受关系更为明晰化。数字化后的电视在市场化的进程中产生了一个新的产业链,在一定程度上将分化和削弱电视传者在模拟电视时代的强大权力。传者将必须按照受者的需要和喜好来传播信息,否则电视用户即受者将不会付费定制他们不喜欢或不需要的节目,于是经济杠杆的巨大力量使得传者向受者出让了自己的地位和权力,加固了传受之间的互动关系。在电视数字化趋势下,传受双方的频繁互动使得传受本位有了明显的变化,由传者主动变成受者主动,传受关系真正向受者本位偏移,模拟电视的"传者本位"正在向数字电视的"受者本位"转变。

第二节　数字化时代下的电视功能升级

电视作为现代信息社会的一个重要组成部分,具有其自身技术特殊性,也是一个融通信、计算机、电子等技术于一体的综合性产业,并依赖于技术的不断创新而发展。

21 世纪的今天,通信、计算机、微电子技术的高速发展引发的数字汇流,是目前影响到包括电视在内的全球媒介形态的主要趋势。全球数字技术的兴起,使得以往互不相干的各种传播媒体,产生了相互融合、汇流的基础。在信号的格式方面,通过 0 与 1 的数字格式化,不管是视频、音频或是资讯的记录方式,都开始采用可以相互沟通的数字语言。而在传输的通道方面,也因为数字格式的通透性,使得各种传输管道得以相互串联。讯号格式的统一,配合传输通道的串联,媒体产业的数字化变革与汇流已是必然的趋势。

全球数字汇流,目前主要表现在三个环节内部的互相融合(见图 5-2)。在这种趋势下,传统电视产业的边界将逐渐模糊,甚至消失。

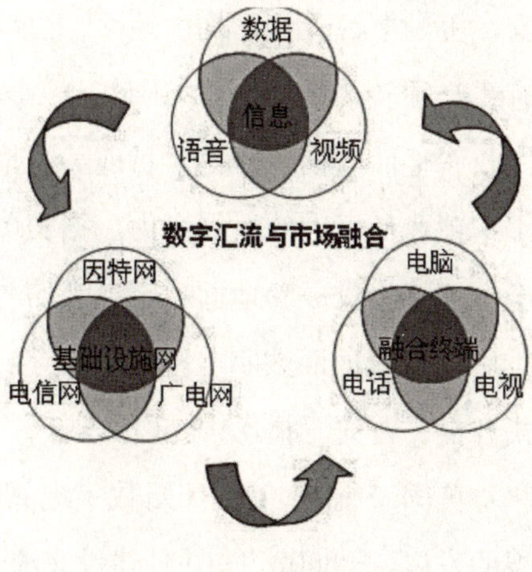

图 5-2 数字汇流与市场融合

数字汇流使传统电视产业与其他产业进行融合,产业的外延不断扩大,新兴的技术模式与产业形态在融合之中逐渐产生。以对影响大众日常生活最深远的电视媒体而言,数字化不仅使得电视节目的影音品质提高,更重要的是,数字化之后的电视信号,将更容易与电脑、网络及各种电子商品所生产的资讯内容相结合。未来的数字电视,不管是通过有线还是无线的传输方式(ADSL、Cable、地面无线、电话线、微波、卫星等等)进入用户家中,只要经由一台"数字视讯转换器",就可以将各式各样的讯息来源整合在同一个平台上收看、使用,亦即所谓的"家用多媒体平台"(Multimedia Home Platform,MHP)。这个家用多媒体平台,可以接收来自个人摄影机、电玩游乐器及各式家电的讯号,也可以随时转换功能,收看数字电视、遨游网际网络、阅读电子邮件,使用视频点播、互动电视、线上游戏、个人化数字录像功能,或是进行远距离教学、电子商务、宽带视讯会议、电子银行等等,可说是一项整合家电、电脑、电信 3C 设备,以及图像、影像、语音等多元资料,以开创出更多增值服务内容的多媒体产业。

数字技术对电视的影响,在于对其进行了从内容到功能的全方位"升级",使电视媒体的报道、播出能力都得到了极大的增强。

一、数字地面广播技术

1. 国外电视发展现状和趋势

早在 20 世纪 90 年代中期,欧美等发达国家就已经开始了地面数字电视业务,在技术研究、覆盖网建设、业务推广和运营等方面积累了丰富的经验。

美国于 1996 年 12 月正式确定采用 ATSC 作为美国数字电视地面广播标

准。美国电视产业结构由地面、卫星和有线三大块组成,美国法律规定,卫星和有线必须转播地面电视,因此,美国70%的用户是通过有线电视网或卫星电视网收看地面电视节目的。目前美国地面数字电视的覆盖率已达94%,充分显示了这项业务巨大的发展潜力。据美国官方媒体称,现在美国有75%左右的家庭至少能够接收一套地面数字电视信号。

西班牙地面数字电视于1997至1998年进行试验,于2005年11月30日正式开播。首先开播19个频道,2006年5月再开播2个频道,合计为21个频道。

英国于1998年就开始数字电视的地面广播,英国政府为推动地面数字电视的发展,于2002年10月建设完成了免费地面数字电视平台(Freeview)并投入运行,用户数量直线上升,在英国数字电视市场中占有相当重要的地位。目前,该平台提供40多套电视节目和20多套广播节目。

瑞典地面数字电视于1999年9月开播,是世界上开播地面数字电视服务最早的国家之一。瑞典于2007年10月15日彻底关闭了地面模拟电视信号,完成了从2005年9月开始的地面数字电视的转换工作。

韩国于2001年在首尔开始地面数字电视的商用服务,采用美国ATSC的标准。到2012年,韩国地面数字电视普及率达到了95%。

德国于2002年11月首先在柏林－勃兰登堡地区开播地面数字电视,至2003年8月,柏林的模拟频道全部关闭,柏林是世界上第一个完全停播模拟地面电视的大城市。截至2007年年底,德国共有约1 800万数字电视机顶盒家庭用户,其中有线数字电视用户150万户,卫星用户1 100万户,地面数字电视用户550万户。

日本于2003年12月1日在东京、大阪和名古屋三城市部分地区,采用符合本国国情的ISDB地面数字电视标准,正式开播地面数字电视。到2006年,日本地面数字电视信号覆盖了日本西部地区的4 700万家庭,大约有84%的家庭能够收看地面数字电视。

2. 地面数字电视广播系统

我国地面数字电视起步较晚,与欧美等发达国家差距较大,亟须尽快启动地面数字电视广播，组建全国统一的地面数字电视运行机构，制定相应的经济政策和节目政策，推动电视事业的快速发展。

地面数字电视广播是提供电视公共服务的一种基本手段和重要方式，它与卫星数字电视广播系统和有线数字电视广播系统一起提供全面的广播电视覆盖，是我国广播电视综合覆盖网中的重要组成部分。地面数字电视广播系统主要包括地面数字电视节目集成系统、地面数字电视节目传输系统和地面数字电视发射系统。

地面数字电视节目集成系统包括：节目素材采集、节目编辑制作、节目播出和节目集成平台等部分。其中素材采集主要完成从转播车、演播室、ENG 和记者站的节目收集。编辑制作主要完成节目的收录、对编、非编和节目包装。节目播出主要包括硬盘播出和录像机播出。节目集成平台主要完成编码、复用和 EPG 等功能。

地面数字电视节目传输系统将地面数字电视信号从节目集成平台传送到各地地面数字电视节目集成平台。地面数字电视节目的传输主要通过以下几种方式：一是卫星电视节目传输系统。在采用卫星方式的节目传输系统中，地面数字电视节目 TS 流采用卫星数字电视广播标准，由卫星分配到各地地面数字电视系统节目集成平台；二是国家广播电视干线网。在采用国家广播电视干线网的节目传输系统中，地面数字电视节目 TS 流首先进行网络适配，例如，将 ASI 码流转换成 SDH 信号，适配后的节目流通过国家干线网（光纤）分配到各地地面数字电视系统节目集成平台；三是微波链路。在采用微波方式的节目传输系统中，地面数字电视节目 TS 流首先进行网络适配，例如，将 ASI 码流转换成 DS3 信号或 SDH 信号，然后通过微波链路分配到各地地面数字电视系统节目集成平台。

地面数字电视广播系统支持多频网和单频网两种组网模式，可根据应用业务的特性和组网环境选择不同的传输模式和参数，并支持多业务的混合模式，达到业务特性与传输模式的匹配，实现业务运营的灵活性和经济性。

在多频网组网模式下，各地节目集成平台的节目通过本地的节目分配网络传送到各个发射点进行调制、发射。根据节目传输方式的不同，节目分配系统可以采用直连光纤、SDH 和微波等。在多频网发射系统中，各个发射点采用不同的频率进行发射。

在单频网组网模式下，各地节目集成平台的节目同样通过本地的节目分配网络传送到各个发射点进行发射。在单频网发射系统中，各个发射点采用相同的频率，在同一时刻发射相同的数据码流。为保证 TS 流的同步，相对多频网发射系统，单频网发射系统的节目集成平台和各发射点需要增加同步处理模块。

3. 地面数字电视广播监测系统

在构建地面数字电视广播系统时，必须同时建设与之相适应的地面数字电视监测网络，实时监督检查地面数字电视广播信号的播出质量和覆盖效果。

二、立体电视

在好莱坞的大片中，经常可以看到关于立体电视的情节。主人公通过按下遥控器，空中即刻出现激光全息的立体影像，全息人像与真人无异。这样的情节在施瓦辛格的《第六日》、布鲁斯·威利斯的《第五元素》，以及经典的《黑客帝国》《回到未来》《逃出克隆岛》等影片中屡次出现。这仅仅是好莱坞编剧的幻想吗？立体电视今天到底发展到什么程度？它的原理是什么？未来有何市场价值？

1. 今日立体电视的模样

在 2007 年北京科博会上展示了立体电视的最新成果——全球最大的裸眼立体显示器 103 英寸宝龙 bolodL103(见图 5－3)。展台上，超大的立体屏幕带来了超震撼的视觉效果，现场画面里播放的可爱小松鼠为追赶核桃不停地跳跃在屏幕内外，现场甚至有

图 5－3　立体电视(61 寸)

小朋友跑上去触摸，试图接住就要“跳”出屏幕外的核桃，给在场的观众强烈的身临其境的互动感觉。

这种立体电视是建立在人眼立体视觉机制上的新一代自由立体显示设备，它根据视差障碍原理，利用特定的掩模算法，然后通过特定的视差屏障后由两眼观看，不需要借助于任何助视设备(如 3D 眼镜、头盔等)即可获得具有完整深度信息的图像。这对于以往必须佩戴眼镜的体验来说，又向前迈出了一大步。

2. 立体视觉的形成

立体电视以人的双眼立体视觉机理为依据。通过双眼水晶体和黄斑中心的左右视轴在水平方向上的间距目基，大约为 58～72 mm，当双眼观察近距离景物时，左右视轴就在该处交叉会聚，眼球就会通过不断改变水晶体曲率和瞳孔的大小来适应变化的景物。

正由于目基的存在，左眼与右眼对同一景物的某一细节的位置、角度等观察点是不同的，因此从微观角度来说，景物细节的图像在两眼视网膜上的投射点是不同的，即观察到的是两个图像，大脑通过眼球的运动，调整综合这两幅图像的信息，就会形成反映景深的立体视觉。

根据实测，人眼视差检测极限约为 5～10″角度，若该值再小，人眼就失去了视差感觉。实验表明，人眼有正常视差感的距离为 250 m 左右，当视距超过此数值后，就不易判断景物的前后位置，失去了立体感。可见立体电视系统应是人眼双目视觉效应的直接模拟。

3. 立体电视的应用

现在市场上已有 3D 摄像机、3D 显示屏、3D 立体眼镜、全景画面软件、3D 麦克风、3D 声响系统等立体电视的应用软硬件产品。

立体摄像机有：

◇ Forth View (Sony) - System for PS2

◇ EYE Vision (CBS, Mitsubishi Heavy Industry)

◇ Panorama Video Cam (Sharp)

◇ Zcam (3DV systems) - Camera with Depth Data

◇ FLYCAM(Fuji Xerox)

◇ DigiclopsTM (Point Grey Research)

◇ CAM-4000 3D Camera (VREX)等

立体显示器有:

◇ 3D-LCD (Philips)

◇ 3D TFT-LCD(Samsung)

◇ Sanyo 3D Screen

◇ BOOM 3C (Fakespace)

◇ Cyberbook

◇ Stereo3D-notebook (VREX)

◇ 21 MX (Nuvision)等

4. 立体电视的市场应用前景

3D也许是电视史上的一个主要革新。在专业和消费电子展览中,许多公司展示其新的3D产品,并引起了参展者很大的兴趣。如果找到一个有效而又能市场化的方案,3D-TV的引入将产生替换2D-TV的巨大市场。3D-TV包括内容生成、编码、传输及显示。

截止到目前,已有CCTV、联想、北京银行、万科地产、罗克韦尔等众多知名企业制作了立体广告片。例如某汽车企业用立体显示器展示其最新的概念车,直观立体地将新车全方位旋转展现在观众眼前。可以预见,这种新的宣传模式必将受到广告业主的广泛青睐。

而随着立体电视技术的发展,这项看上去很高科技、很未来的产品,开始逐渐出现在我们真实的生活中了。显示屏已经不是问题,剩下来的就是立体节目的制作和推广应用了。相信这项技术能够带动非常巨大的市场,谁有敏锐的新技术和市场洞察力,谁有高度的职业敏感性,谁就会抓住先机。

三、网络制播技术

1. 网络制播技术的定义

电视节目的网络化制播是指采用现代信息技术和数字电视技术，以计算机网络为核心，实现电视节目的采集、编辑、存储、播出交换以及相关管理等辅助功能。计算机网络是电视台网络化制播的核心，是电视台网实现资源共享、降低生产成本、提高生产效率的有效途径。电视节目"采集、编辑、存储、播出交换"是电视台网络化制播的核心功能。

2. 电视台网络化

网络化建设的主要动因是实现电视台战略发展目标、提高生产效率、改善生产方式和降低生产成本。其涵盖的内容包括：节目采集/交换、节目生产、节目播出分发、数字内容管理等；相关管理等辅助功能包含核算管理、权限管理、网络监控、考核管理。一般而言，电视台网络化的总体目标是建立一个基于内容生产和分发的网络化平台，通过资源整合提升媒体内容的生产效率与价值。

第一，电视台网的规模分类。网络规模是影响网络架构的重要因素，业务种群和终端规模是网络规模的重要特征之一。从业务种群和终端规模的角度来看，电视台网的网络规模可分成三大类别：基本型——以一种业务群为主体的小规模终端的电视台网；增强型——以二到三种业务群为主体的中等规模终端的电视台网；综合型——以三种以上业务群为主体的大规模终端的电视台网。

第二，电视台网络的总体框架。电视台网络由基础支撑平台、业务支撑平台、业务系统、统一信息门户组成，其总体框架如图 5－4 所示：

基础支撑平台是由基础网络平台、系统软件平台组成，它为电视台网业务系统提供软硬件基础运行环境，并实现各业务系统在网络层的互联网业务系统互通。

业务支撑平台是由公共服务平台、互联互通平台组成，它为电视台网各业

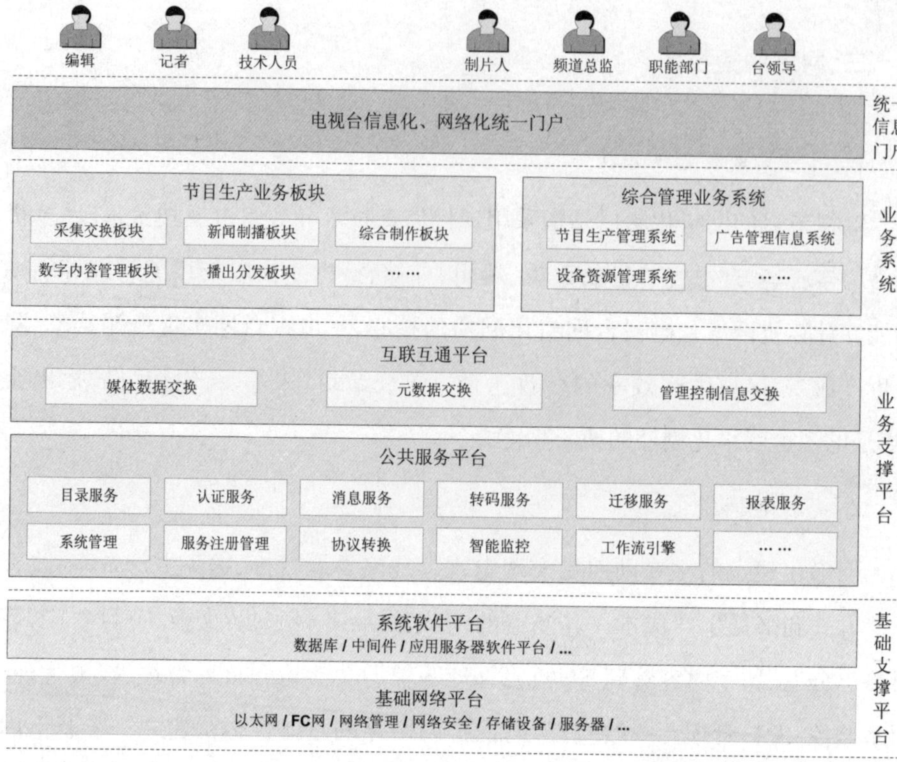

图 5－4 电视台网络总体框架

务系统提供用户认证、服务注册、消息、报表、转码、迁移、智能监控、数据交换、流程控制等公共服务,并实现全台业务系统的统一管理和互联互通。

业务系统是由节目生产业务板块(简称为生产板块)和综合管理业务系统(简称为管理系统)组成,其中生产板块实现电视台节目生产的“采、编、播、存、管”各个业务环节全流程的数字化、网络化和信息化,管理系统实现电视台节目生产的辅助管理。

统一信息门户是电视台网各分散业务系统的统一访问入口,根据服务对象和操作权限的不同,进行个性化的设置,实现单点登录和信息集成。

3. 网络制播的互联互通

电视台网络的互联互通包括生产板块内部的互联互通、生产板块之间的互联互通、生产板块和管理系统之间的互联互通等几个层面。

一是板块内部的互联互通。随着电视台规模化生产的发展，板块的规模越来越大，功能越来越复杂，单个板块就可能支持整个频道甚至多个频道的节目制作播出和内容管理业务，其内部的功能模块往往由几家公司分别提供，这些功能模块之间存在互联互通问题。

二是板块之间的互联互通。板块之间的互联互通包括网络层、信号层、媒体数据层、媒体信息层、应用层等五个层次，是在网络平台互联互通的基础上，通过各要素群之间符合业务标准规范的信息传递与交互来实现的。

三是台际的互联互通。实现本台与其他电视台、内容提供商、内容集成商、内容交换平台、内容发布平台的信息资源共享和交换分发控制。

第三节　数字化时代下的电视深刻变革

以数字化技术为核心的新媒体的诞生和蓬勃发展给传媒业带来了一场深刻革命。这场革命波及的范围和深度都是前所未有的，不可避免地对电视这种传统媒体产生了巨大的影响。

一、新媒体对电视的多层次影响

1. 改变了媒体消费习惯

新媒体的出现使得人们的生活方式发生变化，分流了原有受众群体。人们没有必要再拘泥在客厅里或传统电视机前观看电视。新媒体以其鲜明的特征受到青少年群体及高端消费人群的喜爱。网络广播、网络电视的个性化、多样化，IPTV 的交互性，手机电视的移动性、便携性等都更加吸引受众，传统媒体的受众被分流。由于新媒体的交互性、移动性，通过手机可以点播电视、订阅报纸，新媒体大大增加获取知识的手段。消费者的媒体消费习惯也在新媒体环境下发生改变。移动多媒体使得人们在乘车途中、等候时间里产生了对“碎片媒体”的需求。从电视用户的消费情况来看，从原来的免费收看到现在收看各种各样的付费节目,用户已经逐步转变了消费观念,付费用户正在逐年增加。

2. 挑战原有盈利模式

电视传统媒体主要靠广告盈利,新媒体除了可以吸引广告商外,还可以直接从用户消费终端获利。由于新媒体对高端用户更具有吸引力,原来全部在传统媒体上投放广告的广告主会有新的选择判断,这将直接影响到传统媒体的盈利。IPTV 的发展将直接影响卫视节目落地费的收取。以哈尔滨试点为例,上海文广集团在与中国网通开展的 IPTV 业务中,直接向用户提供了数十个省级卫视频道的直播业务,而作为内容提供方的上海文广集团,并没有向各省卫视收取节目落地费,这无疑影响到当地有线电视网络公司收取落地费的问题。

3. 影响原有节目供应体系

新媒体扩大了原有节目源,更多的个人成为网络广播、网络电视节目的发布主体。互联网的开放式格局,使得电台、电视台的节目制播不再是"唯一",而是"之一"。同时为适应新媒体的特点,一些新的节目制作机构将产生,例如会产生专门为手机电视制作节目的公司,节目制作商的独立化倾向会越来越明显。

4. 抑制传统媒体的升级

新媒体的发展影响了广电部门当前正在大力推进的有线电视数字化转换工作的进程。新媒体的出现会动摇传统广播电视产业升级换代的决心与信心,会使原有受众对于传统媒体收费的上调产生抵触情绪,会降低当地政府对于广电数字化工作的支持力度,这些都会影响广电数字化的产业升级进程。

5. 影响传统监管方式

新媒体对社会的影响具有两面性,一方面传播了先进的知识文化,拓宽了人们的视野,增加了人们网际间的沟通、交往与联系,加速了社会信息化进程;另一方面新媒体的交互性和个性化传播特点对社会建设与管理提出了严峻的挑战。比如个人的隐私问题和宣传的管理问题,国外视频网站上一些涉及国内宣传和政治内容的视频更是给管理带来了很大难度。技术的发展使得新媒体的各种形态不断涌现，新业务也层出不穷。新媒体的接入门槛低，个人制作的内容包括文字、音频和视频都可以通过网络分发，在各种不同的社区内交互；有的新媒体如 IP 电视、移动多媒体等新媒体还涉及多个行业的政策监管问题。因此，今后新媒体的政策监管将呈现融合化、多元化的发展趋势。

新媒体是走产业化的发展道路的，新媒体也具有文化属性与宣传属性，因此政府部门在管理方式上要做相应的调整，也必将发生新的变化。在内容管理层面，广播电视管理机构不仅要对传媒进行管理，还要扩大到全社会，对所有具备媒体编辑特征的内容发布部门进行管理。在管理手段方面，要从电视传统媒体主要依靠行政手段转变到法制化手段。

二、新媒体为电视提供的发展机遇

新媒体对电视传统管理机制和运营方式提出了挑战。新媒体是技术的产物，但它带来的变革远远超出了技术的范畴，涉及电视生产方式、服务方式、盈利方式、管理方式、体制机制等各个层面。目前电视的管理机制和运营方式还不适应新媒体发展的需要，新媒体发展对广电的影响是机遇与挑战并存，但机遇大于挑战。

1. 为电视开辟了新的经济增长点

长期以来，电视增收主要依靠广告收入和有线电视收视费，这两项收入占电视收入的绝大部分，是电视产业盈利的主要模式。上海文广的 IP 电视、手机电视、宽频网络电视和付费电视等新媒体业务收入增长迅速，目前已占集团总收入的 2%，未来五年内新媒体业务收入将占集团总收入的 10%以上。英、美等发达国家的新媒体收入从 2004 年开始超过广电广告收入。新媒体业务的发展，直接改变整个广电行业盈利模式单一的问题，推动电视产业升级，推动广电建立多元化盈利模式，极大地拓展了电视未来的发展空间，使电视成为充满生机和活力的朝阳产业，成为文化产业发展的带头羊。

2. 拓展了电视的服务领域和功能

以数字化为特征的新技术媒体的发展，极大地拓展了电视的服务领域和功能，电视呈现出全新的形态。一是增加了节目数量。数字电视使频道资源从现有的几十套增加到500多套。二是提高了节目质量。新媒体不仅能够提供更加清晰的图像和优美的音质，还可以使用户在家中享受到高清晰电视节目和电影院的音响效果。三是丰富了节目内容。新媒体业务的发展，使广电部门在为用户提供传统电视服务的同时，还能提供电子政务、文化教育、交通旅游、电视购物等各种资讯服务。四是加强了互动服务。新媒体使人们可以随心所欲地点看自己需要的节目和信息。新媒体对电视服务功能的拓展，将从根本上改变传统电视的面貌。

3. 为电视满足多样化需求提供了新的方式

随着我国经济的快速发展，人民群众的生活质量不断提高。对精神文化产品的数量、质量、品种、样式也提出更多、更高的要求。新媒体将传播载体从广播、电视扩大到电脑、手机，将传播渠道从无线、有线网扩大到卫星、互联网，并呈现出与广播电视有很大不同的传播方式，如，手机电视能够随身携带、移动接收，IP电视能够双向互动、自由点播，受众在任何时候都能从广播、电视、互联网甚至移动通讯工具中获得自己喜爱的节目内容，实现了随时随地去选择收看节目的梦想。新媒体改变了受众的行为模式和收听习惯，更好地满足了受众多层次、多样化、个性化、专业化的需求。

4. 为电视的内容资源提供了新的传播平台

与电信相比，电视最根本的优势在于拥有海量的内容资源和强大的节目制作能力。新媒体的发展，不仅使电视媒体所固有的节目资源优势找到了新的传播平台，而且还可以根据这一新平台的传播特性，创造更加符合用户需要的节目内容，形成自己独有的核心竞争能力。新媒体的出现和发展，不仅没有削弱广播影视的传统优势，还进一步加强和发挥了这种优势，提升了电视的核心竞争力。

5. 为电视发展带来了开放竞争的压力

新媒体给电视带来了国内相关行业的竞争压力。国家“十一五”规划明确提出，要加强宽带通信网、数字电视网和下一代互联网等信息基础设施建设，推进"三网融合"。融合、开放、竞争、合作成为数字化时代广播影视生存发展的主题。目前，电信行业已明显加快了与广电业的融合速度，不仅把电话机、计算机、手机等接收终端作为自己的用户，还正在试图把我国家庭最普及的电视机接收终端作为自己的用户。互联网继续多年保持快速增长态势，并进军新媒体领域，对广播影视形成强有力的挑战。一些网站的收入已经开始超过电视台的收入。

三、电视的数字化前景展望

未来一代通信技术和计算机技术的发展，对电视的影响是全方位的，既包括对技术体系的影响，也包括对业务形态和政府监管的影响。在电信和互联网不断向宽带"转型"的今天，电视的内涵和外延也正发生着深刻的变化。在技术方面，向高清晰、网络化的方面转型；在业务方面，向大广播的概念延伸；在管理方面，从行业内部向相关行业甚至是整个社会转变。

1. 技术发展方面

以数字化为基本特点，并通过联网实现资源共享的媒体资源中心，以及新一代的高清晰度电视是各级电视台在数字化革命时代的重点方向；而全业务数字电视网络及数字家庭接收终端则是各级网络公司的发展之路。

一是媒体资源中心。内容优势是电视发展的基础，数字化给电视台的内容存储、媒体资产管理和版权保护等方面带来了技术革命，使得电视台可以更充分地利用多年积累的节目资源，打造新型的数字媒体资源中心。数字媒体资源中心能够有效地保存历史资料，通过电视台制播系统的网络化，还可逐步建立智能化、自动化的节目制作工艺流程，极大地提高了广播电视节目的生产效率。以中央电视台为例，自 2003 年起开始建设中国广播电视音像资料馆，打造我国最大也是最先进的集音像资料的收集整理、存储编目、检索交换以及多种服务功能为一体的，采用现代化管理手段的数据化、网络化的数字音像资料媒体资源中心。到 2007 年年底，节目及素材资料数据总量达 30 万小时，数据条目总数达 800 万一1000 万条，并初步形成以节目及素材视音频数据为主体，同时包括文字、图片及档案等全面的资料加工、处理、保存管理应用体系。

音像资料馆对内为中央电视台节目制播提供资料支持与服务，对外还可为广大媒体受众提供广播电视音像资料的查询检索和信息服务。以数字内容资源中心为核心，利用卫星、有线、互联网等传输手段，中央电视台建设了影视内容分发系统，通过面向全国各地有线数字电视平台传送用于点播的影视节目，最终形成高质高效、资源共享、版权保护的广播影视内容分发与节目交换平台，实现中央和地方、国内与海外广播影视节目的交换，向各类用户提供多层次、多样化的广播影视内容服务和信息服务。

数字化给广播影视内容资源的开发利用带来巨大飞跃，但同时也给盗版提供了便利条件，使复制和散播接近于原版质量节目的成本大大降低。我国广播影视的版权管理还处于起步阶段，缺乏从节目提供、传输一直到用户接收完整的数字版权保护体系。为给广播影视数字内容资源的长远发展打造一个良好的版权环境，2005 年中央电视台在广电总局领导下，联合清华大学、上海文广等 50 余家广播机构、科研院校和企业，成立了中国广播影视数字版权管理论坛(ChinaDRM)，旨在建立一套我国的数字版权标准和制度。

自中国广播电视音像资料馆建立之后，近年来，一批有实力的地方电视台也建设了各种类型的数字媒体资源库，数字媒体资源及管理正成为下一步广播电视新技术发展中的一个重要方向。

二是高清晰度电视。高清晰度电视是继黑白电视、彩色电视之后广播影视行业的又一场革命，代表了广播影视的未来发展方向。高清晰度电视以高分辨率的图像、16∶9 的画面、环绕声的音响，极大地满足观众对高质量电视节目欣赏不断增长的需求。

中央电视台自 1999 年开始高清电视的研究和探索。1999 年国庆五十周年庆典之际，中央电视台在国内第一次尝试用高清电视进行了实况转播。从那时起，中央电视台在高清电视技术和节目方面有了不断的积累，同时对高清节目的后期制作进行了深入研究和探索，先后建设了 800 平方米、400 平方米及 100

平方米的高清演播室，并建成了国内第一个高清非线网络制作系统。2005 年 1 月，广电总局批准中央电视台开播我国第一个高清频道。2005 年 9 月 1 日，央视高清频道开始试播；2006 年 1 月 1 日，央视高清频道正式播出。上海文广、电影频道等也相继开播了高清电视，我国高清电视开始走上发展的快车道。

而高清电视制作不是简单的设备更换，它对电视制作流程中的编导、摄像、灯光、舞美等都提出了全新的要求和理念，需要打造一支专业的高清电视制作队伍。经过这些年的努力，央视培养了一批高清电视设计、编导、摄像、灯光、舞美、化装等方面的专业团队，为央视高清的下一步发展奠定了雄厚基础。2008 年奥运会是我国高清晰度电视发展的巨大契机，中央电视台积极研究和准备了面向奥运的高清电视实施计划，使全国广大观众能够通过高清电视欣赏奥运会的有关盛况。

三是下一代数字多业务网。通信网络、计算机网络都在向以 IP 为显著特征的下一代信息网络发展，并逐步形成了承载多媒体业务的能力。这种发展态势给传统的广播电视网带来激烈竞争，传统的广播电视网在许多新的业务形态面前已呈现明显的不适应，下一代有线电视网络的发展趋势将是数字化、光纤化、双向化、IP 化、智能化，其中融合有线电视网络和互联网的数字多媒体网络很可能成为一个主要的发展方向。

有线电视网和互联网将提供一个更便捷的宽带数字应用平台，使原来在传统窄带网上不能实现的多媒体应用、大量数据的自由交换，通过简单的操作就可以完成。有线电视网和互联网的融合，解决了信息种类中应用最多、比重最大、对网络的要求也最苛刻的音视频信息的处理，从而成为“三网融合”中最廉价、性价比最高的数字多媒体网络。

四是多媒体家庭终端。随着“三网融合”的不断深化，接收广播电视节目的不再仅仅是收音机和电视机，还包括计算机终端、手持终端和其他移动终端。家庭接收广播电视节目的终端正向着以电视机为中心的数字家庭终端和以计算机为中心的数字家庭终端，以及以手持终端为中心的移动终端等几个方向发展。

以电视机为中心的数字家庭终端是将数字广播电视与互联网两种方式作

为传送路径的一种新型电视接收机。从目前国内发展的情况来看,无论是广电总局大力推广的有线数字电视,还是电信部门十分关注的IPTV,都非常热衷于将电视机作为多媒体信息终端的战略构想。具有回传功能、可支持交互电视收看的终端则更受观众喜爱。

以计算机为中心的数字家庭终端拥有多媒体播放器、音乐软件,还可提供数字视频录制(DVR)组件,具备电视节目录制功能。随着液晶显示屏尺寸越来越大和价格越来越低,以及无线操作方式的进一步完善,未来计算机完全可以发展成为数字家庭终端,实现影碟播放、音乐欣赏、照片浏览、电视收录等电视功能,并提供高质量的电视收看享受。

以手持终端为中心的移动终端可为人们随时、随地、随意地提供资讯娱乐信息,从而使广播电视从传统的"固定时间、固定地点、家庭接收",转向更为广阔的"任意时间、任意地点、个体接收",消除了收看者的时间、地点限制,并且扩大了受众群体。

2. 媒体业务方面

计算机技术和通信技术的发展及其在广播电视中的应用,不仅改变了广播电视的技术流程,更重要的是带来了广播电视业务形态的变化。一方面,广播电视内部的业务融合进程加快,如广播与电视的融合、电影与电视的合流;另一方面,新的媒体业务形态不断涌现,如网络电视、IPTV、手机电视等。这些新的媒体形态将对广播电视业务的原有格局产生重大的影响,带来行业之间的融合与竞争。

计算机技术与通信技术的发展正在打破节目制作准入制和节目播出审查制这一传统格局。一方面,节目的制作突破准入界限,个人制作成为一支不可忽视的社会力量。另一方面,视听节目的发布主体不再局限于电台、电视台,互联网站将成为视听节目发布的重要平台,节目制播从垄断走向竞争。

在下一代信息网络中,广播电视网、通信网、计算机网都具备传送多媒体业务的能力,广播电视节目的传送将从专网传输逐步走向开放,节目接收也从单一走向多元。

3. 政策管理方面

随着技术的进步，电视节目传播的地域限制被打破，通过互联网络，任何一个电台、电视台均可实现全球覆盖；通信行业和计算机行业都具备运营包括视音频在内的多媒体业务的能力；节目制播方式的多元化和内容接收方式的多样化，将使政府需要监管的范围更加宽广，监管手段更加复杂。相应地，在管理体制方面，管办不分，四级办、四级管理将越来越不适应发展；在管理对象方面，将面临社会化程度越来越复杂的局面；在管理手段方面，仅仅依靠行政手段将无法实现有效管理。

四、央视新台址的数字化建构

央视新台址电视系统的框架设计工作是从 2006 年 6 月开始进行的，到 2007 年 6 月 30 日完成了框架设计的初步方案，目前已正式投入使用。

1. 央视新台址的规模

第一，新台址的园区划分为四个部分：CCTV 主楼——全台节目制播和行政办公主体；电视文化中心（TVCC）——包括电视剧场、酒店、录音棚以及境外传送等辅助设施；服务楼——供电系统等能源中心；媒体外景地——绿化景观区。

第二，新台主楼的功能区域。CCTV 新台主楼的整个建筑面积接近 40 万平方米，按照功能划分成五个区域：行政管理区——职能管理办公区域；综合业务区——编播办公区域；新闻制播区——新闻类节目制播区域；综合节目制作区——大型演播室及后期制作区域；播送区——播出、主控、网络中心等核心设施区域。

第三，整个项目 10 年完成，从 2006 到 2015 年。第一阶段计划 4 年完成，从 2006 到 2009 年。在第一阶段完成后，开通面积和生产能力将达到全部设计能力的 60%。

第四，播出频道建设规模。播出频道 74 套（央视开办的节目，不包括集成的其他节目)。具体是标清公共频道 26 套:目前已经开播 23 套;高清频道 8 套:2010 年前计划开播 4 套,2010 年再开播 4 套;标清付费频道:2010 年以前计划播出 30 套,到 2012 年,播出套数达到 40 套。

第五,节目自制生产能力。根据广播影视"十一五"科技发展规划的要求,十一五期间,全国将播出 140～200 个电视频道,按照 365 天×20 小时节目播出时间/每频道·每天平均计算,年播出量约 100～150 万小时。按照央视收视份额约占全国 30%计算,央视平均年节目播出量约 30～45 万小时。如果按照央视节目首播量是 50%,首播中自制节目占 50%计算自制量,那么,央视自制节目生产量约 7.5 万～11.25 万小时/年,约 240～360 小时/天。在新台址电视系统的节目生产能力设计中,在 2010 年前要求达到 260 小时/天,其中,新闻类节目 70 小时/天(全部在新址完成),综合类节目 190 小时/天(新址 130 小时/天+现址 60 小时/天)。在 2010 年以后设计能力要求达到 380 小时/天,其中新闻类节目 100 小时/天(全部在新址完成),综合类节目 280 小时/天(新址 220 小时/天+现址 60 小时/天)。

2. 新台址电视系统的设计原则

第一,新台址电视系统的核心。要构建一个可持续发展的平台,重点体现在高可靠性、高可用性和高可维护性三个基本设计原则上,具体来说,要集中反映五个方面的功能特征:

(1)先进智能。新台的所有电视系统全部实现高清化,并兼容标清节目的制播;在信号调度、节目生产、办公等方面全面实现智能化管理,实现网上办公,废除人工操作;在节目制作领域,利用先进的网络技术,全面实现基于文件的节目制作和存储;创建崭新的节目制播流程,使新址成为真正意义上的全面数字化、网络化、智能化的电视台,保持中央电视台始终处于国内领先的地位。

(2)高效可靠。简化流程设计,力争节目制作高效,最大限度地提高今后节目的生产效率,保证新址的节目生产能力。核心系统设计注重高可靠、可维护,采用双核方案,便于系统维护;局部系统出现故障时,应避免故障扩展,有效隔离故障,减少故障影响;对突发性灾难有应对措施,减少灾难带来的危害。

(3)充分扩展。考虑到目前生产能力的具体要求，新址一期建设仅达到总能力的60%，为今后进一步发展留有空间。但是为保证电视工艺系统的一致性，新址电视工艺系统整体规划，一次性完成设计，而实施则分为不同的阶段完成。在系统内部设计中，应保证每个系统随时支持功能扩展，满足不断增加的功能需求。

(4)资源优化。系统设计合理配置设备，充分利用有效的投资，减少不必要的投入，提高节目生产效率，扩大节目产出量。认真研究每一个节目形态的生产流程，实现优化流程、优化资源的目标。

(5)面向服务。央视新址的电视工艺系统设计不仅面向制播业务，一切工作的流程应以服务为前提，面向应用、面向用户。系统设计以用户的通用需求、流程为依据，并注重系统使用的灵活性；最大限度满足用户的合理需求，提出节目制播的整体解决方案。

新台址电视系统的建设目标是：采用大量的先进技术和设备，创新工作流程，建造出一个通用性强、能够满足未来所有电视业务发展的技术平台，实现中央电视台在国内媒体领域里始终处于领先的战略目标。

第二，新台址电视系统将从全方位的高清节目制播系统、全流程的文件制播存储网络、全面规划支持战略发展的业务平台这三个目标，重点考虑进行系统的建设布局。

第三，系统设计方面主要是从五个角度进行统一规划。在系统总体架构上以拓扑再造为核心，重点从三址（新台、老台和音像资料馆）互联互通、"双核"架构、全域全程监控三个方面进行设计考虑；在新闻制播业务方面，关键点是流程再造，电视工艺系统的设计实施和应用开发要适配全台统一的新闻采录机制、新闻业务的划分和新媒体信息发布三个方面的要求；在综合节目制作方面，实现高效高产，重点考虑演播室的群组设计、开放演播室为中心和后期制作岛的设计；在媒资管理系统的设计上，要面向生产，建立统一规划的全台媒资系统和企业服务总线（ESB）+企业媒体总线（EMB）的架构；在综合业务平台上，重点考虑的是战略支持，主要是建立面向节目播出及内容发布的节目生产管理系统,全面规划中央电视台基于当代信息技术基础的媒体业务信息服务和业务支撑平台。

第四节 电视与数字技术融合的典型实操

以网络为代表的数字化技术在我们工作、学习和生活中的影响越来越大。截至 2008 年 6 月底,我国网民数量达到了 2.53 亿,首次大幅度超过美国,跃居世界第一位。宽带网民数达到 2.14 亿,也跃居世界第一(中国互联网信息中心:《第 22 次中国互联网络发展状况统计报告》)。新旧媒体的融合趋势正逐步加强,不论是电视媒体还是具体到电视节目实操中,传统电视领域无不渗透着数字新技术的实践和应用。

一、电视媒体布局网络新媒体——电视的新媒体阵地

电视媒体越来越重视新媒体阵地,新旧媒体正在日趋融合。电视媒体与新媒体的这种融合体现的是一个互动过程,其中包括三个层次:从电视到互联网的资源传递,从互联网到电视的资源传递,为网络、手机等新媒体专门制作。首先,从电视到互联网的资源传递是把现有电视信息嫁接到新媒体上,把整块版面、整套节目放到网上,毋庸置疑,不少电视节目、深度新闻、人物专访、拥有版权的影视剧等电视媒体平移过来的内容在网上比较受欢迎,这个层次的新媒体就是电视媒体在网上的延伸——现实中的电视台数字化之后就变成网上电视台;其次,在从互联网到电视的资源传递过程中,具有即时性和便捷性的互联网为电视提供快速、丰富的节目素材;最后,第三个层次是新媒体完全脱离电视,专门定制内容,发布到网络、手机等新媒体平台上。这三个层次循序渐进,正在逐渐向更高层次的媒体融合发展。对于强势电视媒体而言,更是可以借助优势资源整合和新媒体技术,建立自己的新媒体阵地。目前,中央电视台、凤凰卫视、湖南卫视已经先后建立了自己的新媒体阵地,即央视国际、凤凰网、金鹰网,

其中，央视国际已经成为最具代表性的电视新媒体阵地。

以央视国际为例。央视国际网站的前身是中央电视台国际互联网站，它是于1996年12月建立并试运行的，是我国最早发布中文信息的网站之一。2000年10月，央视国际被列入中央重点新闻网站，成为新闻媒体网站的国家队和主力军。2001年5月25日，中央电视台成立网络宣传部，将网站纳入节目宣传部门。自此，央视国际建设全面推进，并迅速成长为有影响力的网络媒体。2006年4月28日，中央电视台正式成立网络传播中心和央视国际网络有限公司，央视国际同时实现全新改版。央视国际是中央电视台在互联网上的延伸，是新技术的产物。央视国际将最强势的电视与最先进的网络技术相结合，是以央视的强大资源为依托，集新闻、信息、娱乐、服务为一体，具有视听、互动特色的综合网络媒体。截至2007年，“中央电视台的16个开路频道中的12个实现网络视频同步直播，391个栏目中的275个可以通过 www. cctv. com 看到（图文、音视频、论坛等多媒体互动内容），中央电视台每年举办的近200场大型活动在网络平台都能互动参与，并观看图文形式和视频形式的直播”①。

央视国际以视频为核心，以在中国最具影响力的媒体——中央电视台为坚强后盾，享有丰富的多媒体信息资源，充分挖掘央视庞大的视频内容库，通过P2P、CDN等新技术应用，以视频搜索为核心业务渠道，给广大的网民更多、更丰富的视频节目；以互动为特色，利用全新的技术手段和多终端的媒体平台，以PC、手机、IP电视为接收终端的自办频道、自办点播、集成运营等9项业务为主，为网民奉献权威、全面、迅速、准确的网络直播、轮播、点播节目，包括资讯＋社区，图文＋视频的多元化内容呈现方式，为网民提供全面、直观的内容服务。加强台网联动，以服务央视节目，服务节目的主创人员为基础，设置电视节目专区，提供节目线索，进行节目互动，将互联网、手机、电视平台有机结合，实现精品内容的最大化传播。

2008年北京奥运会为央视国际提供了更为广阔的发展空间。在以往的奥运会转播报道中，奥委会只为一小部分新媒体提供了机会，近几年，国际奥委会

① 国家广电总局发展研究中心编著：《2007年中国广播电影电视发展报告》，新华出版社2007年版。

和新媒体签署了一个协议，把奥运会的新闻报道权授予了新媒体。2007 年 12 月 18 日，中国中央电视台与国际奥委会签约，宣布 CCTV 的新媒体平台央视国际成为中国大陆和澳门地区 2008 年北京奥运会唯一官方互联网/移动平台转播机构。在北京奥运会期间，央视国际拥有奥运赛事 3 800 个小时的赛事直播，北京奥运会信号方提供 40 路比赛直播信号，CCTV 网络电视奥运台分项目(28 个大项)直播全部比赛，赛事期间视频直播、轮播、点播总时长达到近 2.4 万个小时。国家广电总局新媒体研究所所长董年初指出，央视国际成为北京奥运会官方互联网/手机转播机构，这是国际奥委会首次将互联网、手机等新媒体作为独立转播机构，新媒体将与传统媒体一起列入奥运会的转播体系。新媒体在 2008 年北京奥运会上起到了非常重要的作用，它所带来的影响力和渗透力将更持久、更全面。新媒体技术通过奥运会的世界窗口将得到进一步的提升，奥运会转播融入新媒体技术也将开拓更广泛的视野。

二、新媒体植入电视节目的实操——手机短信的介入

在数字化热潮席卷全球的时代，人类历史上未曾有过的媒介感知神经正在形成，媒体生产信息方式、受众消费信息方式都在发生革命性变革，电视媒体正在经历不可逆转的变迁，电视行业竞争也日益激烈，受众成为电视行业激烈竞争中的争夺重点。电视节目在与受众的结合过程中，怎样加强与受众的互动，加深与受众的沟通，吸引受众的关注，甚至是吸引受众的参与，成为了电视发展最关键的问题。伴随着近几年来新媒体的广泛运用，许多新媒体的技术被吸收到了电视节目当中，比如网络平台、手机短信等等。其中手机短信业务蓬勃发展，截至 2007 年 12 月底，“全国手机用户数达到 5.47 亿户，手机短信发送量达到 3 785.1 亿条，较上年同期增长 38.3%，有 4 430 万网民用手机上网，超过全体网民的四分之一”[①]。手机短信的发展潜力使得手机短信迅速而且广泛地介入到了电视节目之中，在电视节目与受众之间扮演了重要的角色。短信的介入

---

① 中国互联网信息中心:《第 22 次中国互联网络发展状况统计报告》,2008 年。

使电视节目内在的组成元素产生变化，继而展现出不同于以往的形态，为电视节目策划和制作带来了创新；而不同的短信介入，带来的节目形态改变也各具特色，这在一定程度上丰富了电视节目内容，给予受众更多的选择。

1. 短信介入电视节目的特点

短信介入作为电视节目的一个环节，将自身的特点融入到电视节目当中，为电视节目提供多方面的创新；而不同的电视节目可以选择不同的短信特点，这些不同的短信特点会改变原有电视节目形态的组成元素，形成电视节目新形态的传播功能。

第一，短信为电视节目的互动性交流提供了物质载体。传统媒体是一种点对面、面对面的传播，而短信传播完全不同于传统媒体，它是一种点对点、点对面的传播。短信的互动模式将受众放到了最重要的位置，满足了受众多层次的需求，既实现了个性化的需要又可以达到大众化传播的效果。也就是说，电视节目不仅可以利用短信的点对点传播特点，在电视屏幕上用不同的形式展现短信内容，加强与受众之间的互动性，使得受众愿意在电视节目提供的短信平台上展现自我、彰显个性，还可以通过手机或短信网络将电视节目的相关信息传播给更大范围的手机短信用户，高效率地完成信息传播和反馈等工作。

第二，短信为电视节目的平民性参与创造了广阔空间。短信孕育出庞大的拇指经济，制造了一个新型的消费群体。短信之所以广受欢迎的原因是，短信的任何一个用户都可以成为信息的传播者和接收者，两个角色可以随时转换。短信的用户掌握着短信的传播权利，具有极大的参与感，能够充分发挥能动性，符合了当代受众群体的习惯和要求。目前，国内拥有手机的用户数已经达到5.47亿户，庞大的用户市场为电视节目开展短信互动服务提供了无限的空间。

第三，短信为电视节目的即时性传播突破了时空限制。短信实现了跨地域、跨时间的信息传播：在时间上，手机可以随时进行操作、传播；在空间上，手机可以在任何地方发送或接收信息。作为短信传播双方的传者和受者之间实现了实时传播、即时互动。手机短信虽然是即时传播，但却不会即时丢失，它有可存储的特点，电视节目中的短信平台为其实现了海量存储，方便将受众发送的短信作为数据资料进行深入地归纳和分析等。这种即时快速、海量存储的传播特点对于电视节目与受众之间形成真正有效、恒久长期的互动十分有益。

2. 短信介入电视节目的形式

以中央电视台春节联欢晚会为例，自从2002年的春晚首次推出了电视观众短信参与的方式，之后的历届春晚也都开设了短信服务，并尝试了一些围绕短信业务的项目。随着电视节目对短信青睐程度的加深，短信已经以一种迅雷不及掩耳之势迅速地席卷了电视荧屏。国内各种类型的电视节目，总是尽量地在节目中设置与短信相关的环节，电视节目中短信也大量出现，呈现出了多样化的发展形式。

第一，反馈受众信息。电视节目为了更好地满足受众的收视需求，往往希望通过受众的反馈信息来重新审视节目是否受到欢迎。以前的受众是通过信件、电话等方式来与电视节目组取得联系，反馈信息，但这种交流方式受时空的限制相对较大。自从短信介入后，受众可以更为便捷地反馈信息，同时电视节目也通过短信平台渠道向受众提供相关资讯及信息。

第二，参与节目竞猜。目前，很多综艺娱乐类、体育类、电视剧类节目设置了短信竞猜的环节，以此来预测节目中某个环节的竞技或情节发展的结果。这样的竞猜带有很强的不确定性，但是竞猜的难度通常也不是特别难。一般来说，短信竞猜大多都会设置一定的奖项或奖品，观众可以通过手机短信参与，这是为了刺激观众、增加观众的参与而采取的方式之一。

第三，参与比赛投票。红极一时的选秀节目已经掀起了一阵全民投票热潮，短信投票参与电视节目是选秀节目中最为重要的一个支撑点，短信投票在大多数情况下是与各种各样的选秀类节目密切联系在一起的。最引人注目的自然是2005年湖南卫视的《超级女声》，观众通过短信投票给自己喜欢的选手以决定选手去留，成为该节目中极为重要的环节。据统计，《超级女声》的最后四场总决赛创造了超过3 000万的短信收入。

第四，参与留言抽奖。通过短信留言参与到节目抽奖中，这既可以是节目中直接参与的环节，也可以是受众参与互动的内容。如中央电视台《非常6+1》

节目专门设置了一个短信互动环节，观众通过短信留言发送自己对奖品的心愿，然后在节目现场的短信滚动中抽取幸运观众，如果能与主持人在节目中进行电话交流，就会有机会获得节目组提供的相应奖品。短信留言、电话交流、赢取奖品的三重互动，将这种短信互动形式深深地植入到了电视节目的内容和形式中。

第五，互动聊天评论。电视节目中发送短信就可以互动聊天，让观众发表自己的意见，针对节目设置的互动话题进行讨论。电视节目为这些观众提供了一个短信显示平台，即时滚动观众短信，于是观众在观看节目的时候，就可以发送任何自己想说的话。这种短信互动聊天或评论，不仅可以在观众和主持人之间进行交流，还可以在发送短信的观众之间实现聊天，在增强节目与观众互动的同时大大丰富了电视节目的表现手段。

3. 短信介入电视节目的功能

一是短信的介入增强了电视与受众的互动。

电视媒体通过对新媒体技术的利用，呈现出不同以往的传播形态。短信的介入，让当今受众追求主动地位的愿望得到一定程度的实现，让电视媒体与受众之间找到了更为直接、快捷的交流方式，构建了一个有效的平台。目前，对于电视节目的短信平台而言，这种技术相对简单方便，而且发展得也相对成熟，适合广泛地运用到各种电视节目中。观众可以利用短信参与到节目中，无论是反馈信息、参与竞猜、投票选秀，还是发表评论、互动聊天，甚至参与节目流程、预测节目内容等，都极大地拉近了电视节目与受众之间的距离，增强了节目与受众的互动，这使得观众有了更多参与其中的娱乐体验，因而强化了与节目的密切联系。

在当今社会，新媒体技术不断发展，受众对于互动性的传播体验日益熟悉，拥有足够的参与性、自主性和能动性，可以最大限度地参与到信息传播的过程之中。电视属于著名传播理论学家麦克卢汉所界定的冷媒介之一，冷媒介就是低清晰度的媒介，具有包容性，注重受众的参与程度。因而，电视节目自诞生以来就与受众的积极参与紧密地联系在一起，这也改变了受众对于电视媒体的消费习惯,从传者本位到受者本位。当代受众的自我主体意识不断强化,不再仅仅满足于对电视节目的心理参与,而是希望能够按照自己的意愿参与到电视节目的制作中,发表自己的意见和看法。那么,在当代的新媒体形势下,将短信的传播特点与电视的传播内容相结合,正是实现受众收视需求和参与心理的有效途径。

短信以新媒体技术的姿态介入到电视节目中,比较好地满足了受众用实际行动参与的潜在需求。良性的互动可以延续节目的影响力,提高观众对于节目的忠诚度,获得更为有效、积极的传播效果,促进电视节目的可持续发展。与此同时,短信的介入使得受众拥有了对电视的话语权,也让电视媒体拥有了平民化的姿态,特别是一些类型节目,如一些选秀节目,还有如春节联欢晚会等一些特殊庆典类的节目,往往最容易吸引观众的积极参与,短信的互动效果尤为强烈。

二是短信的介入丰富了电视节目的创新力。

创新是电视节目可持续发展的恒久动力,只有适应时代发展的新需要,了解受众市场的新动态,针对受众的需求不断作出适当的调整,才可能在激烈的电视媒体竞争中占据自己的一席之地。新媒体为当代社会带来了新的传播渠道和收发信息的方式,以其独特的传播特性赢得了无限发展前景,因而电视媒体要在形态上有所创新,可以充分利用新媒体技术,为电视节目的技术创新和思维创新提供帮助和支持。

电视节目一直以来都是以我播你看的传播形式进行着信息传播,长久以来形成的思维定式和形态模式现在却不得不面临电视行业新出现的制播分离以及产业化竞争的危机。各种各样的新媒体已经得到不同程度的发展,网络、手机、移动等新媒体用更多人性化和创新性的传播形式得到了较为广阔的生存空间,受众的选择越来越丰富,受众的注意力也越来越分散。而电视行业内部的竞争异常激烈,面临着内忧外患的竞争形势。如何在这一竞争中脱颖而出,吸引受众的注意力资源,是电视节目制作者必须面对的现实环境。在这种情况下,短信的介入为电视节目形态带来了源源不断的创新力,也为电视赢得更多受众带来了希望和活力，拓宽了电视节目与受众之间的传播渠道，让受众无论在节目播出时，还是在节目播出后，都可以了解到节目的动态资讯，随时保有对节目的关注度。

短信介入的这种创新力不仅表现在电视节目内容上，而且也表现在电视节目形式上。内容上，短信的快速、便捷、即时等特性，让电视节目有了更广阔的互动空间，包含短信竞猜、短信投票、短信互动等等各式各样的电视节目形态。短信作为新媒体的传播特性，融入了电视节目中，使电视节目形态呈现出多元化的发展趋势，无论是以何种形态出现的短信介入，都使得电视节目有了不同以往的内容。在形式上，短信的介入增强了电视节目的现场参与感，使节目更加生动。如现在普遍采用短信滚动条实时地把短信展现在电视屏幕上，营造出一种实时互动、积极参与的氛围，还丰富了艺术视觉上的动态感受，增加了节目信息的广泛性。

第六章　网络媒介与传统媒介的交互影响

在影像数字化的背景下，传统媒介与网络媒介的传播形态、格局、传播效果，甚至是媒介本身的功能都发生着翻天覆地的变化，渗透与融合并存。

第一节　网络媒介的视听传播特性

如果说影像数字化改变了传统媒介传播的受传格局，那么可以说，影像数字化为互联网这一相对新兴媒介注入了更多的“新鲜血液”。网络媒介的视听传播是影像数字化进程中一个至关重要的元素，Web2.0使数字化影像的互联网传播具备了技术和理念支撑，而博客、播客等图文及音视频互动传播形式的诞生和迅速发展，成为影像数字化进程中十分关键的一步，也为影像数字化发展提供了更为广阔的空间和平台。

自上个世纪中叶计算机和互联网技术诞生之后，人类划时代地走进了互联网新生活。早已习惯于打电话、读报纸、听广播、看电影、看电视等交流与传播方式的人们突然发现，这一切沟通方式都可以在互联网上轻松实现。随着互联网的广泛发展，有时甚至只需要支付不多的费用，就可以足不出户享受以上所有的服务。乐于展现自我的人群找到了表达观点的平台，渴望资讯的人士可以搜寻到海量信息，远隔重洋的亲友能够通过视讯彼此交流，时间和空间的概念被打破，地球变成了地球村，互联网成为了兼容、共享、互动，“无所不能”的全新媒介形式。

不仅如此，在影音技术和数字化高度发达的当今社会，只要拥有一台数码相机或数字DV机、一台计算机、简单的应用软件，普通大众也可以制作出个性化的音视频文件。而互联网为这类产物找到了出口，提供了广阔的交流空间，上传、下载这些简单的操作实现了影像作品的共享和互动。没有互联网的时代，这仅仅是广播和影视从业人员的专利，而今却成为了大众化的传播形态。可以说互联网真真切切地改变了我们的信息传达方式，改变了我们的生活，甚至改变了我们的生活方式。充满生机与活力的互联网新生活已经悄然而至。

传播学奠基人之一麦克卢汉在《媒介通论》一书中大胆提出"媒介是人体的延伸"的观点。虽然他的"媒介即是信息"及"冷热媒介"的观点被后人广泛批判，但是媒介的延伸似乎已经成为传播学领域的基本观念了。互联网这一媒介不同于其他传统传播媒介，它实现了人类各种感知器官的全方位延伸。

正如纸质媒体延伸了人类的视觉，电话和广播延伸了人类的听觉，电影电视则是对人视觉与听觉的双重延伸，而互联网成为人类视觉、听觉、触觉等多种复杂感官的综合延伸。"网络媒介延伸了人的视觉、听觉、触觉，而其超媒体的信息组织结构与人类大脑的信息组织结构极为类似，可以说网络媒介还全面地模拟并延伸了人的神经系统。"①从来没有一种传播媒介能够同时调动起人类如此多的器官运转，并相互配合，做出复杂的思维运算，把人类的传播活动与身体延伸推向如此新的高度。从这个意义上讲，互联网的出现的的确确是人类传播史上的巨大变革。借助网络媒介传播数字化音视频产品，是对人体全方位延伸的最佳诠释。

在影像数字化语境下，相比互联网这种新的传播媒介，更具有可比性的当属电视这种传统媒介。传播媒介的构成往往决定着该种媒介的特性，从传播学上讲，构成传播媒介的三个基本要素是物质实体、符号和信息。

物质实体是构成传播媒介的前提条件。电视的物质实体就是发布信息的电视台、电视信号发射设备及机构、接收电视信号的电视机和公共电视广播网

① 宫承波：《新媒体概论》，中国广播电视出版社2009年版，第7页。

络;电影的物质实体则是承载影像的胶片、大屏幕和电影院。互联网的物质实体包含计算机终端、互联网等,其实凡是信息发布、流动、接收、交互等一系列传播活动过程中涉及的物质实体都是互联网媒介的物质实体。所以,这就决定了互联网的传播过程要比其他媒介来得复杂得多,其交互、共享、海量等特性也就随之产生。

符号是传播过程中必不可少的,就像人类面对面交流通常要用语言这种符号一样,它是传播媒介与其他普通的物质实体相区别的一个重要标志。除了技术层面上标示域名的方式外,互联网在交流层面使用的符号不仅有文字,还有声音和图像。但这些符号往往也不同于报纸、广播和电视中的文字、声音和图像,它们往往更具有独创性,富于个性,并能够在不同情境下表达不同的含义。因此,近年来在 BBS 上广为流传的"MM""沙发""油菜花"等网络词语,早已超越词语原本的含义,而衍生出更为广泛及个性化的网络实用含义。互联网传播符号的特点也决定了这一媒介具备兼容性、个性化等传播特性。

传播信息是传播媒介的基本功能和唯一使命,任何有序的完整的符号都蕴含着特定的信息,它是传播者与受传者发生关系、形成互动的理由和前提。互联网的信息是十分复杂的,表现形式也多种多样。互联网之所以传播得如此广泛,发展速度如此之快,影响如此之大,重要的原因就是它的传播信息广泛到了无所不及的程度,而与此同时,互联网强大的超级链接、搜索引擎功能,具备其他传播媒介无法匹敌的信息广泛关联和海量存储,互联网将信息极大地拓展、深化了。

因此,互联网具备其他传播媒介无法匹敌的传播特性。

一、媒介开放性

互联网作为一个全新的传播媒介与信息交流平台,开放性是其十分显著的传播特性。互联网提供了一个巨大的信息流通平台,世界各地的人们可以借助计算机终端身处其中,自由地相互交流信息。正所谓"网络无国界","在互联网上,没有人能够确定对方是不是一条狗",这句趣谈不能不说是对互联网特性一针见血的诠释，因此互联网无疑成为全球化语境下相当重要的传播媒介之一。

借助一台电视机和广播电视网络收看电视节目，这一传播形式也具备开放性的传播特点。但是，受地域因素限制，其开放性远远不及网络媒介。广播电视数字化之后，电视信号传播主要依靠数字卫星电视、数字有线电视和数字地面电视三种形式。这三种形式均基本局限于单一国度的传播，即便是全球覆盖的卫星电视，也因版权等问题较少跨国传播。至少目前，电视媒介还没有发展到全球化信息资源开放共享的程度。相比之下，网络媒介的开放程度是空前的。

二、受众广泛性

基于开放的传播特性，互联网受众之广泛程度不难想象。1997 年全球互联网用户每年绝对增长量有 770 万，到了 2003 年，绝对增长量达到 5 360 万。在互联网较为发达的韩国，首都首尔已经实现无线互联网全城覆盖，市民只要携带一台装有无线网卡的笔记本电脑，就可以随时随地将自己的计算机接入互联网，享受畅快的互联网生活。

中国互联网络信息中心对中国网民数量的调查显示：进入 21 世纪之后，中国网民总数迅速增长，2007 年之前，每年都比上年增长 2 000 万以上的网民数，而 2007 年之后，更是呈现出突飞猛进的增长态势，从 2007 年的 1.37 亿增长到 2008 年年底的 2.98 亿，两年间翻了一番还多。在国际上我国也异军突起，以 22.6％的普及率首次超过世界平均水平，并在网民数、宽带网民数、国家 CN 域名数三项指标上，跃居世界第一位。

近年来，我国网络广告业也迅速增长，不少广告分析师认为，电视媒体在我国覆盖了约 3 亿人次的观众，而网络媒体已经接近 3 亿，并且增长速度远远超越电视媒体。可以大胆预测，网络媒介超越电视媒介而成为最具传播广泛性的第一大媒介已经指日可待。单纯从网民数的增长速度和互联网发展状况就不难看出，互联网无疑是发展潜力最大、最具传播广泛性的传播媒介。

三、传播便捷性

互联网传播的广泛性还应归因于这种传播形式的便捷性。“通过网络媒介传递和交流信息,不需要纸张,不需要印刷、投递,也不需要广播电视节目发射时昂贵而复杂的设备,它是将讯息拨号进网,在通讯线路上进行自由传送,不分地区,不论国界,随传随至,既方便快捷,又经济。”[①]相比之下,电视这种传统媒介受播出时段、既定的节目形式和内容、互动性相对较弱等因素的限制,便捷性有一定局限。

四、信息海量性

不同于纸质媒体的版面和页面有容量限制,广播、电视的收听收看有时段限制,互联网是一种无论在时间还是空间上都相对更加自由宽松的传播媒介,内容容量的限制程度更是大大减小。互联网在地理空间上呈现出全球化、广泛性的特点,而在发送、接收、互动交流的整个传播过程中更是不受时区和地域限制。在此基础上,所有的音频、视频、图像、文字等信息都集合成数字化存储和传输形式,形成了一个海量的信息网络。通过几家较大的互联网搜索引擎锁定关键词语,轻松点击,就会有成百上千万条相关网站、网址及网页信息呈现出来,这是电视媒介所无法企及的。

五、传播形态兼容性

相比互联网来说,传统媒体电视无疑是相对单一的传播媒介。纸质媒体是只融合了文字和静止图像的平面媒介;广播是单纯的听觉媒介;电影和电视具备了对声音和影像的双重表达,在文字的呈现方面有一定缺陷。而互联网整合了所有传统媒介的功能和优势,既集声音、图画、文字、影像等各种符号于一体,充分调动人体视觉和听觉器官,又融电子技术、视频技术、通信技术、软件技术

---

① 卢小雁:《市场精灵:网络传播与广告》,复旦大学出版社 2001 年版。

等各种高科技于一身，传播信息涉及的领域更是包罗万象。

互联网这一新媒介将信息技术、音视频技术、通信技术等高科技合为一体，集计算机、电视机、照相及摄录设备、VCD机、DVD机、电话机、游戏机、传真机、打印机、电子信箱等多种工具的性能于一身，同时又是书籍、杂志、报纸、广播、影视等传统大众传播媒介优点的大综合。互联网新媒介既克服了传统媒介的一些弱点，又兼具传统媒介的优势。互联网新媒介既具有纸质媒介的可保存性和可查阅性，又具有电子媒介的新鲜性和即时性，还兼具影视媒介的影像阅读性和声像视听性。可以说，互联网称得上是到目前为止最具兼容性的新媒介。

六、共享性、个性化与交互性

从宏观上来说，接入互联网数以亿计的计算机终端用户，可以自由发布信息，同时也可以点击、浏览、分享网络资源，体现了互联网可共享的传播特性。网络传播的低成本、便利快捷、易于复制使其迅速成为大众传播媒介之一。举例来说，互联网的共享性让过去依赖纸质文件传递方式实现信息沟通和交流的过程变得更为简单。通过设定办公局域网络，就可以把数台计算机办公终端联结在一起，交流畅通无阻。互联网实现了信息、资源和智慧的共享，个人力量转化为大众能量，在网络媒介中爆发。信息共享避免了信息传递过程中造成的资源浪费，同时也一定程度地提高了工作效率。

自2004年的WEB大会开始，Web2.0这一理念迅速而广泛地被人们了解并认同。在Web2.0的传播方式中，受传双方的身份是一种模糊的界定，或者说可以相互转换，传播由单向流动变成双向交互。交互性指网络中的信息交流方式表现为实时交互操作的方式，体现在人与机器的互动，通过机器实现人与人的交流。互联网的交互方式是双向的信息交流，用户既是信息的消费者，也是生产者和提供者，既是接收者，也是发布者。交互性是互联网这种新媒介与电视这种传统媒介之间最为显著与重要的区别。

交流是人类的基本生存活动，交流的媒介不仅仅有语言，还有文字和图像。人类甚至在文字诞生之前的结绳记事等行为中，就透露出对于交流的重视。人们通过在绳索上打结这种简单粗浅的行为，既帮助自我记忆，又实现了与同类的沟通，甚至对子孙的教育。渴望交流同吃饭、睡觉一样，是人类最为直接的需要，也是传播的根本需要。编辑和记者通过报刊书籍上的文字与读者交流，电影摄影师、导演和演员通过影片跟观众交流，广播节目主持人和导播通过电波跟听众交流，电视从业人员通过节目与电视观众交流。但以上的种种交流往往只重视一方对另外一方的“倾诉”、“传达”，甚至“灌输”，在一定程度上对受众的反馈交流有所局限。

“人际传播是‘点对点’的‘对话式’双向传播，大众传播是‘点对面’的‘独白式’单向传播，互联网为人类传播活动提供了第三种传播形式——‘交互式’的网络传播，它实现了真正意义上的互动。这种传播既综合了人际传播与大众传播的特点与优势，又不是两者简单的整合和延伸，而是一种全新的创造。人们在互联网传播中有着传受双重身份，传播者和受传者的角色不是固定不变的，任何人都可以作为互联网传播过程中的传播者，而作为受传者也是一样。在传播与受传角色的转换过程中，信息传播实现了互动。”[①]在互联网互动传播的基础之上，个性化的传播方式就不言而喻了。互动性的传播方式就是把用户提供的个性化内容转化成为网络共享的内容，而此内容又在更多用户的更新修订中不断发展，维基百科就是这种互动交流和网络资源共建、共享的最好呈现。互联网传播的共享性、个性化、互动性在此过程之中充分体现。

第二节　网络媒介对传统媒介的吸纳、渗透与创造

互联网这种新兴媒介在发展过程中，势必会吸纳、借鉴传统媒介中已经经过发展研究、总结归纳、历练成熟的媒介形式和内容，取其长补其短，将传统媒介的经验与教训应用于自身的媒介发展。无论是从纸质媒介，还是广播、电视，互联网都能够寻找到适用于自己的新的媒介形式和内容。比如，互联网电子文

① 卢小雁：《市场精灵：网络传播与广告》，复旦大学出版社 2001 年版。

本、网络广播、网络电视、博客、播客等等，都是在吸收传统媒介传播内容的基础上，开辟的互联网新媒介平台上的新传播方式。

互联网对各个传统媒介的吸纳，使各种媒介形态之间产生出一种相互覆盖、彼此交融的媒介大融合的局面，该局面的主要发生场所和最终交汇点正是互联网。媒介的融合也势必会渐渐跟不上人们日益增长的文化需要和日趋发达的创造性思维，由此创造出了一些新的互联网媒介表现形式。这些表现形式虽然称不上新媒体，但是对于互联网媒介的发展有着极大意义，成为了互联网与传统媒介良性互动发展的强大动力，也使人们看到了互联网媒介未来的广阔发展潜力。

一、网络对传统媒介的吸纳与融合

1. 互联网电子图书——庞大的数字图书馆

在影像数字化飞速发展的今天，互联网借由数字化技术发展出一种全新的阅读方式。利用手动输入或者电子扫描等方法，把纸质书籍转化成相应的图片文件，这样传统的纸质媒体就实现了电子化，在互联网这种新媒介当中传播与交流，便于直接在线或下载阅读。这种电子图书的最大优点在于制作周期短，成本低，占用空间小。因为电子图书可以完全绕过印刷、运输、零售等环节，甚至部分电子图书的格式只是将图书逐页扫描，完全不必逐字键入，节省了时间，缩短了制作周期。而且，制作电子图书只需要简单的转换技术，成本较低，一般以纸质书籍三成甚至更低的价格发行于互联网，用户只要网上支付相应费用，就可以获得下载和阅读的权限，一定程度地降低了成本，提高了收益。此外，一本电子图书文件大小通常只有1M左右，一个普通的优盘就可以储存成千上万本图书的数据。与需要相当体积存放的纸质图书相比，电子存储的方式节省了极大的空间，减少了资源浪费。

电子图书的产生与传播依赖于影像数字化技术，数字化技术的应用产生出电子超文本这种文本处理形式。文本信息不仅包含简单的文本数据，而且将多媒体信息收纳其中，并实现超文本链接，文字、声音、图像等多种媒体形式合二为一。有了这些技术，文字得以转化为图片，笨重的书籍变成了多媒体数据。不仅仅是书籍，报刊、杂志也都以某种特定的形式被网络吸纳为自己的内容产品。依靠简单的Flash制作技术和软件，配以背景音乐、图形图像，报刊、杂志就变成了电子报刊、电子杂志，不但内容完整，还能满足受众阅读同时的听觉享受。受印刷等因素的局限，有些电子报纸杂志甚至制作得比纸质报纸杂志更为精美，更易于阅读，并能在人们阅读的同时，提供更高层次的视听享受。

在电子杂志技术及理念基础之上，网络杂志应运而生。如果说，电子杂志只是纸质杂志的副产品，内容与其并无不同，形式也相对单一的话，那么网络杂志则彻底改变了这一行销模式。除了具有普通电子杂志的制作形式和阅读模式之外，网络杂志摒弃了电子杂志将纸质杂志内容机械地照搬过来的方式，而是开辟全新的内容和形式，并通过网络平台按期发行，创建出独特的网络杂志品牌，不再仅仅是为纸质杂志做嫁衣。“一些知名人士纷纷出版个人网络杂志，如徐静蕾的《开啦》、杨澜的《澜LAN》、鲁豫的《豫约》、令狐磊的《磊周刊》等，不仅订阅数量大，而且发行伊始即引来了巨额的广告投入，网络杂志在摸索中终于走上了良性循环的发展之路。”[①]数字化文本的存在与传播，让互联网在与纸质媒体的竞争中充分凸显其优势。随着电子文本的诞生与发展，互联网的功能就不仅仅是一个网络，借助影像数字化技术和网络营销理念，互联网成为了一个庞大的数字化电子文本库。这个文本库在网络媒介上包含了图书馆和出版社的职能，兼具存储、传输、出版、发行等功能，将影像数字化技术与网络媒介很好地整合在了一起，向传统纸质媒介未来的发展提出了严峻的挑战。

2. 网络广播和网络电视——多媒体内容的承载

互联网作为一种能够承载多媒体内容产品的媒介，除了文本、图片，在一定的技术支持下，还具备传播广播和电视的功能。而将传统媒体播放的广播和电视内容与网络媒介做一个交集，就出现了网络广播和网络电视。

网络广播借助网络流媒体功能，在互联网上以数据流的方式传播音频广

① 宫承波：《新媒体概论》，中国广播电视出版社2009年版，第170页。

播,受众只需要在计算机接入互联网的基础上,安装音频播放软件,即可从网上收听广播内容。这种网络广播不但可以将传统的广播媒体的播出内容通过网络直播传送,还可以利用点播业务弥补广播节目不易保存的劣势。除此之外将具备音视频的电视内容转化成音频传送也是一种网络广播的形式,因此网络广播可以传播传统媒介广播、电视的内容产品。从这个意义上来说,网络广播只是为传统广播、电视媒介做嫁衣。

为充分发挥网络的优势,许多广播电台纷纷开辟了自己的网站,一方面开办网络广播业务,另一方面也利用网络开展广播互动活动,如建立广播电台的网络论坛服务,方便听众和网友通过网络与传者和其他受者进行交流,进行热线电话及网络竞猜、网络投票等环节活动,打破过去单纯依赖热线电话与听众简单交流的局面。

网络广播与传统广播相比,互动性更强,更便于内容分类,方便听众选择收听,一定程度上突破了传统广播的基本受传模式,而且实现了广播音频节目的海量存储和复制,另外从传播范围上来说,不受地域和传送频段的限制,实现全球化、网络化传播。

网络电视同网络广播一样,也是将传统的电视内容搬到网络平台上,要么直播,要么点播,在互联网上传播电视节目。除了开展论坛互动、付费网络电视、分类节目点播、下载等业务来丰富网络电视的传播之外,网络电视似乎也尚未发挥出更大的作用来。网络电视更像是网络媒介与电视媒介的简单结合,被电视台广泛地用于实现互联网营销策略,扩大影响力,吸引更多的电视观众,开辟更多的互联网广告业务。

网络电视除了完成基本的电视节目网络化直播与点播业务之外,为了更好地为传统电视传播效果服务,推出了有电视传播特色的一系列网络电视新业务:开设网络电视博客、播客、论坛(社区),网络与电视台、手机媒体互动发起投票、征文、比赛、竞猜等。这些新业务不但将电视媒体与网络媒体、手机媒体等整合起来,还为传统电视媒介的发展提供了更新的视角,拓宽了市场。

毋庸置疑,网络广播和网络电视推动了传统广播电视媒介的发展和变革,但是网络广播和网络电视的节目内容受技术条件限制，音视频质量尚无法跟传统媒体相媲美。另外，相比博客、播客等日渐成熟的新网络传播形式，如何从网络与广播和电视的联姻中探寻出更新、更强的传播形式，才是突破“网络广播＝网络＋广播”“网络电视＝网络＋电视”的尴尬局面的现实问题。

二、网络媒介对传统媒介的补充和创造

1. 数字技术催生互联网平民影像

曾几何时，我们还在拥挤不堪的邮电局里排队拨打长途电话，而转眼间全国手机用户的数量就突破了 6 个亿，几乎平均 2 个人就拥有一部手机，在城市和发达地区，几乎达到了人手一部。数码相机、摄像机的普及速度也相当惊人，现在，老百姓拥有一台数码相机、家庭数码 DV 机已经不是什么稀罕事。即便不用专业数码产品，仅靠手机越来越高像素的内置摄像头，实现“全民摄影”、“全民 DV 影像”也并不算难事。随着数码技术的发展，摄影这种在过去看来只有专业的摄影师才能精通的技术，也只有在电视台等传媒机构和专业院校才会研究的一种视觉艺术，如今已经渐渐退去那层笼罩着它的神秘面纱。

专业的影视制作大体包括前期和后期两个环节，除了依靠平民化的数字化技术设备进行拍摄，用计算机操作影视制作相关软件实现对平民化影视产品的后期制作也成了可能。现在有相当数量的网友具备利用 Photoshop 等照片编辑软件对数码照片进行调整、校色，甚至“张冠李戴”似的篡改编辑等能力。照片的可信度在互联网媒介上变得越来越低，个性化的网络图像也带来了大量由此产生的网络现象。与摄影、摄像、录音等工作相关的影视声画艺术，已经渐渐大众化，完成这类工作所需的成本和门槛越来越低，平民化影像的趋势愈发显现出来，其中最典型的有两个案例:“网络小胖”和《一个馒头引发的血案》。

2003 年，上海一个名叫钱志君的初二男生偶然回眸的一瞥，不知被谁拍了下来传到互联网上，利用 Photoshop 技术将其头像嫁接到各种人们喜闻乐见的名人照片、电影海报、名画上。在越来越多的网友争相效仿，制作出更多的搞笑图片之后，一个有着犀利傲视眼神和一张胖嘟嘟脸蛋的普通男孩形象被越来越

多的网友亲切地称作“网络小胖”,“网络小胖”一时间成了网络红人。小胖图片的上传者最初的目的也许只是娱乐大众,而之后的效仿者有的抱着别人能做,自己也要试试看的心态,有的单纯为了炫耀一下自己的PS技术,有的从中激发了自己和大众的创新思维。总之,小胖就这样莫名其妙地在互联网上成为了“明星”,着实地红了几年,而那回眸一瞥也成了“网络小胖”的标志。“网络小胖”现象虽然有一定的偶然性,但是网络媒介的作用的确不容忽视(见图6—1)。

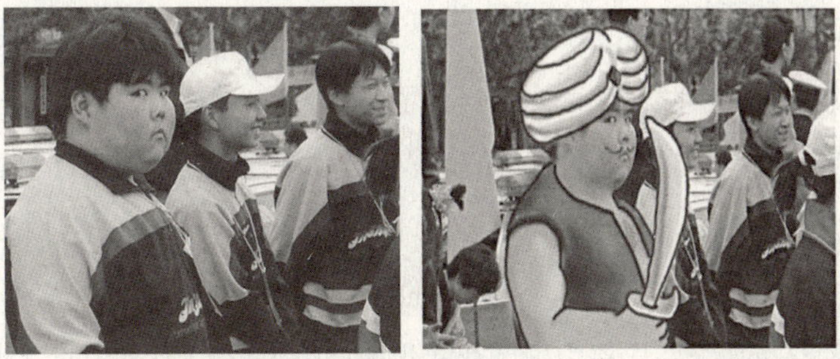

原图

图6-1 “网络小胖”恶搞图

数码技术与网络媒介充当了“网络小胖”现象的基础和载体，带给人们更为多元化的影像生产模式和更加个性化的影像产品内容。不论网友的PS技术是否过硬，嫁接的痕迹是否明显，都不影响“网络小胖”的图片在互联网不同的角落里涌现出来，也都挡不住网友们的热议，赞扬的或是批评的声音此起彼伏。互联网上的平民影像传播尽管可能无序、可能不规范，甚至可能是主流价值观判断下毫无意义的事情，但是我们也应看到，网络媒介正是做了一件前所未有的事——吸纳了无法进入传统媒介渠道老百姓自己制作的影像，为这些无序的、不规范的、“无意义”的平民影像开辟了一片天地，寻找了一个出口。

2006年伊始，随着陈凯歌导演的电影《无极》的上映，网络视频制作人胡戈推出了以《无极》部分电影片段为主要内容的恶搞短片《一个馒头引发的血案》。该短片一经推出，就立刻获得广大网友的关注，在网上拥有了极高的点击率与流传度。网络影像第一次在中国大众文化的视野中显影，从此开始了与传统影视媒介的深入互动。

《一个馒头引发的血案》的制作素材，一部分来源于清晰度较差的盗版光碟(当时尚无正版或清晰版《无极》光碟面市)；一部分来源于电视翻录的《法治在线》的主持人画面、上海马戏团的表演空镜……声音部分的录制与混缩技术等也都表现出一定的“非专业性”。在网络媒介中获得极高点击率和极广流传度的“馒头”短片，其与“高概念”电影大相径庭的呈现状况似乎显示了一些独特的在网络媒介中获得所谓“成功”的有效策略。

首先，技术质量——影片的拍摄和制作不再成为衡量一部(网络)影片受欢迎与否的先在标准。显而易见，“馒头”短片在视听上的“粗糙”，并没有阻碍它在网络媒介受到欢迎。不光是“馒头”，在网络获得极高点击率的视频影片，普遍都是个人制作或偶发拍摄的。它们在制作质量、演员的表演、影片的清晰度等方面都不怎么过关。但网友面对网络视频的技术质量时，却表现出难得的宽容，对其忽略不计。

因此，互联网平民影像创作的出发点似乎并不在于将其拍“好”，拍“大”，而在于将影片拍出“独特”，以吸引眼球和点击率。在“吸引眼球和点击率”的制作目的驱动下，正在出现一种新兴的为网络视频制作而产生的制作、制片模式，那就是个人化、业余的网络视频制作模式。像“馒头”视频的制作者胡戈，虽然并未接受过专门的影视制作训练，但是他一个人包办了从前期创意、解说词写作、剪辑合成到后期配音（多个角色）的几乎全部工作，一个人两台电脑花了五天时间，完成了视频的制作。这种个人化、业余的网络视频制作模式，显然不同于传统影视行业的工业化、集团化生产模式。其产生的原因在于，影像的数字化制作方式借助家用DV摄像机和计算机剪辑软件在中国民间得到普及；网络播客、视频网站简易的注册、上传模式，又使得普通网民获得平等地将自己的影像作品在“公共平台”上播放的权利。由此造就的是一批网络视频的创作者、制片人和发行人（许多网络视频制作者往往身兼以上三种身份），一大批互联网平民影像作品也由此应运而生。

与传统影视媒体的产品相比，平民影像的主要特点是：第一，平民影像通常不顾忌版权问题，制作素材来源多种多样，不受节目质量和技术指标的约束，制作成本相对较低，制作周期相对传统影视作品较短，不必遵循传统媒体生产过程中约定俗成的制作套路，生产制作环节呈现出“非专业”、“业余”的特点；第二，平民影像区别于传统媒体作品的主流意识规范，创作者的随意性、娱乐化和个性化比较强，更注重追求吸引眼球和点击率，因此作品内容和形式呈现出鲜明的“个性化”；第三，从传播出口上来说，平民影像依赖网络媒介门槛低、开放性的特点，轻而易举地实现影像作品的网络传播，并利用网络的互动性完成传者与受者的双向互动与角色转化，有时能够收到不逊色于传统媒介的传播速度和效果。

但是，这种以互联网为传播媒介、充满个性的平民影像一旦被简单复制，失去新鲜感的时候，传播效果就会一落千丈。2007年，当电影《太阳照常升起》上映的时候，一部恶搞该片的网络短片《“屁股”血案》出现了。该短片在形式与风格上极力模仿《一个馒头引发的血案》，甚至作者名都模仿《一个馒头引发的血案》的作者。新闻媒体闻风而动，一番报道，以为会是下一个热点网络事件。但《太阳照常升起》的导演和制作方以及网民都对《“屁股”血案》冷漠应对。原因很简单,当“馒头”短片成为套路被反复模仿时,创意的新鲜感早已不再,恶搞不再有趣,而是无聊了。可见,平民影像的根本生存之道还是突破传统、杜绝抄袭,拥有鲜明的个性化风格。

以互联网为媒介的平民影像潮流,一定程度上补充了传统媒介平民视角影像作品创作的缺失。这种补充恰恰是抓住了互联网区别于传统媒介的最大特点和有利优势,将互联网个性化的传播内容、开放性的传播特点和充分的互动传播方式推向极致。在人们看惯了传统媒介专业传媒人视角的影像作品后,这些质量相对粗糙,技术不够娴熟,东拼西凑,甚至张冠李戴的影像作品反而让人为之一振,从媒介本身来说,能够为传统媒介的传播内容和形式做一些补充,实在是网络媒介莫大的功劳。

2. 博客与播客——互联网数字化影像承载空间

“博客”这一概念从美国悄然传入中国的时候,还带着“Web”(网络)与“Log”(航海日志)的双重涵义。人们最初对博客的定义,还只是在网络上写日记。与传统日记不同的是,网络日记除了写给自己看之外,更是写给网络上的更多人看的。实质上,博客这种媒介传播形式不但具备把日记公开化的个人性和开放性传播特征,更为关键的是它的交互性。

“作为互联网 2.0 的核心应用之一的博客,可以通过链接方式将博客与博客之间,博客与其他网站之间连接起来,形成一种交互式传播。这种以个体的主动性为前提的交互传播,使得博客有可能把个人与个人,个人与群体,群体与群体之间,因为内容或博客主体的某一种一致性或相关性,而自发地构建起来,形成不同的公共传播空间。”[①]因此从交互性上讲,博客更像是一个提供给网络个体与其他个体,个体与其他群体,群体与群体之间彼此实现信息交流、互动的网络空间。

不论是博客,还是网络空间,除了具备网络社区和网络论坛的文字交流功能之外,还满足了图像、音频、视频的上载、共享、交流。当然,这里的图像和音

① 冷冶夫:《民间影像的革命之四 DV 与新媒体》,中国广播电视出版社 2007 年版,第 71 页。

视频一定是数字化的。博客与网络空间的这种功能，使得影像的数字化互动传播能够在互联网上实现，同时也扩展了一种博客与网络空间类型，那就是在文字博客的基础之上，出现了图片博客、视频博客和音频博客。在数字化技术的支撑下，网络吸纳融合了纸质媒介、广播与电视，形成了博客这一网络媒介传播形式。

网络博客在中国兴起与发展之快是前所未有的，理论界称之为"博客潮"。自 2002 年博客的概念及传播形态引入国内，2003 年的木子美博客日记曝光事件引起了人们对博客的关注，此后几年网络上掀起了博客热潮。"开博"成了网络上的热门词，越来越多的公众人物纷纷"开博"，赶这股浩浩荡荡的博客潮。写博客的、看博客的、研究博客的人，几年之内迅速增长。新浪网上更是展开了一场名人博客点击率大比拼，一时间，名人博客点击率数字成为人们关注的焦点。而博客主人通过发表文章、发布图像、上传视频等形式维护博客，似乎占据了大量的时间和精力，甚至由此衍生出帮人维护博客的新职业。有时，某某名人开博的消息，甚至可以登上娱乐新闻，网络传播充当了传统媒体的引领者，成为传播信息的来源和制造者。从这个意义上来说，博客的发展，或者说网络媒介的发展，使人类社会的传播形态更为丰富，扩展了传播的广度和深度，将传播触角伸得更长；同时，更为传统媒介的发展提供了广阔的空间，加速并促进了传统媒介的发展。网络媒介与传统媒介彼此共享传播的内容，互相借鉴传播优势，在融合的过程中实现良性发展。

当然，有发展就会有竞争，在竞争的环境下才有求发展的动力。博客的出现对传统媒介的传播生态，一定程度地产生了影响和冲击。新闻博客、图片博客对原本就越来越不景气的报纸杂志的不利影响可想而知，而音视频博客的蓬勃发展和受众数量日增、受传习惯的改变等方面，自然会对广播、电视媒介造成一定的冲击。然而，正是因为互联网这个异军突起的新媒体，传统媒介才会在竞争中不断创新，焕发出更大的生命力来。

"播客"(Podcasts 或 Podcasting)这个新生于互联网的概念近年来更是成为理论界研究的焦点，对于它的起源、发展和传播特性都有不少研究成果。但简单说来，播客就是传者将文件上传至互联网，供受传者观看、下载的一种网络传播方式。播客的几乎所有功能，博客都可以具备，无论是传播网络音频还是网络视频，在博客上都能够实现。从这个层面上说，播客其实就等同于博客。但博客与播客的主要区别在于，博客是以传播文字和图片为主，突出“日志”的特点，音视频只作为辅助功能；播客则在博客的基础之上继续延伸，注重音视频文件的传播。因此，现阶段的博客与播客分化成互联网数字化影像的两大载体，一是图像，一是音视频。

从传播特点上来说，博客和播客都具备以下几点：

第一，受传者合二为一，角色相互转化，实现互动传播。Web2.0 为网络媒介互动交流提供了可能，无论是博客日志的发布者，还是播客短片的上传者，都颠覆了传统媒介的专业媒体才能作为信息传者的理念，任何一个人只要将个人计算机终端接入互联网，就可以把图像或音视频上传。反过来，博客和播客的受传者不但是观众、听众，还可以“反客为主”，及时将个人化的意见反馈给传者，同时，对于传者发布的信息可以任意下载、播放、暂停、快进，只要受者愿意，甚至还能够随时摇身一变成为传者，发布自己的信息。在博客与播客中，没有绝对的传者和绝对的受者，二者之间的交互传播十分畅通、便捷。互动交流和传播的便捷性，是网络媒介中的博客与播客渐渐抢占传媒市场、挑战传统媒介最重要的优势。

第二，不受传统媒介内容的限制，传播内容平民化、个性化。尽管部分博客和播客是转载报纸杂志的文字、图片，广播、影视的音视频段落，但是比重不大。博客与播客传播的内容绝大多数都是平民化、个性化的文字、图片、音乐和视频短片。这类提供给大众交流“草根”文化的博客与播客网站层出不穷。全球以美国创建的 YouTube 网站最受欢迎；中国的播客网站则以土豆网为首，倡导“每个人都是生活的导演”，为平民影像提供舞台；目前占国内播客八成比重的是音频播客，派派网是国内较大的音频播客网站，许多“草根音乐人”、“草根歌手”都在此找到了展现自我音乐才华的平台，部分热衷于用声音记日记的网友也利用音频播客“晒”自己的隐私、见闻、感受，与人分享。“汶川地震之后的一周时间内，通过播客网站上传的第一手地震现场视频总量超过3000条，总计时长超过400小时，数十亿人次通过播客了解灾情。如果说这些由网民上传的视频由于内容处理简陋显得有些难以承载新媒体的厚重感，那么震后一个月新浪播客推出的《汶川地震纪录》则从质量上保证了播客的主流性。这是一段取材于网友并由互联网视频团队制作的'全'互联网的网络视频。百年未遇的巨大天灾发生时，以播客为首的网络媒体见证了历史这一刻。”①

总的说来，博客与播客的相继发展，至今还属于网络这种“新媒介”的“新鲜血液”。这股新鲜血液里既囊括了传统媒介图文、声画的基本元素，又加入了传统媒介欠缺的平民视角创作的传播内容与新媒体时代特有的互动传播方式。可见，这股新鲜血液是我们迫切的传播需求和必然。博客与播客是网络媒介在整合传统媒介基础上，对传统媒介传播缝隙的补充与创造。传统媒介之间，传统媒介与新媒介之间，新媒介与新媒介之间，都处在大融合的历史进程中。如何在媒介融合中开辟出新的媒介传播形式，甚至推动“新新媒介”的诞生，顺应未来的发展趋势，开辟网络媒介的新纪元，是当下媒体人的应有之议。

3. 多重媒介大融合下的网络新传播形式

互联网这种传播媒介从形式上说，是纸质媒介、广播、影视等传统媒介在网络这一新载体上的大融合，而从内容上来说，互联网结合了所有传统媒介的功能，并进一步扩展和延伸。互联网具备大众传播最基本的信息传递和人际交流功能；具备报纸杂志和广播电视知识传达、新闻传播、表达观点、抒发情怀、娱乐大众等功能。不仅如此，网络媒介还大大提升了传播的效率和效果。互联网上的人际交流打破了时空阻隔，将人与人的距离尽可能拉得更近；互联网上的新闻传播速度极大程度地提高，几乎做到了实时报道，这是传统媒介无论如何也比拟不了的；互联网上的知识信息海量存储、传递，维基百科集合了全人类的智慧，知识信息的准确性和传播速度都是惊人的，有了搜索引擎，互联网更是无所不能，无所不知；互联网上的文字、图像、音频、视频等交流途径，都达到了传统

---

① http://www.chinaxwcb.com/index/2008－07/21/content_134895.htm

媒介无法企及的互动新高度;互联网允许人们畅所欲言,个性化在这里充分展现;互联网实现了足不出户的购物需求,上天入地的无限畅游,满足人们不断增长的休闲娱乐享受。

互联网较之传统媒介的优势尽管很大,但想要寻求更大的发展,必须在现有优势之上,不断发展新业务,扩展新功能,开发新产品,以谋求更大的优势,跻身主流传播媒介行列。从互联网影像传播的角度上讲,博客和播客虽然算不上是新媒体,但都是网络上涌现的新的传播形式。在网络媒介对传统媒介的不断吸纳、融合过程中,一些别样的网络影像传播形式和营销模式逐渐显露出来。

一是网络栏目。网络影像中已经出现了"网络栏目",按栏目的编排方式、创作风格,定时上传播出,完全栏目化运作。如网络脱口秀节目《奶茶冻咖啡》,最初由五个人抱着好玩的心态,以表达"草根的声音"为目的,开始完全自发的、无商业目的的节目创作。他们每周五定期上传视频,单期节目最高点击量一度超过了 160 万,形成了固定的网络收视群。

这种将电视栏目移植到互联网行销的方式无疑是节省栏目制作、播出经费,抢占蓬勃发展中的互联网商机,迅速收获传播成效的捷径。从传播现象看,它是新旧媒体融合的产物;而从内容产品上看,它虽然无法跟传统电视栏目相提并论,但是个性化的传播内容和视角往往更容易迅速在互联网上找到共鸣。尽管这种经营模式具备可复制性,然而如何在借鉴中不断推陈出新才是网络栏目能否走远的关键。

二是图片小说、图片电影。随着家用数码照相机和后期修图软件的逐步普及,老百姓凭借简单的数码产品和基本的网络上传技术,即可实现平民化的艺术创作。而这种艺术创作受成本和技术的局限,DV 作品在数量上显然没有平面摄影作品那么多。一些以图片代替视频来讲故事的艺术形式开始在互联网上产生并传播开来,这些源于电影蒙太奇理念的平民化艺术形式在互联网上称作"图片小说"或者"图片电影"。

简单来说,图片小说和图片电影就是将传统意义上的小说和电影的故事发展过程中的关键瞬间凝固下来,形成一幅一幅图片,配以简单通俗的文字说明,使多幅图片连贯起来讲述一个故事或者表达一种情绪等等。最初摄影爱好者在摄影论坛上发表自己的摄影作品，多幅摄影作品往往具有同一作者连续性的思路和情绪，也往往被人们联系起来评论和理解，久而久之，一种用图片讲述故事的理念促成了图片小说和图片电影的产生。虽然图片小说和图片电影在传播学上看只不过是互联网这种开放性、个性化媒介形态中的一个微不足道的传播现象而已。近年来互联网上举办过多届图片电影大赛，虽然规模都不大，不足以引起强烈的社会反响，但也可以由此发现，像图片小说、图片电影这样的互联网与传统媒介相互融合的产物，仍算得上是一种新的艺术表现形式。随着互联网与传统媒介的并行发展和相互渗透交融的逐步深入，相信图片小说和图片电影这样的艺术形式会有更广阔的发展空间。

三是网络电影。不同于图片小说和图片电影，网络电影突破的不是表现形式，而是营销方式。网络电影不是在网络上播放的电影，而是诞生于网络上的电影。也就是说，网络电影不是传统电影传播在网络上的副产品，而是从一开始就只在网络上发行、传播的电影。由于网络电影尚未形成一定的制作和传播规范，一般来说，网络电影时长在 5 分钟到 100 分钟不等，较传统电影短些，通常使用的是非专业的演员和制作人员，制作成本也比较低。

虽然从表面上看，网络电影似乎与 DV 平民影像并无不同，但是网络电影与 DV 平民影像的最大区别在于其传播的营销方式不同。DV 平民影像多是在播客网站或者论坛上零散地发表，随意性比较强，无有计划的宣传和营销策略。而网络电影呈现出一种有固定团队策划、投资和宣传的态势，逐步摸索出规模化、专业化的制作模式和营销模式。而反观网络电影和传统电影的差别，除了传播渠道不同之外，网络电影的灵活性较强，可以使用简单的 DV 设备和非专业人员来完成，也无须大投资、大制作，门槛比传统电影要低得多。

国内的网络电影通常是由某互联网论坛、网站发起，由刚刚起步的影视公司或电影爱好者组成的团队负责策划、制作，最终在互联网上发行的影像作品，从内容和题材上来看，大多数是以娱乐搞笑为目的的喜剧片。目前，有许多作品号称自己是中国第一部网络电影，比如由思奇社区投资、阿土影视拍摄的网络电影《我们没有隐私》，时长 90 分钟，全部由业余演员出演，故事讲述一个由计算机搜索软件的开发而引发的人类隐私被暴露的事件，是一部带有荒诞喜剧色彩的网络电影。还有一部 100 分钟长的无厘头喜剧网络电影《混混》，凭借不到 10 万元的投资和几位非专业出身的制作人员，传播所谓的"草根文化"。而另一部 90 分钟的网络电影《三个秘密房间》被广泛认同为中国第一部网络电影。2007 年 3 月 12 日，在中影放映厅举行了小型的看片会，该片由《讨债》、《圈套》和《迷墙》三个同时发生的故事，独立而又巧妙地叠加在一起，剧情悬疑惊悚，荒诞迷离。网友通过点击激动网，可以观看该片。制片方激动影业总经理蔡可新先生在看片会上说："随着互联网的发展，网络电影将成为更新的娱乐消费方式，新媒体业务作为我们公司的重要项目，而网络电影《三个秘密房间》将是目前国内真正意义上的第一部网络电影的开始。我相信我们会用专业的电影拍摄手法不断地给广大网民带来更多更优秀的视频作品。"

第三节　网络影响力构建新型电视评价体系

我国从 1958 年电视媒体诞生之日起到今天，先后以受众写信反馈、召开座谈会、收视率、满意度调查等方法产生过多种衡量电视节目优劣的标准。虽然这些标准在特定的历史时期对电视节目的发展起着一定的积极作用，然而面对电视节目极大丰富、互联网等新媒体日益发展的今天，传统的电视评价体系已经滞后于媒介竞争环境的改变和电视节目多样化发展的现实。同时，传统的电视评价体系导致了一些优秀的文化节目和原创节目的流失，电视媒体自身的发展迫切要求一个更加全面、科学的评价体系的产生。"网络影响力"作为一个连接电视与网络，体现传统媒体与新媒体融合趋势全新的评价指标，在新时期下对电视节目评估显得日益重要。把"网络影响力"指标作为当今电视评价体系的重要一环，是对电视评价体系的一种有益的补充，也是一种创造性的发展和完善。新型的电视评价体系的建立不仅有利于本民族的优秀文化的发展，同时也有利于打造中国电视媒体在国际上的竞争力。

一、以收视率为导向的传统电视节目评价体系

现阶段业内普遍存在用收视率来评价电视节目质量和策划节目形态的做法，片面地追求节目的高收视率，这种纯粹以电视节目收视率的高低来评价电视节目的体系被称为以收视率为导向的电视节目评价体系。现阶段以收视率为导向的电视节目评价体系仍被绝大多数的电视媒体所认同并应用。

1. 传统电视节目评价体系的积极意义

收视率对于电视媒体工作者来说是一个关键的词。在 2001 年 5 月由北京广播学院（现中国传媒大学）电视研究所进行的一项针对全国 21 家省级电视台和省会城市电视台的研究结果表明："所有电视台在节目制播决策中都会考虑收视率因素，且收视率因素所占的比重都超过了 50%，其中有一半以上超过了 70%，只有一家例外。所有电视台在裁撤停播节目时，都会优先考虑收视率因素。"[①]收视率的使用改变了中国电视媒体长期对于受众需求及受众本身的忽略，因此从这个意义上来说，引进收视率对中国电视的发展来说是有积极意义的。

一是一定程度上反映了观众的关注度。从收视率的定义我们可以看出，收视率是在某一时段收看某一电视节目的人数占所有电视节目渗透观众的百分比。因此，在一定的程度上收视率反映了电视节目受观众的关注程度。收视率高代表观看该节目的电视受众多，即受关注程度高；收视率低则代表该节目受关注程度低。如北京电视台生活频道《生活面对面》栏目组就严格地按照收视率来把握观众对节目话题类型的关注度，收视率高的话题类型会被做大，收视率低的话题会少做或不做。

二是有利于提高节目质量和优化电视节目的编排。用收视率来判别观众对于某个电视节目的喜爱程度，有利于电视节目的质量提高。2003 年，时任中

---

① 王兰柱：《聚焦收视率》，北京广播学院出版社 2002 年版，第 107 页。

央电视台副总编辑的孙玉胜在回顾中国电视近十年的发展历程时曾说过这样一句话："收视率成为调控频道和栏目编辑的指挥棒，成为一个挥之不去的标准。"[①]电视节目制作者在策划和制作节目时会充分地考虑到电视受众的因素，改变了过去忽略受众的创作倾向。随着以收视率为主要衡量标尺的电视节目评估体系的建立，一大批深受电视受众喜爱的精品电视节目应运而生。如纪录片《故宫》《新丝绸之路》等在创作过程中，充分地考虑了受众的因素，进行了节目形式的创新，因此，也获得了更多的受众。

另外，收视率在节目编排上的作用也不容忽视。每一个栏目都有其生命周期，任何一个节目都不可能永远保持高收视率，观众总会有一个疲劳期，总会有厌烦的时候。节目是好是坏，还有没有保留的必要，是否应该引进新的节目，当面临这些难以辨别问题的时候，收视率提供了一个很好的依据。节目收视率高则保留，节目收视率低则淘汰，收视率成为了一个统一的标准。2002 年中央电视台就出台了末位淘汰制度，对收视率低、观众反映较差的节目实行淘汰。有一大批栏目在人们的视野中消失了，如《记忆》《文体视窗》《地球故事》《电视你我他》《环球》《每日一歌》等。

对此，中国传媒大学胡智锋教授就说过："主流媒体的管理者有其难言之隐，他总要有一个评价的杠杆，然后依据评价来分配资金、安排人力、配置物力，而最简单、最省事的评价就是收视率。"[②]因此，收视率概念的引进对于优化电视节目的编排和提高电视节目的质量具有重要的作用和意义。

三是有利于广告商的广告投放。收视率是时下电视节目制作者和广告商普遍看重的一个指标。广告主投放广告就是为了让更多的观众看到其播放的广告，促使观众购买其商品，因此收视率是广告主投放广告的一个重要参考指标。他们认为节目收视率高就代表有更多的观众收看节目，同时也收看到了他们的广告，也就意味着他们会多卖产品。因此，收视率高的节目或者时段往往会得到高额的广告投放费。每年投放广告费的"标王"总是产生在央视一套《新

---

① 孙玉胜：《十年：从改变电视的语态开始》，三联书店 2003 年版，第 409 页。

② 胡智锋：《会诊中国电视》，文化艺术出版社 2005 年版，第 16—17 页。

闻联播》时段，这与该栏目一直拥有的高收视率不无关系。

反过来说，高额广告费的获得也推进了电视媒体的发展和电视节目质量的提高。为了在有限的节目时段获得更高的广告投放费用，各电视台之间竞争激烈，他们会努力提升电视节目的质量，使电视节目满足受众的需求，获得高收视率，进而得到广告商的青睐。这也从另一个侧面上促进了节目制作者和节目水平的双重提高。

2. 传统电视节目评价体系的存在问题

以收视率为导向的传统电视节目评价体系也存在着一定局限性。

一是收视率调查技术上的不足。国内收视率数据的采集方法主要有两种，即日记法和仪器法。但这两种方法在推广过程中，都存在着一定的问题。

日记法是指通过随机抽选一定的样本户，并在样本户中留有可记录一周收视情况的日记卡。调查公司会在每周日上门收取日记卡并发新卡以备下周记录之用，或者请样本户按时直接将卡片邮寄回调查公司。日记卡通常是以十五分钟为一个有效收视单位来进行记录。这种方法的不足之处在于：人为填写不可避免地会出现误差，且短于 15 分钟的电视收看时间段则不会被记录下来。此外，在收视率结果的获得方面，日记卡也有着明显不足。由于要对样本户的日记卡进行回收、数据的加工处理，这样得出的收视率数据会有明显的滞后性，电视节目制作者很难得到及时的收视反馈，不利于节目适时改进调整。

仪器法是指样本户的电视收看观众通过仪器的操作来记录其收视情况。每个仪器上都有一个按钮，当样本户开始收看时便按下按钮，当收看结束时再按一下按钮，这样节目的收看信息就会被存储下来并反馈给收视调查公司，从而完成收视率数据的获得。仪器法虽然可以及时得到受众的收视数据，但是由于成本的问题，仪器法不适合大范围地进行收视率调查。因此，国内采用仪器法调查所产生的收视率也有一定的局限性。另外，仪器法很难保证仪器操作者是否留在电视机旁收看电视节目而没有去做其他的事情，对收看的电视节目是否满意在仪器法中也无法获得。因此，仪器法获得的收视率也有其不足之处。

由于受到调查成本的限制，收视率调查的样本大都选择在各大中城市，调查的区域很难延伸到占人口绝大多数的农村地区。究其原因是因为城市居民的消费能力强，收视率是广告主投放广告的一个重要依据。即便是在各大中城市，调查样本户在城市居民户数中也只能占很小的比重。这样在商业社会中，收视率调查就变成了在具有消费能力人口中的调查，不具备消费能力的人群则往往被放弃，这样收视率调查的本身局限性在我国就被放大了。因为我国人口主要分布在农村，而他们的消费能力有限，因此，在收视率调查的数据中很难显示他们的收视需求。

另外，在不同文化层次的人群中，调查样本户的分布也有所不同。“收视率的调查方法是按照我国人口结构设计的，假如中国高等文化的人群占8%，初中、高中文化程度的观众占60%，那么，在某个城市抽样的300户中，24户是高等文化程度的，180户是中等文化及以下文化程度的。高等文化水平的喜欢的节目，往往比不上中等及以下文化程度的喜欢的节目收视率高。在西方经济发达国家，这种收视率的取样方法相对来说是符合主流意识形态和精英文化的需求的，而照搬过来并不符合我们的国情，因为中国主流文化的人群少得多，我国至今还有一亿文盲。”①这样就会造成一些文化内涵高的节目收视率会很低的现象。另外，收视率调查的数据得出，除了收视率调查本身技术上的不足外，也会受到其他一些因素的影响，比如地区因素、季节因素、时段因素、节目类型等。这些因素也是收视率统计时需要考虑的因素，但是这些因素又很难去用一个量化的指标去定义，因此，从这个层面上说，收视率数据的得出也有一定的不确定性。

因此在评价电视节目品质的时候，单单以收视率的高低作为衡量标准，往往不能反映出节目的真实质量，甚至还会产生一系列的负面效应。

二是收视率应用的缺憾。与国外的电视节目评价体系有所不同，受我国国情的制约，当前国内的电视节目评价体系更多的是对电视受众节目收看的“量”的统计，很难把观众对“质”的评价纳入到评价范畴中。因此，这种电视节目评价机制有很大的片面性。时下，大部分电视台采用的以收视率为导向的电视评

① 西方雨:《不能寄希望于一两次“大扫除”》,《中国广播影视》总第372期,第93页。

估系统会造成人们对收视率的误读，错误地使用收视率统计数据，出现了片面夸大收视率在评价电视节目中的作用的现象。

首先，节目的媚俗化、庸俗化和同质化。据统计，我国电视收视观众大部分是高中以下学历的人群，不少高收视率节目实际上是反映他们的收视需求。“当前，在不少地方出现的电视游戏节目媚俗化倾向和电视剧‘港台化’现象，就是各电视台（频道）为了抢夺观众，追求收视率而无序竞争、过度竞争的产物。”[①] 当前，很多电视台把收视率当成唯一的评价指标，因为收视率决定广告收益，收视率也就成了衡量电视节目品质的唯一标准。布尔迪厄在《关于电视》一书中指出，收视率对电视的直接作用是导致“血和性、惨剧和罪行总能畅销”。许多电视节目的创作人员为了能在短时间内吸引观众，就会忽略节目自身的道德要求和文化品位，就会放松自身约束，片面地追求节目形式的新奇特，刻意去迎合庸俗、低俗之风以吸引观众，达到提高收视率的目的，这样就造成了节目的媚俗化和庸俗化。另外，片面追求收视率还导致目前节目同质化现象严重。在湖南电视台的《超级女声》取得高收视时，全国各电视台纷纷推出类似的“真人选秀”节目，其中有《加油！好男儿》《星光大道》《舞林大会》《红楼梦中人》等不下十余个“选秀”节目。这种节目同质化现象不仅会降低节目的趣味性，还会严重影响受众的审美评判能力，因为同质化通常可能会导致单维度的社会和单维度的人。

其次，高雅文化的缺失和混乱。从受众本身来说，收视行为是为了满足个体本能需要的收视行为。在放松状态下和私人的环境中，电视受众主要是从生理层面的愉悦、刺激等因素出发来选择收视节目，而不会去考虑伦理、道德、理想、责任等社会层面的内容。在这种集体无意识中，人性中某些隐秘的欲望，对物质的追求和对他人的偷窥欲望等都一一地展现了出来。因此，大众更倾向于休闲娱乐的节目，更倾向于感官刺激和情感宣泄的电视节目。这样就造成了大众对于非主流文化集体无意识的宣传，最终造成主流文化的缺失和混乱。另一

① 卑根源：《正确对待收视率，有效发挥收视率作用》，《收视率透视》，中国广播电视出版社 2000 年版，第 221 页。

方面,收视率电视评价体系本身也导致高雅文化的缺失和混乱。“电视文本以商业目的的直接功利性替代高雅文化的无功利性;以程式化、复制化、平面化、无深度感对抗着高雅文化的个性、独创性、典型性;以情感策划的虚假性拆解着高雅文化的情感判断的真实性和深沉感;以享乐性、消遣性置换高雅文化的启蒙性、先驱性。”[①]收视率统计本身就是一个商业化的产物,以收视率为主导的电视评价体系必然会导致高雅文化变为娱乐化,娱乐化又发展为商业化。“当广告商投放广告首先考虑的是收视率时,电视台就不得不放下架子,唯收视率是图,而电视台对收视率的全面追求,往往都以放弃对文化理性的追求、对人文艺术的追求为代价。”[②]

二、“网络影响力”电视评价方法的界定与特征

当今,网络日益成为继报纸、广播、电视等传统媒体之后的另一个媒体形式。网络在人们生活中占有越来越重要的地位,受到越来越多的人的关注。截至 2012 年年底中国的网民数已近 5.64 亿,如今网络日益成为了大众获取和发布信息(包括网民对所观看的电视节目评价和感悟)的一个重要渠道。

通常我们会把受众的“关注度”作为衡量电视节目好坏的一个重要指标,而“网络影响力”不仅让受众“关注”到了电视节目本身,而且通过“影响”受众对电视节目的深层次的认知和理解,改变受众的行为和心理。因此,在电视节目评价体系中,应该引入电视节目的“网络影响力”作为衡量电视节目质量的要素之一。

1.“网络影响力”的内涵

电视节目“网络影响力”是指网民对所收看的电视节目通过在网络上发布评论信息等方式,体现于左右网民的观念和行为的作用力。这种作用力的大小和电视节目“网络影响力”的大小成正比。电视节目的“网络影响力”应该包括

① 隋岩:《当代中国电视文化格局》,北京大学出版社 2004 年版,第 94 页。

② 西方雨:《不能寄希望于一两次“大扫除”》,《中国广播影视》总第 372 期,第 93 页。

四个层面:一是电视节目在网络上的知名度。该电视节目是否被多数网民所了解和熟知。二是网民"关注程度"的反映,这种"关注程度"主要是网民在各大论坛上对该节目的讨论、评价的总量。被讨论的次数越多就说明网民对该节目的"关注程度"越高。可以说网民对所观看电视节目"关注程度"的大小直接影响着电视节目的传播效果。三是网民对某一电视节目的"网络收视度"。所谓电视节目的网络收视度是指电视媒体生产的节目在网络上被下载和收看的次数。电视节目被下载和收看的次数越多,说明该电视节目在网民中的影响力越大。和传统的收视率统计不同,在网络中电视节目被网民下载观看,表明了网民的主动收看行为。四是网民所观看电视节目的"正面引导"。好的电视节目应该不仅能够吸引受众"关注",还应该对受众的行为产生正面影响,帮助受众建立正确的认知和道德标准,进而通过对"个体"的影响来改变社会风貌、社会进程,促进社会和谐。

因此,电视节目的"网络影响力"应从网络知名度、网络关注度、网络收视度和正面引导性四个维度来界定。

2."网络影响力"产生的原因

20 世纪 80 年代以来,网络技术的发展使得电视媒体的外延无限扩展,丰富了电视媒体的收看方式,也改变了对电视节目的评价方式。传统电视节目由于受到节目播出时间、播出平台的限制,极大地限制了观众的数量。传统的电视评论调查方式也不利于电视受众和电视机构之间的互动,更不用说电视受众之间的互动了。网络和电视的结合,极大地改变了传统电视节目收看和评论难的弊端。把电视节目放置到网络中,不仅方便了电视观众自由安排时间、空间来观看所感兴趣的节目,也方便了他们对所收看的节目发表评论,促进了电视受众和电视机构的互动,同时也方便了电视受众之间的交流。网络和电视媒体以及其他媒体的结合,打破了传统电视节目播放的时空限制和地域限制。由于网络信息的公开性和快捷性,加大了有关机构对电视节目的评价进行干预的难度,保证了网友发表的电视评论的真实和客观。

电视节目"网络影响力"评价体系形成的原因主要有以下三个方面:

一是多种媒体的融合和创新。如果说电影在电视上播放是影视的一次融合，那么电视节目在网络中的播出则是电视和网络的一次融合。这二者之间的融合，不仅使电视艺术进入到了网络，而且使电视节目的传播效果和受关注程度都得到极大提高。随着技术的发展，越来越多的网民可以根据自己的时间随时随地选择收看节目，这样就无形中增加了电视节目的受众人数，相应地越来越多的节目受众可以通过网络随时随地发表评论，网络媒体的出现缩短了电视节目同受众之间的距离。2000 年，北京电视台网站第一次网上直播就产生了轰动效应。"备受社会关注的'暴力伤害亲子案'在电视和网络上同时直播，被请进网站直播室的教育学家、社会学家和心理学家与网民共同探讨'不打不成才'的问题。人们一边看直播，一边提问题、发表评论，或向栏目编导人员提出节目改进意见，节目取得空前的社会效果"①。电视和网络的结合使传播者和观众连为一体，改变了过去电视评价单一的反馈机制。网民可以在线和主持人、节目的创作人员就节目的内容、质量、风格和形态等问题进行交流，这种交流为电视节目创作人员了解受众的真实想法提供了可靠的依据，便于节目创作人员对节目的改进和优化。网络给予观众说话的平台，实现了电视节目制作者和评论者之间的双向互动甚至多向互动，同样网络也实现了评论者之间的互动。

二是个体意志的表达，参与意识的增强。在网络上，对电视节目的评价不再是专家或者某些权威机构的专利，普通人也享有了同样的权利，同样拥有话语权，改变了过去只看不说的局面，这样就极大地激发了网友的参与评价意识。网友可以对某一电视栏目的内容发表自己的看法，甚至形成网络舆论，影响电视节目将来的制作。这样一个由个体意见表达而形成网络舆论，并最终成为该节目或影片的"网络影响力"，会让网民有一种成就感，进一步增强网民的参与意识。网络中的网民是拥有不同观点网民的集合，中国人民大学的陈力丹教授曾说过，构成舆论主体的网民们"必须被看作是每个人的相加(复数)，而不是只有一种性格的整体"②。也就是说每个网民都可以在获取别人对某电视节目观

---

① 程杰、张健:《网络传播学》，苏州大学出版社 2007 年版，第 97 页。

② 同上，第 242 页。

点的同时，发表自己的观点，并进行彼此的沟通，最终获得一种传播思想观点并被倾听的快感。可以说，正是网络的这种交互性和快捷性增强了个体的意志表达和个体的参与意识。

三是拓展视野和普及电视理论的需要。虽然大部分专业的电视评论家会选择学术期刊、报纸或者官网发表他们对电视节目的观点，但是很难让大众都去看期刊、上官网，这样大众和专家之间无疑就有一堵墙，把专家和大众相互隔开。而论坛、博客等形式的出现相当于在专家和大众之间架起了一座桥梁，大众可以方便地知道专家对某个电视栏目的观点，而专家也可以随时通过查看留言的方法知道大众的看法。这个过程也是对大众进行一次电视知识、创作技巧等理论的普及。另外，大众中也不乏有真知灼见者，他们往往能以另外一种视角去看待问题，这也是对专家理论体系的一种有益补充，能帮助他们更好地把握群众的需求。总之，多方面的原因促进了电视节目"网络影响力"的评价体系的产生。

3."网络影响力"的形成

"网络影响力"是从网民在网络中接触电视节目，或阅读了针对电视节目的评论开始的。通过收看节目或阅读评价信息形成了网民对某一节目的最初印象，决定网民是否选择收看此节目，并随机地在网络上发表对该节目的评价。当一定数量的节目评论形成规模并影响更多网民对该节目的整体印象时，这种在网上的评论便形成了对该节目的网络舆论，而这种网络舆论最终成为"网络影响力"，影响更多网民对该节目选择收视或是放弃的决定。如果细化一下将是如下过程：网民在网上接触某节目或该节目的评论，之后决定是否收看某一节目，如收看则进入了收视阶段，通过观看节目得出对该节目的反应，并出现意见分化。如果网民认为该节目好，则会持续观看该节目；如果认为该节目不好，则会终止收看该节目，转入其他节目。收看该节目后，网民会在网络中以多种不同的方式（包括文字和画面）对该节目进行评价。如果评价是正面的、积极的，则会增加该电视节目在网络中甚至在传统媒体中的收视率，增强该节目在受众群体中的影响力。许多由于各种原因错过在传统媒体播出时间收看该节目的受众，会以各种方式追加对该电视节目的关注或收看；如果网民对该节目得出的评价是消极的、负面的，则会影响到该节目在网络中甚至传统媒体中的收视行为(见图 6－2)。

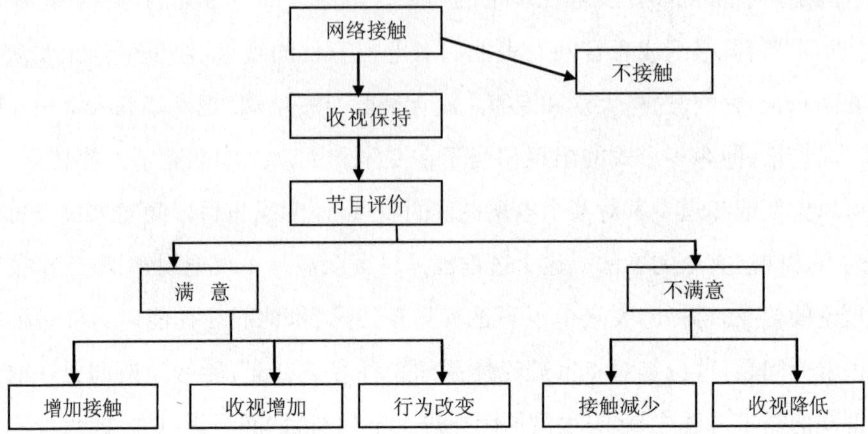

图 6－2　网络影响力形成的过程

因此，电视节目的“网络影响力”可概括为通过电视节目网络评论，决定该电视节目在受众(网民)中的影响力的大小，也决定着受众(用户)对该电视节目的关注度、信任度和忠诚度。

4.“网络影响力”电视节目评价方法的特点

清华大学陆地教授指出：“由于在网络中没有时间的强制性限制，没有频道的强制性选择，观众对某一电视节目的喜爱与憎恨可以最大程度地得到释放，这是一种发自内心的主动性的自我选择，而非被动性的强制观看。”因此，一档电视节目在网络中的受欢迎才是真正地被喜爱，电视节目的“网络影响力”才是真正持久的社会影响力。那么“网络影响力”指标和现行以收视率为导向的电视节目评价体系有何不同呢？

“网络影响力”作为一种新型的电视节目评价体系的参考指标，相比较于以收视率为导向的传统电视节目评价体系，有着诸多自身的特点而显得更具有广泛的意义。其特征主要表现为评价主体多样化、评价内容宽泛化、评价方式丰富化、评价效果合理化等特点。

一是评价主体多样化。电视"网络影响力"评价和传统的电视节目评价体系相比，由于它具有网络特性造成它涵盖的评价主体更加地多样化。电视节目播出后，从受众方面得到的信息反馈是衡量电视节目传播效果的尺度，那么反馈信息受众的广度和深度对正确评价电视节目起着至关重要的作用，反馈信息的受众范围越大则得出的节目评价数据就越准确。网络以其不可比拟的覆盖范围，可以把全国数亿网络用户纳入到电视节目信息反馈体系中来，而不受到地域和统计范围的影响；传统的收视率调查和满意度调查由于受到成本影响，只能在很小的一部分用户中进行跟踪调查，无法把大部分的受众纳入到调查范围内，也无法把占人口大多数的农村纳入到调查范围中。因此，与传统的电视评估系统的调查方式相比，网络调查方式由于不受成本的影响而具有先天的优势。我国当今的网民总数已超过五亿人，网民更是涵盖到了社会的各个阶层，他们通过微博、微信、博客、贴吧、论坛发表文章等形式更加方便快捷地参与电视节目评价。

二是评价内容的宽泛化。电视作为当今影响力最大的媒介和传播形式，广泛地渗透到社会的各个阶层，电视同其他媒体比较有着生动、直观的特点，其覆盖范围之广、受众人数之多、传播效果之大、社会影响之深，都是其他媒介所无法企及的。

电视传播的内容涵盖了生活中的各个层面，小到家庭的琐事、个人的遭遇，大到国家的政策、国际的纷争都可以在电视上找到自己的位置，可以说电视延伸了人类的触觉和感官。它能把世界上各个地区发生的事情快速及时地传送到受众的面前，扩大了受众的眼界。电视越来越把世界各地的人们紧紧地联系在一起，把世界真正地变成一个"平"的世界。正因为电视具有这样独特的魅力，因此它也受到了广泛的关注，从电视评论专家到普通大众都会对他们所收看的电视节目表达不同的意见，可能是一篇严谨的论著也可能只是只言片语的评价，还可能是一段带有讽刺意味的视频。但是无论评论者以何种形式进行评论都表明了受众对于电视媒介的关注。

网络中的评价内容包括各个方面，不仅包括对电视栏目、电视剧的宏观评价，同时也包括对其叙事情节、演员表演、摄影造型、美术场景等具体层面上的评论；还有对构成节目的各种元素和符号微观品质的评价，如画面、声音、音响、主持、节目创意、文字表达、画面构图、音响效果、剪辑编排等；也有针对某个特点影片或者节目展开的评价和讨论，如：美国电视剧《越狱》制片方就根据网友对该剧的评论来修改剧情的发展，这都体现了网友对影视评论内容的宽泛化倾向。

可见，如今网友对电视节目的评论和过去相比内容要宽泛得多了，已经绝不仅仅局限在某些方面的评论。

三是评价方式丰富化。传统的电视评价一直以书面的文字作为评价的主要手段，比如，学者专家以著作、论文、观后感、书信等形式来评论电视节目的优劣。这种方法虽然在形式上正规、内容上更趋于深刻和理性，但往往由于内容的枯燥、抽象，不能受到大众的认同。同时，文字上的表达往往需要一定的理论基础和艺术素养，加之常常要署名发表，这让普通大众很少能够参与其中。互联网技术的发展，能够让更多的网民在匿名的情况下，对所观看节目进行或感性或理性的评论，方便大众参与其中。并且，网络中网民对电视节目的评价往往呈现出多种方式。

网络电视评论区别于传统电视评论的突出特点还在于，网民运用视频作为评论电视节目的手段之一，用画面来代替文字对电视节目进行评论可以更加直观、形象生动地表达评论者的观点、情绪及感受。从最早的上海音乐人胡戈用电视栏目《法治在线》制作的《一个馒头引发的血案》到今天各大视频网站中涌现大量的短片视频，每一个视频的创作者其实都是在用画面代替文字表达他们的内心感受。利用视频的形式书写对电视节目的评论往往可以起到文字所不能企及的效果。

5.“网络影响力”电视节目评价方法的优势

一是更注重电视节目播出后的传播效果。“收视率为导向”的电视评估系统导致很多电视工作者为了吸引更多电视观众，专门播放观众喜爱看的内容。也就是说电视工作者只注重观众“量”的积累，只是为了吸引观众的眼球，却无法触及电视节目在受众观看后产生了什么样的影响。

可以说,收视率导向是在电视机前面画了一道无形的"时间线":线前面,是观众来到了打开的电视机前;线后面,是观众对传播内容的收看过程,以及观众在收看行为结束时自身受到的影响。收视率导向下的电视媒体,他们的目光只需停留在线的前面,至于线后面发生的一切,"对不起,这与我无关"。这样,"收视率导向与传播功能本身在价值观上就存在着矛盾:一个是着眼于收看行为的产生,一个是着眼于收看产生的效果"①。"网络影响力"则涵盖了真实的、少数的、多元的受众声音的传达。"网络影响力"电视节目评价方法把观众在收看行为结束后对电视节目观众的影响也纳入到其评价的范畴之内。鼓励电视工作者更多地创作那些能对受众产生积极影响的电视节目,批判那些只是为了迎合观众低级趣味的电视节目。

二是有利于电视受众对电视节目的选择。在"央视网"TV大社区上发起的"2009年电视剧我们都要看什么"评选活动中,截止到2009年3月3日共有9050人参与投票。其中电视剧《我的团长我的团》获得了4882人(53.94%)的支持(见图6—3)。

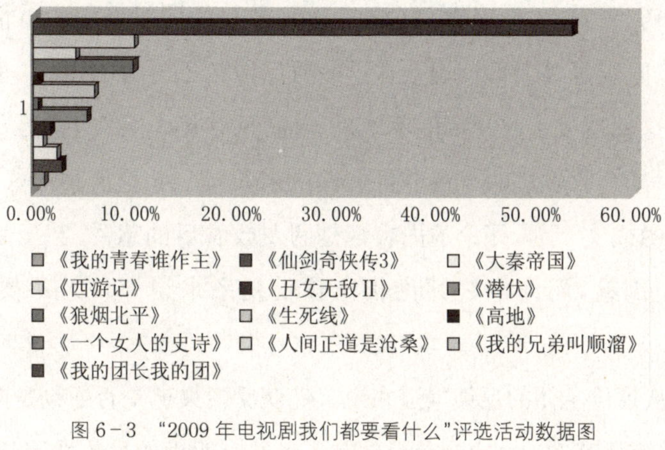

图6-3 "2009年电视剧我们都要看什么"评选活动数据图

① 时统宇、申琳、吕强:《收视率导向研究》,四川人民出版社2007年版,第232页。

这样的评比活动既显示了网友对电视剧质量的评价，同时也增强了该电视剧在网络中的影响力，方便了网友在电视节目收看前的选择。可以说，网络评论改变了普通受众的收视习惯，因为收视率并不为常人所轻易获得，在快节奏、大压力的社会环境中不允许“上班族”和“学生族”泛泛地去寻找他们所感兴趣、认为值得一看的电视节目。况且他们也很难有耐心花时间去甄别一个电视节目的品质如何，是否值得收看。

“网络影响力”的出现改变了这种状况，一些受众评论者可以把对该节目的评论发布到网络中，网民通过浏览阅读这些电视节目评论来获得该电视节目的收看点，进而达成对该节目的收视。电视剧《士兵突击》是近年来少有的没有在央视取得首播权却获得高收视率的电视剧，当时央视评审工作人员并不看好这部既没有漂亮女人又缺少爱情和明星的纯男人军旅剧。但正是这部纯男人的戏在地方台播出后，取得了极好的收视效果，并在网上获得了极大的好评，形成了该电视剧在网络中的影响力，提升了该剧的知名度和受关注度。

三是评价效果真实合理。首先，从评价主体来说。收视率很难回答节目受众对于节目质量的看法，同时收视率也很难反映受众在观看节目时的注意力。很多研究表明，人们通常会在收看电视节目的同时做别的事情，比如，做家务、上网、吃饭等等。即使观众在这一时间段内不专心看电视，也依然能形成收视率，这就造成了收视率的不准确。而“网络影响力”的获得要通过网友在网络上对某个收看过的电视节目的评论来获得。无论何种形式的评论，视频的、音频的或文字的，评论的内容都是网友收看后的感受，甚至是收看多遍后的感受。因此，网络电视评论相比较收视率来说评价效果要真实合理得多。

其次，从评价主体的反馈渠道来说。受众反馈渠道是否通畅是电视节目成败与否的关键环节之一。电视节目的制作者要有明确的目的性，节目的目标受众是哪一部分人群，他们的需求是什么，他们喜欢什么样的节目。节目制作者只有明确掌握目标受众的心理，播出的电视节目才能受到欢迎，才能在网络上产生影响力。受众是节目的生存基础，没有受众就没有电视节目。网络上的电视节目评价是互动性的，受众把对电视节目的评价信息发布到网络上时，是面对大量网络用户的。由于网友之间只是以网名示人，故此双方的地位是平等的，区别于以往单方面的电视节目评价体系，网络电视评论者可以自由地、个性化地进行电视节目的评论。网络中的用户也可以随时对所接收的电视节目的评价信息进行评判，并把意见发布到网络上，其意见同样是面对所有网络中的用户的。网友在对电视节目的共同评价过程中，把对电视节目的意见进行不断的修改和调整，最终得到相对合理的电视节目评价。因此，相较于以往的电视节目评价方式，其反馈渠道更为通畅、方便，其评价效果也更趋于真实合理。

四是评价互动性强且传播迅速。对于传者和受者来说，网络信息传播可以方便地实现共享。网络上的信息传送者在发布电视评估信息时，所面对的信息接收者从过去的一点成为现在的多点甚至是无数点。网络上的信息发布者同时还是信息的接收者，可以方便、准确、及时地接收到网络上其他电视评价者对于他的观点的意见或者建议，甚至可以结合其他网友对其观点的反馈意见进行再反馈。在网络中可以方便地成组、成群地对某一特定节目进行集体讨论和评价，这样的讨论所形成的意见往往会影响在线的众多网友。

网络使信息实现最大化的快速传播，相较于传统的电视节目评价体系来说，网络信息传播由于互联网的自身特点，可以在第一时间把对电视节目的意见传播到网络上。2008 年年底，《李小龙传奇》在央视一套一经播出即引来无数网友对该电视剧的争论，短短几天的时间，在网络上的相关评论页面就达到近万个，其中不乏对该电视剧的真知灼见。在 2009 年央视春晚小品《不差钱》播出后，短短十天，关于该小品评论的页面达到近 150 万个。由此，可以看出“网络影响力”电视评价体系所具有的互动性强和方便快捷的特点。

综合以上的论述，对传统电视节目评价体系和“网络影响力”电视节目评价体系做一个图表式的比较，如表 6－1：

表 6—1　传统电视评价方法和“网络影响力”电视评价方法比较

特　点	传统电视评价方式	“网络影响力”电视评价方法
受众之间的互动性	少、慢	多、快
受众意见的传播速度	慢	快
受众参与电视评估人数和范围	少、小	多、大
受众参与电视评估方式	单一	多样
受众提供反馈信息的真实性	较低	较高
受众自由表达信息的言论自由度	小	大
管理机构对受众反馈的收集度	高	低

五是对现行的电视节目评价体系的有益补充。随着每年对中国最具网络影响力的十大电视事件、十大省级卫视栏目、十大省级卫视频道、十大央视栏目(见表 6—2)的调查出炉,我们发现在十大央视栏目的调查结果中,科教知识类的《百家讲坛》栏目赫然排在第一位。这对常常由于收视率不高而被淘汰的科教人文栏目来说,不啻是一个福音,证明了知识类的栏目往往能因其非时效性强、周期长的特点赢得网络受众的更多关注。“网络影响力”评价体系的出现使我们能够对像《百家讲坛》这样的科教类节目得出一个更加公正客观的评价提供了可能。

表 6—2　2007 中国最具网络影响力的中央电视台十大栏目排行榜

名次	栏目名称	名次	栏目名称
1	《百家讲坛》	6	《新闻调查》
2	《同一首歌》	7	《探索·发现》
3	《艺术人生》	8	《走近科学》
4	《动物世界》	9	《非常 6+1》
5	《对话》	10	《大家看法》

6.“网络影响力”的发展前景

由网络评论产生的电视节目“网络影响力”评价方法仍有许多需要完善之处,需要我们积极地去解决问题并不断地完善。但是作为一个新的电视节目评价方法,“网络影响力”电视评价指标有着广阔的发展前景。

后现代主义思潮的发展对电视艺术的发展产生了深刻的影响，促进了电视艺术大众化和受众审美取向多样化，同时也丰富了电视节目的内容和形式。后现代主义思潮促进了电视节目和其他艺术形式的融合，推进了电视艺术的繁荣，满足了大众的多层次的审美需求。但另一方面，后现代主义思潮对电视艺术的发展也起到了消极的作用，比如，电视节目的低俗化倾向严重。许多电视制作机构和制作者为了迎合大众低俗的审美趣味，为了追求受众人数的最大化，制作出了大量的单纯地追求感官刺激的电视节目。暴力、凶杀、色情、婚外恋等内容充斥着荧屏，大量的低俗、庸俗、媚俗的电视节目进入到传播领域中，对受众树立正确的审美观和道德观产生了消极的影响，尤其是严重腐蚀了青少年一代的心灵。

“网络影响力”节目评价方法有助于大众厘清优秀和庸俗电视节目之间的区别，有助于倡导那些有着深厚人文精神、美学品位节目的出现，有助于促进电视节目朝着艺术精湛和有思想深度的方向发展，也有助于培养大众正确的审美价值取向。通过电视评价体系促使那些契合时代发展、蕴含人文价值和审美价值的电视作品不断涌现，促进大众艺术审美品位的提高。

“中国电视人应当始终站在文化发展的潮头，引领文化发展的方向，在节目质量上狠下工夫，而不能仅为迎合群众，甚至做群众的尾巴，对观众当中不健康的收视心理亦步亦趋。那种靠追求轰动效应，‘捞一把就走’的态度绝不是中国电视人的文化追求，甚至也不是世界各国有社会责任感的电视从业人员所追求的东西。”①我国人口众多，经济基础薄弱，许多国外现有的电视评价体系无法套用到我国来。在我国现有的经济条件下，网络成为能够提供大多数人“发言”的唯一平台，因此，把网络和电视评论结合起来，必然有着广阔的发展前景。“网络影响力”电视评价方法应该在借鉴国内外已有的先进经验前提下，结合我国实际的国情进一步发展。

不可否认的是，“网络影响力”的电视评价方法还处于一个自发的、散漫的状态，虽然在它身上我们可以看到巨大的潜力和影响，但是它距离成为一个严

① 时统宇、申琳、吕强：《收视率导向研究》，四川人民出版社 2007 年版，第 185 页。

谨的、有充分理论数据支持的电视评价体系还很远,还有很长的路要走。"网络影响力"电视评价方法最终应该在"收视率""满意度"等电视评价方法的基础上,与我国国情和国际的通用标准相结合,形成一套适应中国电视媒体集团化、电视制作分散化、电视经营市场化的趋势特点完善的、系统的、可操作性强的电视节目评价体系。另外,对于电视节目的评价除了建立规范严谨的电视节目评估体系之外,政府还应加强媒介监督机构的作用,出台相关政策并严格执行,与民间组织、网民共同形成监督力量,使电视媒体更好、更健康地发展下去。

第七章　新媒体在数字化格局下的媒介定位

媒体的物质形态随着技术的发展而不断变化，新媒体作为一种工具，处于一个不断累积、不断演化的历史中。

第一节　新媒体的界定和形态

对于新媒体的界定，学者们可谓众说纷纭，至今没有定论。所谓新媒体是相对于传统媒体而言的，有专家认为，新媒体是一个不断变化的概念。“在今天网络基础上又有延伸，无线移动的问题，还有出现其他新的媒体形态，跟计算机相关的，这都可以说是新媒体”。也有专家提出：“只有媒体构成的基本要素有别于传统媒体，才能称得上是新媒体。否则，最多也就是在原来的基础上的变形或改进提高。”还有学者把新媒体定义为“互动式数字化复合媒体”。

媒介是传播学的核心概念，具有多义性，在不同语境里有不同的含义。一般来说，媒介具有两种含义：一是指信息传播的工具和手段，既可以指抽象的符号，如文字和图像，也可以指承载信息的物质实体，如报纸、书籍、电视、电脑等；二是指从事信息采集、加工、制作、传播的机构，例如我们常说的“新闻媒体”。无论哪个定义，媒介在本质上都是信息传播的工具和渠道，承载信息并将之传递给受众。

作为一种工具，媒体的物质形态随着技术的发展而不断变化，媒体的形态处于一个不断累积、不断演化的历史中。因此，新媒体并非一个科学的概念界定，只是在与传统媒体的对比中产生的实践性概念。数字技术是信息社会的基础，也是新媒体的核心技术，现阶段的新媒体无不以数字技术为基础，因此也有人称新媒体为数字媒体。然而，这个称谓其实是不正确的，不能仅仅是被数字化就可以称为是新媒体。传统报纸现在借助技术的进步，在网络上展示、阅览，就不能称为新媒体。新媒体必须借助于网络，实现双向的交流和互动，这个才是新媒体的本质。新媒体比较于传统媒体，必然有其“新”之处，那么，这个“新”的特点体现在何处？是我们拥有了媒体互动的新方式，是媒体技术的新融合，还是媒体产品的互相依赖与交叠？

简单地说新媒体就是用户产生了巨大的新需求：内容生产要参与、信息选择要针对、话语权力要分享、传播控制要打破、接收平台要无缝。用户不再是传统媒体口中的“受众”。这种身份的变化是信息技术赋予的，互联网络令一盘散沙的信息消费者找到了聚合的门道。社会碎片化了，信息索求多元了，利益不一样了。

新媒体的种类非常繁多，从技术上界定，依托数字技术、互联网技术、移动通信技术向受众提供信息服务的新兴媒体，都属于新媒体。传统媒体不参与具体物质生产环节，更多的是注重信息传达，而现在新媒体涵盖面更加广阔，一切都囊括其中。

新媒体内容不会是传统媒体内容的简单平移，也不仅仅是将传统媒体内容体例与新技术的硬性结合，即“新媒体的合理性绝对不是建筑在传统媒体所习惯的那些内容之上，因为两者并不天然地构成产业的上下链条”。新媒体内容特性大致就是有文、有图，视频与互动和社区缺一不可，最重要的是用户的参与。

新媒体是新的技术支撑体系下出现的媒体形态，如数字杂志、数字报纸、数字广播、手机短信、移动电视、网络、桌面视窗、数字电视、数字电影、触摸媒体等。相对于报刊、户外、广播、电视四大传统意义上的媒体，新媒体被形象地称为“第五媒体”。在判断标准上，可以参考美国《连线》杂志对新媒体的定义：“所有人对所有人的传播"。

如果仅从表象意义上判断,新媒体包括的内容纷繁复杂、难以梳理。网络游戏、网络动画 FLASH、网络文学等,我们不再认同为新媒体。搜索引擎、RSS 电子邮件也排除在新媒体之外,新媒体的"新"是在与传统媒体的对比中实现的。网络电话不算是新媒体,通过 QQ、MSN、微信、阿里旺旺交流信息和视频聊天,也不属于新媒体。新媒体的判断不应该仅仅是从传统媒体衍生而来,而是新的媒介形式借助网络互联,本质依然是充当信息传播的媒介。

目前,可以称为新媒体的主要有门户网站、网络电视、虚拟社区、博客、播客、网络杂志、手机电视、手机报、数字电视、IPTV、移动电视、楼宇电视。有的属于新的媒体形式,有的属于应用了新的媒体硬件、新的媒体软件和新的信息服务方式。

一、互联网裂变的新果实

新媒体不是横空出世的,它伴随着数字技术而来,是互联网裂变的产物,数字技术是新媒体的核心。数字技术(Digital Technology)是一项与电子计算机相伴相生的科学技术,它是指借助一定的设备将各种信息,包括图、文、声、像等,转化为电子计算机能识别的二进制数字"0"和"1"后进行运算、加工、存储、传送、传播、还原的技术。互联网最初只是起到跨地域信息和资料的聚合,并没有扮演媒体角色,是网络消费者不断接触互联网,并与网络互动互补,才实现了媒体角色的新演变。

在互联网飞速演变的过程中,有一些新出现的事物逐渐发展壮大,充当起媒体角色,它们是:门户网站、虚拟社区、博客、播客。

1. 门户网站(Portal Site)

1994 年,YAHOO 是全球第一个门户网站。门户网站可以认为是网民进入互联网的起点和始发地、入口和引导者,最早的概念是起源于互联网商业 ICP(Internet Content Provider),即网络内容提供商。

门户网站早期只是向使用者提供信息、检索服务,如今范围日趋扩展,集成了内容服务、信息服务、网络交易、虚拟社区等综合性内容。门户网站早期只是提供了一个个链接和平台，大量地被动转载信息，而如今向着原创、采编发展，越来越多地体现网络媒体的特性。门户网站主要提供新闻、搜索发动机、网络接入、聊天室、电子公告牌、免费邮箱、影音资讯、电子商务、网络社区、网络游戏、免费网页空间等等。符合这些特性，就是门户网站。在我国，典型的门户网站有新浪、网易、搜狐、腾讯等。它是网民信息上网的首选出发地，按照门户网站所提供的内容宽度来划分，可以分为综合型与垂直型。

综合型网站：包罗万象，内容庞杂，聚合几乎所有网络资源，软件下载、娱乐、新闻、购物、游戏、邮箱、短信、聊天、教育、交友；垂直型网站：针对特定人群的需求进行传播，提供某一类信息和相关服务，如烹饪网站、亲子网站、中医网站、学校网站，对某一领域或者行业的信息专业、深入、精确传播，成为这一网站的特色。

门户网站目前在国内发展比较成熟。2008 年，搜狐网站成为北京奥运会合作伙伴，获得北京奥运会采访转播权，组织自己的采访队伍，按照网站需求，独立采编新闻专题类节目。数量巨大的网民不再单一地从电视、报纸上获得奥运最新信息，网站第一时间发布信息，已经凸显出作为新媒体的重要作用。门户网站在媒体博弈中，还将继续与传统电视、报纸媒体全力竞争。

2. 虚拟社区(**Virtual Community**)

虚拟社区最初并没有充当起新媒体的角色，也没有承担起新媒体的重任，在互联网发展之初，虚拟社区只是人们聊天和娱乐的一个集散地。如今，随着网民数量的剧增，新的传播权力的下移，虚拟社区的影响力日渐广泛，无数重大新闻消息最早都是从虚拟社区里爆发，虚拟社区已经成为一个新媒体重要阵地。

社区最初的概念是指自由市场。在古希腊罗马时代，在文字传播没有出现之前，口头传播的最理想的场合是自由市场。来自各地的人们在物品交换买卖的同时也交换自己所知道的关于战争、谋杀、天灾、人祸等等的信息，进入互联网时代，虚拟社区取代了现实社区，成为现实空间的镜像。

最早关于虚拟社区(Virtual Community)的定义由瑞格尔德(Rheingole)提出,他将其定义为“一群主要借由计算机网络彼此沟通的人们,他们彼此有某种程度的认识、分享某种程度的知识和信息、在很大程度上如同对待朋友般彼此关怀,从而形成的团体”。

虚拟社区至少具有四个特性:一是使以计算机、移动电话等高科技通讯技术为媒介的沟通得以存在,从而排除了现实社区;二是虚拟社区的互动具有群聚性,从而排除了两两互动的网络服务;三是社区成员身份固定,从而排除了由不固定的人群组成的网络公共聊天室;四是社区成员进入虚拟社区后,必须能感受到其他成员的存在。

近年来在互联网技术的飞速发展之下,BBS的功能得到不断扩展,并迅速成为全世界计算机用户信息交流的园地——虚拟社区。从社会学的角度看,它是指由网民在电子网络空间进行频繁的社会互动形成的具有文化认同的共同体及其活动场所。由此可见,虚拟社区与现实社区一样,包含了一定的场所、一定的人群、相应的组织、社区成员的参与和一些相同的兴趣、文化等。而最重要的是,虚拟社区与现实社区都提供各种交流信息的手段,如讨论、通信、聊天等,使社区居民得以互动。但同时,它具有自己独特的属性。

首先,虚拟社区的交往具有超时空性。通过网络,人们之间的交流不受地域的限制。

其次,人际互动具有匿名性和彻底的符号性。在虚拟社区里,网民使用虚拟的ID号标识自己,互相不能看到对方的“庐山真面目”,传统的性别、年龄、相貌等在虚拟社区里可以随意更改。

再次,人际关系较为松散,社区群体流动频繁。社区的活力主要靠“人气”和点击率,吸引这些的主要是看社区的主题是否适合大众口味。

最后,自由、平等、民主、自治和共享是虚拟社区的基本准则。这个特点其实和人际互动具有匿名性有关。成为虚拟社区的一员,“门槛很低”,但是任何一个成员,却都拥有随时发布、传播信息的权利,这在传统媒体时代,是难以想象的。

社区(主要是 BBS)主要提供四个方面的功能:第一,社区通信。社区为每一个“居民”都提供了电子信箱,“居民”可以使用该信箱收发邮件,相互通信。第二,聊天服务。虚拟社区为“居民”提供了两种实时交互的聊天服务。第三,张贴讨论。这是虚拟社区最基本也是最主要的功能之一。虚拟社区的“居民”可以在社区中主要以文字形式自由地表达自己的思想,如提建议、讨论、提问、回答问题等,这些最终都以张贴文章(帖子)的形式出现。第四,投票居民可以在社区就某一问题发起投票或进行投票,从而对社区居民进行民意调查,其结果真实地反映了网民的偏好。

目前在国内有影响的虚拟社区主要分三大类:第一类,适合大众,以兴趣爱好休闲娱乐为主,如分布在广州、北京、上海的网易社区、天涯社区,湛江的碧海银沙等;第二类,适合在校大学生,以大学校园学习生活为主,如清华的“水木清华”社区、北大的“一塌糊涂”社区、交大的“兵马俑”社区等,这两类社区都比较大型;第三类是各教育网站、网校,针对教师和中学生的教育社区,这类社区规模相对比较小,会员也不多。

虚拟社区是现实空间在虚拟空间的“投影”。首先,虚拟社区提供的服务板块也是根据人们的现实需要而设定的;其次,虚拟社区所提供的服务是现实社区服务的延伸和提高。同时,网络社区对现实社区也有影响和反作用。网上的公开透明、重视个体等一系列特征将深刻影响现实社会。

随着 IT 科技的不断进步,虚拟社区已经逐步从 2D 演化到了 3D,目前国外比较著名的有 Secondlife,国内比较著名的有 HiPiHi、uWorld 以及 Novoking。在这些虚拟社区里面,每个用户都有一个虚拟化身,通过客户端可以进行交流、交易,完全模拟现实世界。

3. 博客(**Blog**)

从 2002 年博客正式在中国兴起以来,学界对它的研究就没有中断过。2005 年对博客的研究较之于以前的研究更加深入,而且考量的角度更加多样化。博客的发展使得有的研究者对其充满了信心,信息爆炸的互联网也的确需要具备信息收集、阐释、整理能力,同时提供个人想法的信息收集者,无论是否走向商业道路，无论是否代表个人或机构或政府组织，博客们有望成为公众的网络信息代言人。

还有学者对博客传播中的传者进行分析，认为博客实现了多重的传播效果，即“横跨人内传播、人际传播和大众传播三种类型”。同时，还指出博客传者的传播动机与“外部环境的挤压、内心需求和经济利益的驱动”等几方面的因素有关。

从传播学角度对博客的研究中，有学者总结了博客的传播模式及传播性质，认为“博客突破传统的网络传播，实现了个人性和公共性的结合”。对于博客的自由问题，有学者认为，博客的即时性、自主性、开放性和互动性为人们提供了一定程度的话语自由，这种自由颠覆了“把关人”的概念，但事实上，博客世界里的自由同时也带了很多负面的东西，需要网民有自律的意识。

博客在中国的发展历程。在网络上发表 Blog 的构想始于 1998 年，但到了 2000 年才真正开始流行。而 2002 年博客开始进入中国，并迅速发展，但都业绩平平。直到 2004 年木子美事件，才让中国民众了解到了博客，并运用博客。2005 年，原来并不看好博客业务的国内各门户网站，如新浪、搜狐，也加入博客阵营，促使博客在中国进入春秋战国时代。如今，Blog 已成为家庭、公司、部门和团队之间越来越盛行的沟通工具，它也逐渐被应用在企业内部网络。

目前的博客大致可以分为以下几类：

第一，基本博客。Blog 中最简单的形式，单个的作者对于特定的话题提供相关的资源，发表简短的评论，这些话题几乎可以涉及人类的所有领域。

第二，小组博客。基本博客的简单变型，一些小组成员共同完成博客日志，有时候作者不仅能编辑自己的内容，还能够编辑别人的条目。这种形式的博客能够使得小组成员就一些共同的话题进行讨论，甚至可以共同协商完成同一个项目。

第三，亲朋之间博客。这种类型博客的成员主要由亲属或朋友构成，他们是一种生活圈、一个家庭或一群项目小组的成员。

第四，协作式博客。与小组博客相似，其主要目的是通过共同讨论使得参与者在某些方法或问题上达成一致，通常把协作式博客定义为允许任何人参与、发表言论、讨论问题的博客日志。

第五，公共社区博客。公共出版在几年以前曾经流行过一段时间，但是因为没有持久有效的商业模型而销声匿迹了。廉价的博客与这种公共出版系统有着同样的目标，但使用更方便，花的代价更小，所以也更容易生存。

第六，商业、企业、广告型博客。对于这种类型博客的管理类似于通常网站的 WEB 广告管理。商业博客分为：CEO 博客、企业博客、产品博客、“领袖”博客等等。以公关和营销传播为核心的博客应用已经被证明将是商业博客应用的主流。

4. 播客(**Podcasting**)

“播客”是 2005 年新闻传播学术期刊上的又一个让人们耳目一新的一个新词。“同 21 世纪初低调诞生的博客相比，播客似乎一问世就受到了人们的特别关注”，“通常指把那些自我录制广播节目并通过网络发布的人称为播客”。有人认为，“如果说博客是新一代的报纸，那么播客就是新一代的广播”。

播客在台湾地区直接称为 Podcasting，除播客外，其他的中文译名包括爱波、广波、波刻、网播、聚播、随身播、自由播等等。它是数字广播技术的一种，出现初期是借助一个叫“iPodder”的软件与一些便携播放器相结合而实现的。播客这个词就是苹果电脑的“iPod”与“广播”(broadcast)的合成词，指的是一种在互联网上发布文件并允许用户订阅 feed 以自动接收新文件的方法，或用此方法来制作的电台节目。这种新方法在 2004 年下半年开始在互联网上流行，用于发布音频文件。

Podcasting 录制的是网络广播或类似的网络声讯节目，网友可将网上的广播节目下载到自己的 iPod、MP3 播放器或其他便携式数码播放器中随身收听，不必端坐电脑前，也不必实时收听，可享受随时随地的自由。更有意义的是，用户可以利用“播客”将自己制作的“广播节目”上传到网上与广大网友分享。

二、传统媒体衍生出的新媒体

数字信息技术的强劲发展，改变了人们的生活，网络及多媒体技术也影响着传媒格局，催生出各类新型媒介。传统媒介和新媒介一起互相促进，互相竞争，不断完善新的传播过程。

应该看到，在新媒体浪潮中，很多新媒体与传统媒体有很深的渊源和传承发展关系。传统媒体要应对挑战，更好地适应大众需求，从而在自身发展中，结合了新技术，具备新的传播特点，形成了新的媒体变异形式，这种媒体形式也成为新媒体阵营中的一个重要组成部分。

1. 网络杂志

网络杂志是集文本、图片、音频、视频、动画于一体的新型信息媒体，它不仅拥有传统纸媒体杂志的一切功能，还拥有众多的新特性。

(1)强烈的视觉冲击力。网络杂志采用先进的 P2P 技术发行，集 Flash 动画、视频短片和背景音乐、声音，甚至 3D 特效等各种效果于一体，使得内容更丰富生动。

(2)较高的阅读性。它提供多种多样的阅读模式：可在线或离线阅读、直接 IE 打开或独立可执行文件等，也可通过发行方提供的阅读器阅读，可移植到 PDA、MOBILE 及 TV(数字电视、机顶盒)等多种个人终端阅读，彻底颠覆了读者的阅读习惯。

(3)较强的互动性。对于传统的纸媒体而言，读者只能通过书信或是电话与编辑和其他读者交流，非常不便，但网络杂志提供了互动的接口，玩家只需轻轻点击“我要评论”，即可与世界各地的读者一起交流对杂志内容的看法，还可以及时与商家和企业交流，使商家和企业更能把握用户的需要，生产出更合时的产品。它能针对用户做阅读分析，并得到更新的信息反馈，从而为内容制作和广告投放提供参考。

(4)简捷的发行方式。用户只要订阅，新的网络杂志将会通过小巧的客户端自动派送到用户机器中，不用订户自己到网上寻找或费力下载。网络杂志运营商 VIKA 等所拥有的上百本杂志便是通过客户端在短时间内派送到几百万用户手中。网络杂志种类繁多，细分到了游戏、时尚、服饰、汽车、音乐、体育、影视等多个行业，用户完全可以根据自身需求来下载杂志。这种受众的细分让网络杂志中的信息传播得更精准、更有效。

(5)高速准确的传播。网络杂志中应用了 P2P 技术，使得网络杂志拥有高速的资讯传播能力，能够借助网络快速地将各类潮流资讯传播开来，VIKA 等杂志下载的速度便达到了超过 100K/秒。而杂志中所应用的订阅和分派技术可以让每一期新的网络杂志在第一时间准确无误地分派到读者手中，实现了信息对目标受众群体的准确传递。

2. 手机电视

手机电视是指以手机为终端设备，传输电视内容的一项技术或应用。目前，手机电视业务的实现方式主要有两种。

一是利用蜂窝移动网络实现的方式。如第一种是美国的 Sprint、我国的中国移动和中国联通公司已经利用这种方式推出了手机电视业务。第二种是利用卫星广播的方式，韩国的运营商计划采用这种方式。中国的中广卫星移动广播有限公司开发的 CMMB 采用了这种方式。第三种是在手机中安装数字电视的接收模块，直接接收数字电视信号。这种手机电视业务实际上是利用流媒体技术，把手机电视作为一种数据业务推出来，用户观看的实际是下载视频。不管是 GPRS 手机还是 CDMA1X 手机，都需要在装有操作系统的手机终端(一般是 PDA 手机等高档产品)上安装相应的播放软件，而相应的电视节目则由移动通信公司或者通过相应的 SP 来组织和提供。

二是利用卫星网络实现的方式。利用手机来接收卫星播发的电视节目信号是一个非常新颖的想法。目前韩国在力推这种手机电视广播方式(DMB)。这种 DMB 接收机能提供高质量的图像，用户使用该接收机模块能够同时接收地面无线电视广播和卫星电视广播的信号。中国的中广卫星移动广播有限公司开发的 CMMB 已通过验收，在全国几十个大城市进行了试验播出，奥运期间已经开始运用。CMMB 手机电视，是中国移动通信公司和中广传播公司共同利用CMMB技术推出的电视产品，其市场推广名为“手机电视”。它是利用中国移动多媒体广播（CMMB：China Mobile Multimedia Broadcasting）技术推出的便携式移动多媒体广播电视产品，因为用的是无线广播电视网的广播传输方式，所以不会产生任何流量费，与传统的流媒体电视有本质的不同。

CMMB所有产品统称为“手持电视”，其中与通信商合作的手机类终端产品即“手机电视”，还包括其他的非通信类终端产品，如GPS手持电视、MP4手持电视等。为更好地推行CMMB技术，让更多的用户早日用上这一技术。中国移动和中广传播进行了全面合作，中国两大自主创新的技术TD-SCDMA和CMMB进行了深度合作，形成了现在的“CMMB手机电视”，之前的手机类的非CMMB电视产品，称为“手机视频”。

3. 手机报

手机报的出现并非偶然，它是科学技术迅猛发展、电信技术突飞猛进、传统媒体应对挑战的产物，是传统媒体和电信媒体联姻的成果。催生手机报有以下几个条件：

第一，传统媒体面临严峻挑战，生存日陷危机，只有进军多媒体，才有更广阔的生存空间，才有发展的机遇。进入21世纪以来，媒体市场竞争日益激烈甚至残酷。如今，新技术日新月异，网络媒体对传统媒体挑战日甚，既不断融合，又无情博弈。业内流行观点认为，中国媒体经营遭遇拐点，报纸、杂志两大平面媒体的广告经营额下滑严重。其中，报业情势更为严峻。据统计，2005年3月为报业广告呈现下滑态势的分水岭，从此报业广告的月增长率同比增长下滑，6月份的同比增幅已不到3%。广告如此，读者读报热情也在减少。有调查显示，从2003到2005年，北京读者平均每天阅读报纸时间减少了2.2分钟，上海读者减少了3.6分钟，广州读者减少了3.5分钟。而与此形成鲜明对比的是，三大门户网站网易、新浪、搜狐在2004年的经营收入已经分别达到1.09亿美元、2亿美元、1.03亿美元，广告额不断走高。这说明传统报业面临着严峻挑战，不改革就没有出路，因而，多媒体成为传统报业生存的首选。

第二，在传统报业的外围，正活跃着新鲜的血液，诸多新兴媒体生命力强大。中国移动、中国联通所运营的新兴移动通信媒体，以巨大的客户群体令传统媒体艳羡不已。据信息产业部2006年6月公布，截至5月底，中国手机用户已超过4.2亿户，平均每百人拥有30.3部手机。手机短信发送总量今年前5个月就达1679.5亿条，市场规模在2005年达407亿元。如此巨大的客户群体，如此巨大的市场规模，在短短的几年之间快速形成。因而，传统媒体以强大的内容供应优势，移动通信媒体以超大的客户群优势，给双方带来了“双赢”的希望。

第三，手机报自身魅力无穷，手机媒体有待重点开发。对于手机媒体功能的认识，学界早有诸多理论的探讨。将其信息传播功能运用得最早的，还得数对突发性新闻事件的短信传播。2003年2月1日22时32分，美国哥伦比亚号航天飞机失事16分钟后，新浪网把这则新闻以手机短信的方式发送给万千客户，由此开创了国内手机传播新闻的先河。直到23时50分，央视一套才插播了“哥伦比亚”号坠毁的新闻，比短信晚了一个多小时；而纸质媒体要在第二天才刊登此条新闻，其速度绝非以时分秒计算，而是以“天”来算计的，优劣一望可知。

从目前手机报的实践看，手机报主要通过三种手段实现盈利：一是对彩信定制用户收取包月订阅费，如《中国妇女报》手机版用户，每月的包月费用为20元；二是对WAP网站浏览用户采取按时间计费的手段，如重庆联通对其手机报用户制定的最低价为5元看40分钟(600K)。三是借鉴传统媒体的盈利方式，通过吸引用户来获取广告。

手机报有明显的媒介特征：一是更强化了时效性，可以实现信息的即时传播和接收。手机报的载体是手机，用户随时随身携带，所以，手机报编辑可以将新闻第一时间发送到用户的手机上。缩减了报纸的印发环节，和电视、电脑相比，它不受地点限制，也为用户节省了接触媒介的时间。特别是遇到突发事件时，手机报可以像网站一样实现新闻的动态传播，使用户不仅可以第一时间知道新闻的结果，而且还可以时刻关注它的发展过程，身临其境般地感触新闻事件。二是提高了互动性，真正实现了传播流程的反馈。传统媒体的一大弊端就是缺乏与受众有效、即时的互动，极大地影响了传播效果。而手机报用户可以通过短信等方式实现与手机报编辑的有效互动，不仅可以最快地得到新闻，而且可以得到自己最想获取的新闻。通过互动反馈，每位用户可以实现新闻定制，手机报编辑可以将用户最需要看到的新闻发送过来，真正体现了传播的人性化和个性化。三是手机报的多媒体优势。手机报所发送的新闻，不是短信意义上的文字新闻，而是一个多媒体数据包。这个多媒体数据包包含了图片、文字、声音、动画等，可涵盖 4 开 8 版报纸的全部内容。这样，用户不仅可以去看、去听，而且还可以借助图片和动画等形式更深刻地去理解新闻，充分调动视听感官，实现新闻的多维阅读。

4. 数字电视

作为新媒体之一的数字电视同样在吸引着人们的眼球，广电总局正式将 2004 年定为“数字电视年”，2005 年对数字电视的研究依然集中呼吁加快完善广电政策的制定，以有利于数字电视产业链的增长。有人指出，“快速增长的数字电视用户将推动传媒产业价值链的快速发展，虽然要实现市场意义上的盈利仍需要一段时间的培育，但作为政府作用的体现，传媒产业政策的放开、数字电视产业政策的推进为传媒企业指明了发展道路，提供了新的发展平台”。

浙江传媒学院课题组通过市场调查数据说明：“数字电视潜在用户的经济承受能力是影响数字电视发展前景的决定性因素。”另外，还有学者提出了数字付费推广的 USP 发展模式，即认为数字电视应该有独特的销售主张，因为数字电视是“技术层面”和“内容层面”两者合一的综合体，而且必须以后者为核心，否则就失去了存在的意义。

5. IPTV

IPTV 即交互式网络电视，是一种利用宽带有线电视网，集互联网、多媒体、通讯等多种技术于一体，向家庭用户提供包括数字电视在内的多种交互式服务的崭新技术。用户在家中可以有两种方式接受 IPTV 服务：计算机或网络机顶盒＋普通电视机。IPTV 能够很好地适应当今网络飞速发展的趋势，充分有效地利用网络资源。它既不同于传统的模拟式有线电视，也不同于今天的数字电视。因为，模拟电视和数字电视都具有频分制、定时、单向广播等特点；尽管数字电视相对于模拟电视有许多技术革新，但只是信号形式的改变，而没有触及媒体内容的传播方式。

IPTV 是利用计算机或机顶盒＋电视机完成接收视频点播节目、视频广播及网上冲浪等功能。它采用高效的视频压缩技术，使视频流传输带宽在 800Kb/s 时可以有接近 DVD 的收视效果（通常 DVD 的视频流传输带宽需要 3Mb/s），对今后开展视频类业务如互联网网上视频直播、远距离真视频点播、节目源制作等来讲，有很强的优势，是一个全新的技术概念。它的特点表现在：一是用户可以得到高质量（接近 DVD 水平的）的数字媒体服务；二是用户可有极为广泛的自由度选择宽带 IP 网上各网站提供的视频节目；三是实现媒体提供者和媒体消费者的实质性互动。IPTV 采用的播放平台将是新一代家庭数字媒体终端的典型代表，它能根据用户的选择配置多种多媒体服务功能，包括数字电视节目、可视 IP 电话、DVD/VCD 播放、互联网游览、电子邮件，以及多种在线信息咨询、娱乐、教育及商务功能；四是为网络发展商和节目提供商提供了广阔的新兴市场。我国通信事业正在迅猛地发展，用户对信息服务的要求越来越高，特别是宽带视频信息。可以说中国已基本具备了大力发展 IPTV 的技术条件和市场条件。

6. 移动电视

狭义上的移动电视是指在公共汽车等可移动物体内通过电视终端，移动地收看电视节目的一种技术或应用。广义上的移动电视是指一切可以以移动方式收看电视节目的技术或应用，这就包括了狭义的移动电视、手机电视等。

移动电视可以采用无线数字广播电视网（DMB），也可以采用蜂窝移动通信网，甚至 Wi-Fi、WiMax 等。在我国，多采用 DMB 和蜂窝移动通信网（GPRS 或 CDMA）。现在移动电视还增加了由我国自主研发的 CMMB 数字移动电视技术，在 2008 年奥运会期间就已经提供了相关业务，2009 年 CMMB 发射卫星覆盖了整个中国。

7. 楼宇电视

楼宇电视仅仅是中国媒介市场上的独特产物，是以销售注意力来完成自己的媒体角色定位。以上海市场为例，分众传媒在上海覆盖了1 217座楼宇，平均每个楼宇日人流量(次)为3 370，其日接触人流量(次)达到了4 100 803，这还只是楼宇的数字，还不包括分众所覆盖的机场大巴和大卖场。从传媒范围来看，把楼宇电视称为“大众媒介”是恰如其分的。楼宇电视这种新兴媒介几乎是对传统媒介经济形式的一个颠覆。

首先，楼宇电视的盈利流程不同于传统大众媒介经济赖以生存的基础——二次销售。但是楼宇电视基本上不需要自己生产任何内容，更不需要通过内容来吸引受众，它是将渠道直接销售给广告主，直接用广告来面对受众，楼宇电视所处的空间也相对比较封闭和具有强制力。

其次，楼宇电视以细分受众为传播对象，受众特征鲜明。楼宇电视的受众细分程度远高于传统大众媒介的受众。由于楼宇电视的安装地点基本属于高密度人群的集中地，有很强针对性，其本身所处的渠道和环境具有高度的封闭性——高级写字楼往往和其中的人的职业紧密联系在一起，这种职业很大程度上造就了一批收入、阶层、消费水平、思维方式都相当接近的人，楼宇电视就直接面对这个高度同质化的受众群体进行传播。

另外，楼宇电视的生存和利润最大化要靠规模经济来实现。楼宇电视不同于传统大众媒介的是：后者需要制作内容进行传播。因此，规模越大，单位成本就被摊得越薄，利润就越高；而楼宇电视无须制作内容，它的规模扩张的单位成本是一定的，无法摊薄。因此楼宇电视的广告销售价格是随规模的扩张而提升的。

第二节 新媒体的传播功能及传播特征

传统媒体的大众传播是有组织地筛选内容，指向受众，期待预期效果，属于直线式的指向性，如报刊以文字为主要表达手段，广播以声音，电视以视频、声音共同表达,程序是线性的,传播效果是可控的。而新媒体的传播,是中心点向四周网状聚变辐射,带有不可控制、不可预料的传播效果和传播价值。

一、开发传播新功能

新媒体具备交互性、超时空、个性化的信息服务。

其一是交互性。信息发送者和接收者之间的信息交流是双向的,参与个人在信息交流的过程中都有控制权。传统媒体更多是单向交流,交互性差,在新媒体中,个人可以是信息的接收者也可以是发送者。信息双向流动,不断嬗变。

其二是超时空。依托互联网的新媒体,时间和空间是交错的、交织的。利用新媒体,你可以搜索到任何一个已经存在的时间的信息,昨天、今天、本地、异地,甚至是实时同步进行的,都会在你的点击中呈现。信息消费者面对的时空是错乱的。

其三是个性化的信息服务。由于网络上 IP 地址唯一,用户可以订阅想得到的所有信息,同时也可以按照自己的兴趣,发布和接收完全个性化的信息。

二、高新技术的传播特点

1. 传播方式从单向到双向的转变

传统媒体的传播方式是单向、线性、不可选择的。它集中表现为在特定的时间内由信息发布者向受众传播信息,受众被动地接收,没有信息反馈。这种静态的传播方式使得信息不具流动性。而新媒体的传播方式是双向的,传统的发布者和受众现在都成为了信息的发布者,而且可以进行互动。比如北京的交通广播电台,近几年发展势头迅猛,原因就是在于通过手机短信这种新技术方式加强了广播和受众的互动,使得信息变得更有价值,同时,听众也强烈地体会到一种参与感,主动性和积极性被空前地调动起来,信息的互动性也使得受众实现从被动到主动的改变。

2. 传播行为更为个性化

微博、博客等新的传播方式,使得每一个人都成为信息的发布者,个性地表达自己的观点，传播自己关注的信息。传播内容与传播形式等完全是“我的地盘我做主”。个性化的传播方式一方面让众人体会到发布信息、影响他人的快感，同时也带来了个人隐私泛滥，内容良莠不齐的弊端，为管理带来困难，也为受众的信息选择能力提出了更高的要求。

3. 接收方式从固定到移动的转变

无线移动技术的发展使得新媒体具备移动性的特点，用手机上网、看电视、听广播，在公交车、出租车上看电视等越来越成为普遍的事情。随着 3G、4G 技术的到来，移动性的特点将成为未来新媒体的主要特性。

4. 传播速度实时化

技术的发展使得新媒体可以实现实时的传播，不再需要复杂的剪辑和烦琐的后期制作与排版，技术的简单便捷使得信息可以在全球实现实时传播。这一优势是任何传统媒体无法比拟的。目前一些大的门户网站基本上都可以实现声音和视频音频的实时传播，时空的距离被缩得更小了。

5. 从单一到交融

与传统媒体相比，新媒体在传播内容方面更为丰富，文字、图像、声音等多媒体化成为一种趋势。与此同时，交融性还表现在终端方面。一部手机不仅仅可以用来通话、发短信，同时还可以用来上网、看电视、听广播，多种媒体的功能集合为一身，而这些功能的实现是以互联网、通信网、广播电视网等多种网络的融合为基础的。另外，新媒体也打破了地域、国界等的边界，正如阳光文化集团首席执行官吴征所说：“相对于旧媒体，新媒体的第一个特点是它的消解力量——消解传统媒体（电视、广播、报纸、通信）之间的边界，消解国家与国家之间、社群之间、产业之间的边界，消解信息发送者与接收者之间的边界等等。”

三、媒体形式上的多变性

1. 从“推”到“拉”的信息流向逆变

“推拉理论”（Push and Pull Theory）最早是作为研究人口迁移行为发生原

因的重要理论，它认为迁移是迁出地的推力与迁入地的拉力共同作用的结果，引入到传播学中，“推” 和“拉”是指个人获取资讯信息的方式开始发生改变。

在互联网上，浏览器发出请求到 Web，然后 Web 将信息传送回用户端，此过程被描述为 Pull，即用户需要“拉回”信息。而 Push 则是用户在初次使用时设定自己所需的信息频道，此后定制信息将通过 Web 自动传播给客户，而用户不必每次提出请求，此过程相对 Pull 称为 Push(信息是“推”到用户面前的)。

“推”(Pushing)只需要你等着人工或者程序给你送上你根据自己的品味预订好的新闻；“拉”(Pulling)需要你主动上门挖掘信息。前者被动，节省了你的时间，后者主动，但是消耗时间，在信息洪流中你需要自己去识别新闻的价值，并在阅读中分辨出此信息是否适合你需要。推送技术旨在使任何信息从任何地方在任何时间内流向任何人，换句话说，形成一个真正的、多点对多点的环状网络，而不是一个一点对多点的星状网络。

报纸和电视等传统媒体是一种推送媒体。看电视时，观众只能得到推到他面前的东西。遥控器给观众有限的选择能力，他们可以看似自由地拉出一些内容，但它的互动性远远不够。以往，媒体的经济模式几乎都是把信息和娱乐大力“推”到受众面前，今后新媒体则会更多地注重于“拉”，用户各自去找出想要的信息和资料。传统媒体高度同质化的传播，不仅仅是同质化的内容不断地重复传播，传播对象也同质化，更重要的是在这种缺乏差异的传播过程中，受众被迫取消了个性，取消了独立意见的表达权，取消了参与意识，没有自主选择的余地。

传统媒体把他们认为有价值的信息“推”到受众眼前。“推”——20 世纪的大规模生产就属于这种——建立在对消费者需求的预期之上，它要求在适当时候、为适当人群、从适当场所聚拢所需资源。相反，新媒体还原了人在大众化信息传播中的本体性，不再被当作无差异的某个整体，这在人类历史上具有很重要的现实意义。“拉经济”——在线环境的商品化即属于此种——建立在开放、灵活的生产平台之上，长期以来一直被卖方所操纵的消费者需求方，正成长为其自身的市场势力。他们将日益促使生产者开发专门的信息产品和资讯服务，以服务和适应无数用户的个人市场需求。

媒体发展到今天，分众化演进步伐开始加速，形式越来越多，社区（BBS）、博客、播客等，受众的注意力正在被大量转移或分散，媒介的“长尾”开始形成。“推”的效果是建立在信息比较单一，内容稀少的基础上。如今海量信息时代，简单的“推”信息是无法完成信息递送任务的。海量信息时代，用户接收要求开始转化，更看重个人需求，看重主观化表达能否被满足，求异要求日渐强烈。个人需求的差异化程度不断提升，尤其是对于信息内容产品的需求。

新媒体中信息流向从传统媒体的“推”发展到侧重于“拉”的逆变，体现出传播方式上的区别，实质上体现的就是更注重吸引用户的参与性。参与性可能是手机新媒体发展的重要方向，参与性是争夺受众的关键点。用户的要求开始转变，他们想要争夺信息的表达权利，对信息资讯发表个人意见，而不是被灌输和教化，被动地去接受信息，这是新媒体中个人传播中最独特的一面，成为新媒体传播中的主流。传统媒体或者大型门户网站的媒体号召力和渗透力已经大大地被削弱，任何一个媒体显然都不能再依赖一厢情愿“推”的传播方式来期望收到显著的宣传、传播效果。

2. 超文本阅读的跳跃性

1965年泰德·尼尔森（Ted Nelson）在计算机上使用了一种把文本中遇到的相关文本组织在一起的方法，让计算机能够响应人的思维以方便地获取所需要的信息，同时他为这种方法起了一个名词，称为超文本（Hypertext）。

超文本与传统文本之间的主要差别是，传统文本以线性方式组织，而超文本以非线性方式组织。这里的“非线性”是指文本中出现的一些相关内容，都是通过链接组织在一起的，用户可以方便地不按顺序浏览这些相关内容。这种文本的组织方式比较接近人们的思维方式和工作方式，建立互相链接的对象不受空间位置的限制。超文本系统的设计符合人类的联想发散思维特征，具有灵活组织信息和超强存贮信息的特点。

传统文本是按顺序组织信息的，阅读时人们的思维往往只能随文本的内容顺序展开，因此被称为“线性阅读”（Linear Reading）。这种信息组织方式不仅会限制读者的思维流向，而且难以对大型复杂的信息系统进行有效的组织。随着人类步入信息时代，知识和信息量激增，在新媒体传播中，用户的超文本阅读方式变得更为普遍。文字、图像、声音，不再是线性排列，在阅读一条新资讯的时候，用户随时可以插入从其他传播站点、传播媒体上搜索到的相关图片、视频、声音，加深对资讯的全面掌握和理解。同时在文本阅读中，顺序也可能被随时打断，最新信息瞬间而来，排在旧信息的前面；而传统媒体按照时间顺序依次发送传播信息，用户只能阅读过去时间内发生的信息，无法第一时间获得最新消息。

在超文本阅读中，跳跃性极大，大量的信息呈现无序状态。用户迫切需要传播者提供导航辅助，解决新媒体海量信息筛选中的迷路问题，提供明确的信息选择渠道指向，帮助信息阅读者更好地找到需要的资讯，提高超文本阅读效率。

超文本阅读还存在用户注意焦点的频繁跳转，给用户产生很大的认知负荷。在阅读过程中，用户既要搜寻所需信息，查看与保持各种主题信息相互之间的关系，又要抑制有趣但与主题无关的其他信息干扰，新媒体的阅读效果通常并不理想。阅读中断随时可能发生，认知负荷非常高。当用户的阅读目标不很清晰时，所承受的认知压力更为严重，阅读效果因而会受到影响。因此，新媒体设计高效、可用性强的超文本信息传送机制显得格外重要。

3. 新媒体用户排斥了信息“中介”

中介可以概括成社会现实的中介，中介包括几个不同的进程，它代表了那些我们无法直接亲自观察的事件与情况的二手或者第三手的传递，它指社会中的其他参与者和机构出于他们的目的，与我们联系的各种努力。

以往传统媒体一直习惯担任中介角色，只有被媒体认为有价值、可以被传播的信息，才能出现在受众眼前；否则，再有价值的信息，也会按照传播者的判断标准被处理或被弱化。受众只能从传统媒体这一中介手里，接过加工、修改过的信息、资讯，并且不能参与信息的传播。传统媒体的中介角色，带来的信息还不可避免地带有同质化严重的现象。

从报纸到电视，这些传统媒体，除了传播技术形态的不同之外，其实在传播模式上并没有本质的区别，都是把相同或类似的信息内容产品毫无差异地传播给大规模的受众。没有具体的对象感，每个受众对于传播者来说都是一样的。这一类传统媒体所共享的传播结构，可以简要地概括为"点对面"式的传播。也就是说，相同或类似的信息，从传统大众媒介机构这个"点"，向公众这个巨大的"面"进行传播。不仅仅是同质化的内容不断地重复传播，传播对象也同质化，更重要的是在这种缺乏差异的传播过程中，受众被迫取消了个性，取消了独立意见的表达权，取消了参与意识，没有自主选择的余地。

新媒体在传播信息时，更多的是倾向"点对点"的传播模式，不论是信息本身，还是信息的传播者或接收者，都是高度差异化的。也就是说，新媒体传播是一种异质化的传播。新媒体的两头都是个性化的独立个体，基本的传播结构是从一个独立的信息原点，到另一个独立的信息原点。当很多人关注到同一个事件时，这些独立的点将自主地汇集成一个巨大的信息面。

以数字网络传播技术为基础的手机媒体，抛弃了传统媒介中介角色的定位，建立起了一种新的"技术化人际传播结构"，直接连通独立存在的社会个体。这种异质化信息的传播方式，让每个人的社会自主性地位得到提升。信息传播在经历了传统大众媒介多年"点对面"式的集中传播之后，又再次回归到传者与受者自主选择、自由定向的"点对点"式人际传播。它可以使信息从任何一个原点出发，精确地传播到另一个信息接收者。由于排斥强有力的传统媒体中介参与，新闻事件和信息在手机媒体里随时展现最新变化。信息新鲜性，参与互动性得到极大增强。习惯中介角色的传统媒体不能再按照自己的观点、立场处理新闻信息，传播权被削弱了。

新媒体用户排斥了传统媒体的信息主流中介作用，由独立发展特色的"个人媒体"登上新的传播舞台。"个人媒体"是以个人为中心的媒体平台，是用户展示自我、进行社会沟通的平台。借助手机媒体，人们可以相对独立和完整地进行信息传递和发布，实现人与人之间的社会化沟通。用户不再按照传统传媒或者互联网"报纸、电视、网络——人"的模式进行信息交流，不再全部依赖从某一特定的传统媒体中介中心、网络中心获得信息;而是按照“人——人”的对话模式,用户成为信息制造的中心,拥有更多点对点传递信息的渠道,新型的带有“个人媒体”特点的新媒体的诞生,帮助人们更方便、准确地传递信息。在个人化、分散化形式的背后,恰恰是一个更为交互化、社会化的网络,让用户得以通过文字、声音、图像等表达个人观点;新媒体让个人不再是一个被动接收信息的孤立个体,而成为个人传递信息与社会交流的平台。

4. 传播指向:集体无意识向个人有意识传播转变

在传播过程中,传统媒体中绝大多数传播的信息被认为是专业工作者选择过、加工过,可以进入传播渠道中的有效信息。传统媒体正是利用传播的垄断地位启动了受众服从和接受的心理逻辑程序,形成了传统媒体无意识传播的进程。这种由传播和欲望共同塑造起来的传媒无意识,用信息的独断特权传播同质化信息,让人们主动放弃对“异化”的反抗。

在传播渠道不断扩大的阶段,传统媒体在追求独家新闻传播的同时,面临着更大的压力,曾经被传统媒体引以为荣的“社会瞭望者”“引航员”的角色屡次缺失。在某些社会新闻事件上,盲目跟风,形成集体无意识“喧哗”或者失语、保持冷淡,这些传播缺点如今一再出现在传统媒体中。盲目跟风、不理性的炒作行为不断发生,还容易造成媒体围观、起哄。

德国学者伊丽莎白・内尔・纽曼提出:在某一特定的时期,大众传媒所持的观点在社会上占据相当强的优势,对受众造成一定的压力,受众在表明自己的意见和想法时,总要对周围的传播环境进行观察与了解,审视已被广泛接受的观点和行为模式。当发现自己的意见属于主流意见时,受众便会坦然地表达自己的意见与想法,反之,就会屈从于周围的压力而保持“沉默”,逐渐放弃原来的想法和观点。

如今,社会信息传播呈现出多样性和多渠道性,新媒体的传播者不再拥有独特垄断的信息传播权。来自垄断传播媒介的诱导,很有可能让受众不自觉、无意识地接受信息暗示,其中形成的无意识和非理性是联系在一起的。在手机媒体传播中,传播途径有个很大改变,用户到用户的传播模式开始出现,传播渠道分散化、交叉化。理论上每个用户都拥有了表达的权利，传统媒体舆论的集中放大效应开始变得不明显。那么，新媒体能避免传播中的无意识行为缺憾，更好地进行传播吗？新媒体走向有意识传播要注意如下三个方面：

一是传播的规范性。用户到用户的传播方式，使得用户的参与性、互动性得到极大提高。围绕某一热点新闻事件的传播活动会营造一种特殊的传播气氛，不断强化刺激无数参与者的积极思考、传播和反馈，使每个成员都能处在传播的反复进程中；如果他们偏离中心话题，则会很快被纠正，因而逐渐形成统一的认识和规范。

二是传播内容的一致性。新媒体中的一致性更注重无数个具体个人，容易扩展沟通交流、宣传、各相关者评价等。传统媒体传播的滞后性，很容易带来传播信息的干扰。手机媒体、多渠道的交流、信息评价的分散化，可以避免媒体围观现象。“假虎照”“躲猫猫”“哈尔滨警察打死社会青年”等这些轰动一时的社会事件，若没有新媒体这种无数个人参与传播的环境，是无法在极短时间内就能还原事情真相的。

三是传播手段的多样性。相对于传统媒体而言，新媒体除了使用文本语言进行传播外，还借助了多种传播形式，如图片、符号、动漫、视频、声音等，体现了传播手段的多样性。这些手段，在新媒体上很容易被使用，不需要过高的专业技术，就能完成传播任务。同时也能使用户更全面地接触新闻事件本身，多渠道接触到真相。

应该看到，有意识传播是新的社会传播环境的新需求，是对传统媒体缺憾的弥补和补充，能带来更有效的传播效果。

5. 用户角色的转换：从“窥视者”到“参与者”

人类窥视的欲望与生俱来。在大众传播媒介诞生之前，满足窥视欲望的隐私传播就已经出现。现代媒介中报纸、电台、电视的出现，为满足人类的窥视欲望提供了便利。

长久以来，我们习惯了从报贩手中接过报纸，在家里打开电视，浏览我们关心的信息、资讯。我们常常依赖传统媒体的中介，被动地得到消息。我们通过打量、窥视他人，来确定和发现自己的坐标位置，窥视成为受众获取信息的习惯和手段。窥视角色也让受众基本处于没有发言权的位置，被动地接受，没有通畅的渠道表达出个人的意见和看法。

德国著名学者哈贝马斯于 1962 年提出了著名的“公共领域”概念。“公共领域”简单说就是存在一个公共场域，在这个场域里，社会公众以平等的身份、同等的权利，自由地参与讨论和发表意见等。这曾经被视为只是美好的设想，几乎没有实现的可能。传统媒体以及互联网媒体依旧存在层层把关人，信息流动并不是随意的、自由的。每个独立的网站，有自己的筛选衡量标准，尽管这个标准可能很宽松，但也不是每个人都有能力在网络上传播自己的看法和意见。昂贵的上网费用和烦琐的技术要求，让很多人失去网络表达的权利。

随着技术的进步，新媒体的网络化、社会化使其具备了大众传播和人际传播的双重特性。目前的新媒体传播呈现出大众化与小众化并行的趋势，在提供信息方面具有无限可能：一方面数字技术使得信息量呈现爆炸式增长，人们每天可以得到数以亿计的信息，这些信息既有人们普遍关注的“公共式”信息，又有满足个体需求的“个性化”信息，信息传播出现两个维度的转化。在“公共式”信息里，新用户得到的是和传统媒介传播一致的信息，它承载了公众普遍关注的新闻信息，会产生基本一致的效应。

与此同时，在小众化传播文化上，新媒体表现出了很大的优越性。因为在这里，用户个体可以发布、传播认为有价值的一切信息。传播者是自由的，信息也是自由的，接收者更是自由的。

新媒体正使得哈贝马斯“公共领域”这个理想逐渐变为现实。首先，在新媒体上，传播信息的主体不再是传统意义上的报社、电台、电视台、出版社等专业传播机构，个人也可以成为信息传播的主体来发布各种信息。人们可以自由地发表关于社会、个人的信息，而这正是民主参与的重要手段。其次，在手机传播上，信息传播具有交互性。它可以连接兴趣相同的每个人，组成媒体传播圈子，也可以连接网络，使信息出口通畅。人们可以对某一共同关注的问题进行讨论，可以在这个新媒体创造的虚拟场域中自由地发表观点看法，实现意见的自由碰撞。交互性的传播改变了传统媒介“你传我受”的单纯灌输模式，人们面对新闻信息、资讯时不再是听之任之，也不再是盲目接受，而是可以对这些信息进行即时的反馈，表达自我意见。无数个人有了自我认知、情感表达的空间与平台。

传统媒介由于受到版面、专业水平、技术水平等限制，很少或者很难实现个体公民意见、感情的表达，绝大多数是以公民群体的意见，即所谓舆论的形式出现的。新媒体却可以让大众的参与热情空前高涨，并能拥有对与他们最密切相关的公共事务的表达权利。2007 年 5 月，厦门市民通过手机媒体，以短信形式传播关于 PX 剧毒化工项目的建设会对厦门百姓生存环境造成危害的信息，形成了强大的舆论压力，最终引起全国关注，致使当地政府将已经决定上马的该项目搁置，百姓利益得到维护。有媒体称这次事件的胜利是民众“短信的力量”，如果没有新媒体，这一信息很有可能传播不出来，也不会引起这样的反响。长久以来，在公共事务管理上，无数民众缺乏发言权，监督角色失位。在舆论传播中，受众一直扮演着哑巴式的“窥视”角色，如今伴随新媒体的到来，终于可以向说出自己意见的“参与”角色转换了。

新媒体的活力在于用户的参与。“深度参与”指的是用户自创内容传播，在这种用户的参与里，我们看到一种普通人记录世界的新方式。最好的媒体、最好的记者也不可能永远保证出现在任何事件发生的即刻现场，新媒体改变了这个现实——人人都有可能成为事件现场的记录者。另外一种是“浅度参与”，就是订阅信息，再对信息进行个人意见的反馈和讨论。

“参与”，体现在创造内容、与他人联结、运用个性化上，它成为新媒体最显著的特征和主流，从而实现了传者与受者的双向交流，也实现了人类在生活、生产中对社会事务、个人生活必备的交流。这不仅矫正了传播与反馈这一对应体在原有媒体系统内的不平衡，还使传受双方都做到了自主和互动，实现了真正意义上的信息共享和交流。不同于网络上的参与，新媒体的参与门槛更低，更容易实现。新媒体的参与如今可以初步看出轮廓，打开网页，发自手机用户的回复、参与网络交流的帖子随处可见。手机更是实现了一对一、一对多的文本交流；电台里的音乐节目，用户通过手机也随时可以收听，并参与到节目中来。

四、伪劣资讯泛滥带来传播噪音

业界的一份调查报告显示，美国手机用户收发短信的条数超过了他们接打电话的次数。研究机构尼尔森移动(Nielsen Mobile)发布的一份报告显示，2008年第二季度，美国手机用户平均每月收发短信的数量为357条，而平均每月接打电话204次。2007年全球主要市场的手机短信发送量达到1.9万亿条，2008年全球手机短信发送量达到2.3万亿条。据工业和信息化部的统计，2008年我国移动短信业务量达6 996.7亿条，同比增长18.2%。另据统计，垃圾短信一年总量逾3 000亿条，手机用户人均每天1.5条。

新传播方式的普及标志着自由传播时代的到来。这主要体现在任何人只要有了手机就可以随时接收、传播信息。新媒体已成为一种全新的、影响力巨大的人际交往传播方式。新媒体无疑为我们提供了一种全新的信息传播体验，在它为我们带来极大自由的传播空间的同时，我们也不得不面对前所未有新的困扰——传播噪音。

那么传播噪音是怎么出现的？一是信息来源复杂，来源不清楚，接收者难以判断谁在传播发布；二是传播过程不断被下一个传播者加入新的传播因素，混淆原来信息的真实含义；三是噪音使传播中的信息变化大，交叉过多信息。同一新闻事件，不同传播者都认为自己传播的是最值得传播的信息。但是由于新媒体用户素质不一，在新媒体里传播的信息也缺乏统一的判断标准，面对同一新闻事件，不同的传播者可能有不同的认识，产生不同的传播内容，因此反而难以清晰地描述新闻事件的内涵。

传播噪音在传播进程中具体表现为虚假信息、不良信息和不为用户所需要的信息。这种噪音在数量和危害程度上远远超过了其他传播方式所带来的噪音。海量信息出现，带来的诸如信息陈旧、信息泛滥、信息虚谬、信息冗余等现象，给人们的传播、交流带来了诸多的不良后果，尤其是其中的病毒信息和网络犯罪信息会造成严重的社会危害，影响着社会的稳定和谐。

人们得到信息的机会和途径增多了，但“信息有效吸收率”并没有随着信息量的猛增而上升，反而呈现逐年下降的趋势，因为只有被主体捕获并吸收的信息，才是真正的有效信息。而现在获得信息的时间成本和人力成本逐渐增加，海量信息的膨胀对信息接收、传播主体造成了新挑战。

信息量的迅速膨胀，在为人们提供更多便利的同时，也在造成对自身效用的一种否定。自由传播环境下海量信息“爆炸式”地激增，由此引发信息传递的无序性和失控现象加剧，面对令人眼花缭乱的大量信息，结果反而使许多有效信息淹没在无限的信息海洋中。对于手机媒体的用户来说，每个人都被卷入传播、接收一体的进程中，每个人对他人都有可能是潜在的信息干扰源。个人的信息需求总是相对有限的，对信息的筛选无形中成为一种负担，一些有用的信息反而难以进入视野。每个人每天对信息的处理能力也是有一定限度的，超过了这个限度，往往会产生信息选择疲劳，对新的信息表现出反应迟钝，处理能力下降的现象。

冗长信息在这里是指这种信息来自街头路边，如从亲朋好友处听来的、旁人传来的或邻居处获得的信息，难免有以讹传讹、添油加醋的成分，其真实可靠的程度极为低下。在传统媒体时代，这些信息由于有把关人存在，不容易进入传播渠道，因此传播范围极其狭窄，干扰效果不明显。新媒体的出现，使这些无意义的冗长信息随时可以进入传播渠道中，更容易带来信息污染，影响人们对有用信息的吸收，甚至造成对人类的危害和损失。

新媒体内容庞杂，集信息类、商务类、通信类、娱乐类、游戏类于一体，实现了信息的多样化和多媒体化。这在客观上促进了噪音种类的“繁殖”以及加大了噪音的侵害。

第三节　新媒体的发展潜力与前景

新媒体的发展正处于起步阶段，未来的发展潜力不可限量。不论是从新媒体的市场前景，还是从新媒体带来的传播媒介功能的新延伸来说，新媒体正以无可辩驳的事实见证着数字化技术创造的奇迹。

一、新媒体应用的未来市场预测

2006 年，中国新媒体产业市场总值达到 1 140 亿元，占中国传媒产业总值近三分之一。中国传媒研究中心发布的《中国新媒体产业现状及发展趋势》中的统计数字显示，2006 年我国新媒体的两大组成板块，即移动媒体和网络媒体均实现较快增长。移动媒体总收入达到 888 亿元，包括手机电视、手机广播、手机短信、手机游戏、移动电视等，同比增长 41.3%；网络媒体总收入为 252 亿元，包括网络游戏、网络广告、网络视频、博客、各种下载业务等，其中网络游戏和网络广告收入增长较快，同比分别增长 62.0%和 48.2%。

2007 年，手机电视、手机广播、手机短信、手机游戏、移动电视等移动媒体总收入达到 1 053 亿元，网络游戏、网络广告、网络视频、博客等网络媒体总收入为 297 亿元。

2008 年，新媒体显得相当活跃，奥运推动、产业升级、体制改革和政策驱动、优质资源的注入、受众接受度与依赖度的不断提升都推动新媒体加快前进步伐。2008 年新媒体产业保持了快速的增长，市场保持快速发展的主要动力有：企业对新媒体产业的认识和利用程度在加深，对新媒体产业的广告投入在 2008 年保持较快增长；网民规模持续大幅增长，用户对互联网的接受程度、应用水平以及消费能力都明显提升；随着 3G 时代的来临、手机上网资费的降低及能上网的手机终端逐步普及，移动互联网用户保持了迅速的增长，带动移动互联网业务收入保持快速的增长；IPTV、数字电视在 2008 年的普及率进一步提升，稳步扩大了整体产业的规模。新媒体产业在保持高速增长的同时，细分市场呈现出较为明显的非均衡发展情况。由于互联网媒体业发展较为成熟，因而占据新媒体产业 54.3%的市场份额。2008 年数字电视普及率增加较快，使得数字电视的收视费用规模有较大提升，市场占比达到 22.2%；户外数字媒体和移动互联网媒体分别占据 9.6%和 7.0%的市场份额，IPTV 领域由于受到政策影响较大，2008 年用户规模和收视费虽然有稳步提升，但其在整体市场中的占比依然较低，为 1.3%。总体来看，中国新媒体产业目前还处于初创期，随着政策的推动、技术的发展以及市场的成熟，新媒体产业将迅速向成长期迈进。

预计中国新媒体产业的总体市场规模将保持快速的增长，市场的平均增速超过35％。到2011年，产业总体规模达到1 624.7亿元。在发布的《全球娱乐及媒体行业展望(2006－2010年)》的报告中，普华永道预测未来5年中国内地娱乐及媒体行业总值将以18％的综合年均增长率增长至1 374亿美元。

未来的信息社会里，社会成员都有机会和能力通过手机等新媒体各取所需，自在地享受高度信息沟通的现代化信息服务。依托于信息高速公路建立的大众信息平台，用户以便捷的无线通信工具作为人际沟通和交流的媒介，达到人类传播的另一个境界。人们长久以来形成的工作方式、学习方式、生活方式、社会交往方式都将发生巨大改观。2009年新媒体成为了畅通民意的重要渠道。2008年6月20日，胡锦涛总书记与网友在线交流，开创了一个新媒体时代，电子政务已经经过十多年的发展，下一步可能会出现更多新的媒体政务；2009年，新媒体诚信建设将成为新的重点；2009年1月5日，国务院新闻办等部门部署全国开展整治互联网低俗之风专项活动。同时，政府部门也在考虑建立一个长效机制。中国的网络媒体，包括新媒体的诚信建设将取得非常大的进展；2009年，整个新媒体会发生很多的并购重组。在金融危机的情况下，企业资产的价值评估和资产行业流动将出现大规模重组，包括网络媒体、户外媒体、移动媒体以及视频新媒体之间的重组；2009年，无论报刊电视还是网络都注重3G的发展，以后竞争将会越来越激烈，包括下一步3G的内容运营和整个市场都应该有非常大的发展亮点；2009年，国有传媒改制加快了步伐；按照新闻出版总署的战略部署，2009年传媒业的体制改革进入到中央部署机构，将是新媒体发展的关键期。

新世纪以来，我国新媒体的技术运用和市场发展呈现倍速增长的势头，从上世纪70年代的印刷革命发展到电子媒体，经历了20年时间，而从电子媒体发展到网络媒体，仅仅不到10年时间。虽然新媒体目前还没有形成完全统一的科学定义，运营规则和盈利模式也在创新之中，但是，在多媒体技术和网络技术的巨大推动下，新媒体的市场格局正在成型。而且，网络媒体比纸质媒体及广电媒体更具革命性，它正在深刻地改变阅读市场的供求关系，重新构建数字经济的出版业态，即用户不再被动地接受信息，而要求参与内容生产，强调信息的针对性；要求分享话语权，打破传播的垄断性。

二、新媒体推动个人传播热潮

人类历史上的传播经过了精英媒体，大众传媒，正在向带有极强“个人化传播”特点的新媒体时代迈进。新媒体让在传统媒体中长期扮演被动、接受角色的无数个“个人”有了参与传播的权利，这在传播历史进程中显得极其可贵。

“以用户为中心”的另一个理论基础是 20 世纪 70 年代以后出现的民主参与理论（Democratic-participant Theory）。这一理论出现的背景是社会的信息化进入了一个新的阶段，美日欧等发达国家的普通民众对媒介的要求不断提高，而同时媒介的垄断程度却更加严重，这就造成了民众与媒体之间的矛盾。民主参与理论要求大众传播媒介向一般民众开放，允许民众个人和群众的自主参与。它的主要观点有四个方面：一是任何民众、个人和弱小社会群体都拥有知晓权、传播权、对媒介的接近和使用权、接受媒介服务的权利。二是媒介应主要为民众而存在，而不应该主要为媒介组织、职业宣传家或广告赞助人而存在。三是社会各群体、组织、社区都应该拥有自己的媒介。四是与大规模的、单向的、垄断性的巨大媒介相比，小规模的、双向的、参与性的媒介更合乎社会理想。在融合媒介和 Web2.0 的现实背景下，用户与以往的受众相比显示了广泛而深入的参与程度。

个人媒体是以个人为中心的媒体平台。借助个人媒体，人们可以相对独立和完整地进行信息传递和发布，实现人与人之间的社会化沟通。简单来说，个人媒体是用户展示自我、进行社会沟通的平台。Web 2.0 的时代，也正是个人媒体发挥重大作用的互联网发展新阶段。这个全新的概念也正是 Web2.0 时代与 Web1.0 时代最大的区别。用户不再按照传统互联网“网络—人”的模式进行信息交流，不再需要从某一特定的网络中心获得信息再传播给用户；而是按照“人—人”对话的模式，用户成为信息制造的中心，拥有更多点对点传递信息的渠道。由此,新型的“个人媒体”时代诞生。

个人媒体的生命力在于帮助人们更方便、准确地传递信息,而在个人媒体个人化、分散化形式的背后,恰恰是一个更为交互化、社会化的网络。其中社区、Blog 作为个人媒体的核心主体正在受到广泛的关注,它们让用户得以通过文字、声音、图像等表达个人观点;而 Web 2.0 时代 RSS 聚合内容、Tag 标签等手段可帮助用户更好地汇聚信息,这样,个人媒体不再是一个信息孤岛,而成为个人传递信息、与社会交流的平台。

西方评论家认为,Web 2.0 时代崛起的“个人媒体”正是对现代人期待关注、渴望聆听情感需求的最好回归。新媒体从最初的网络传播,实现了文本、图片、视频、动漫等手段的发展变化,在传播功能上一次次实现飞跃。这些新进展与新媒体的创新密切相连,没有功能上的一次次技术革新,新媒体无法在如此短的时间内,发挥出巨大的影响力。

随着相关技术的发展和完善,新媒体可以将更为丰富多样的传播功能融合于一个系统之中,从而成为一种真正意义上的多媒体信息终端。新媒体打破了地域、时间和电脑终端设备的限制,随时随地接收文字、图片、声音等各类多媒体信息,实现了用户与信息的同步。从发展历程来看,伴随技术进程,新媒体能更好地满足用户多媒体化、娱乐化需求。新媒体将会成为“个人媒体”中心。借助个人媒体,人们可以相对独立和完整地传递和发布信息,实现人与人之间的社会化沟通。未来也很有可能研制出“个人智能代理器”。它可以智能地总结个人用户爱好的变化,帮助用户收集、分类、过滤信息,从而减小信息噪音的干扰,开创更加人性化的技术传播时代。将来的媒体会进一步整合,人类社会将形成一个对影像、声音、文字、数据等进行综合处理和传输的多媒体大信息系统,在此平台上进行信息传播、服务、娱乐和交流。同时,人类将通过一个新的平台来接收处理具有针对性、个人化的信息以及进行交流。新媒体作为一个全新的媒体或许是新一轮传播革命的开端。

新媒体的出现,拓宽了传播渠道,为个人打开了一道自由传播的大门,个人传播在新媒体发展中将起到越来越重要的作用,一个崭新的新媒体时代已经到来。新媒体也不会停止技术更新换代的步伐。

人在媒介的演化中进行的是理性选择，任何一种后继的媒介，都是一种补救措施，都是对过去某一种媒介或者某一种先天不足的功能的补救和补偿。换言之，人类的技术将越来越完美，越来越人性化。技术在模仿甚至在复制人体的某些功能，比如感知模式和认知模式，从而维持生存、发展自我、认识世界、改造世界。一切新兴媒体，未来趋向都是为了更好地实现人类传播本能的要求，是传播功能的新延伸。

第三部分

影像数字化与国家文化安全

第八章　文化战场“硝烟四起”

随着传播文化的数字化媒介具备了跨越地域、超越时空的特性，文化的强弱对比不得不唤起世界对国家文化安全的忧患意识。

第一节　文化差异与社会和谐的矛盾

19世纪，西方的学者就从文化上将东西方按照差异对立、文化等级的秩序确定了下来。尤其随着资本主义进入帝国主义阶段，具有浓厚帝国主义思想的西方学者更是把西方和东方进行了意识形态的划分：西方意味着理性、健康、民主、自由、进步、繁荣，东方则表现为非理性与愚昧、病态的堕落与专制暴政、贫困与混乱。在这些西方学者的眼中，东方的概念在地理上主要是指中国。当时一位名叫刘易士的西方学者在其《神秘的大陆》中说：“欧洲一直在与东方的邻居的对比中解释其心理社会性质，这种思维习惯直到今天依旧盛行不衰。东方与西方的对立对比作为我们理解世界的基本概念，几乎每天都出现在大众读物中，西方生活认同的一些相关精神特征，总能在东方找到其反面特征，似乎东方就是为了与西方相反而存在的。”

一、我国对外交流呈现“文化赤字”

时值全球化的今天，西方的理论家依然固守着他们的精神理念，英国学者安东尼·吉登斯在他的著作《现代化的后果》一书中说:“全球化不只是一个‘外在’的现象。它不仅指大规模全球体系的产生,而且指日常生活每一环节的变革。经济全球化是一种价值判断,人们从不同的视觉和立场关注着全球化这股巨大的历史浪潮,如何渗透到人类生活的各个领域,如何改变着或将要改变着人们的价值观念、生活方式和生活方式。”美国耶鲁大学教授保罗·肯尼迪说:“今后的世界不是资本主义和社会主义的对峙,而是美国式的放任主义文化和反美国文化之间的对峙。”美国凭借强大的经济实力和高科技手段,通过电影、电视、广播、书籍、报刊、广告、流行音乐及互联网,对包括中国在内的世界各个国家进行文化渗透。目前,美国控制了世界75%的电视节目和60%以上广播节目的生产和制作,每年向国外发行的电视节目总量达到30万小时,许多国家的电视节目中美国节目往往占到60%—70%,有的占到80%以上。文化产品是美国最大的出口产品,每年的出口达600亿美元,甚至超过了航天航空和电子产品的出口。

2006年3月,全国政协外事委员会副主任赵启正在政协会议上发言指出:和中国对外贸易“出超”相比,中国对外文化交流和传播则是严重“入超”,存在“文化赤字”。以各种文化的典型载体——图书为例,多年来我国图书出口贸易大约是10∶1的逆差,出口的图书主要是输出到我国的港澳台地区和一些亚洲国家,面对欧美等发达国家的逆差则达100∶1以上。2004年,我国从美国引进图书版权4 068种,输出却只有14种;从英国引进2 030种,输出16种;从日本引进694种,输出22种。2005年,对美版权贸易为4000∶24。2000—2004年,中国进口影片4 332部,而出口影片却屈指可数。美国电影的生产量只占全世界的5%—6%,但放映时间却占全世界放映时间的80%。在语言文化方面,中国和西方的交流也处在严重的逆差状态。美国高中大约有2.4万人学中文,但学习法语的美国高中生却有100多万。美国3 000多所大学,只有近800所开设了汉语课程。英国把英语作为一项出口,它的价值在五年内从65亿英镑增加到103亿英镑,大约占GDP的1%。这些资料充分说明,中国与西方在文化上存在着严重的文化差异。

二、我国存在明显的区域文化差异

我国的区域文化也存在着差异，区域文化是中国几千年文化发展的历史积淀。我国幅员辽阔，地形复杂、水土多异，再加上自古以来各地经济、政治发展的不平衡，导致了文化在地理区域上的差异。有的学者根据地理文化和文化属性相似性的原则，以及传统文化为主并兼顾现代文化的原则，将中国划分为若干个文化区。比如，燕赵文化区，这个区域大致相当于现在的北京、天津、河北三省市地域范围，地域文化具有粗犷、激越、慷慨、苍凉等特质；中原文化区，范围相当于河南及其附近地区，具有民风淳朴、刚柔和济、朴实奔放等特点；荆楚文化区，相当于现在的湖南、湖北两省，此地人民具有聪颖、细腻、随和机巧、忠实、务实等品质；巴蜀文化区，包括重庆、陕南、鄂西、云贵部分地区，这里人民尚武、悍勇，泼辣在外，温厚在内，刚柔兼济，吃苦耐劳；关东文化区，包括黑、吉、辽三省，这里民风淳厚、性格直率、豪放豁达、剽悍威武；西域文化区，包括新疆、甘肃、宁夏部分地区，本区为穆斯林地区，伊斯兰文化浓厚，人民热情好客，民风淳朴；青藏文化区，包括青海、西藏两省区，人民能歌善舞，以游牧为主，藏传佛教盛行。

区域文化的差异，是由几千年的历史沿革形成的。从世界范围看，由于社会历史文化的差异造成的隔阂和争斗自古以来就相当普遍。毛泽东在《矛盾论》中说过，差异就是矛盾。现在我国的经济发展水平出现了巨大的地域差异，经济上的差异会导致文化差异的进一步扩大。这虽然是一个大国发展中的正常现象，如果不引起我们高度的重视，也会造成国家的不稳定。现在社会上，许多人不能正确认识和对待这个问题，发达地区的人们会产生优越感，对来自相对落后地区的人们有着某种歧视和排斥的心态，以致造成激烈的矛盾和冲突。而来自相对落后地区的人们，也会有感觉不如人的自卑心理，久而久之丧失了积极向上的精神动力，产生变态心理，对发达地区的繁荣产生一种仇恨和嫉妒的扭曲心理，甚至产生仇恨社会、破坏社会秩序的心理。这些都是需要引起我们高度重视的社会现象。

社会文化的差异是一把双刃剑，它是构成社会多元文化的基础，是大千世界的必要元素，只要处理得当、政策合理，就有利于社会文化结构的丰富多彩，有利于区域经济和社会多元的和谐发展，有利于人类优秀文化的历史传承。但是在人类社会几千年的文明史上，也不乏存在缺乏宽容、理解、忍让的态度，不能容忍其他文明的存在，即所谓的"非我族类其心必异"之看法。例如，法西斯德国为了自己一个民族的利益，不惜对其他民族采取斩尽杀绝的手段。中国历史上的封建王朝也对弱小的民族采取歧视和迫害政策，把少数民族称为"蛮夷"。历史的经验值得注意，我们要以史为鉴，认真贯彻党的民族政策，执行党的老少边穷地区的有关政策，执行党的西部发展的方针政策，拉近西部地区与发达地区的差距，使西部广大人民群众能够早日过上幸福美满的日子，满足日益增长的对于物质文明和精神文明的需要，这样，中国才能长治久安，安定团结。

三、我国历史传统文化的安全忧患

在当前全球化语境下，中国历史传统的话语与当今社会产生了严重的脱节，这种脱节也反映在古今文化的差异上面。当代视觉文化在把中国传统的生存与现实生活相融合的文化理念，改编成为不同形式片段构成的影像之中时，自然抽空了中国传统艺术世界所赖以生存的文化观念。中国传统审美文化在阐明人性问题时，大多主张人性本然完满与和谐。所谓"人之初，性本善，性相近，习相远"，由于有这个先决条件，传统审美主体在追求人格建构、完善人性方面，是全面审慎的，以洗刷人的后天污垢、恢复人性性格的完整性和和谐性为目标。所谓的"天人合一"，就是说人与自然、人与人之间的和谐是最高的文化境界。孔子在比较人与动物之间的差别时指出："今之孝者，是谓能养。至于犬马，皆能有养，不敬，何以别乎？"这说明孝敬老人是人之所以为人的基础条件。

在中国传统文化中，对于艺术的审美，艺术形式本身并非最终目的，而只是人们借以发现和进入生活整体的方式。正如宗白华说的："虽然趋向美，但是它的最深最厚的基础乃是'真'与'诚'，那么这真与诚的对象恰恰是最为现实的集无限于有限，集超然于肉身为一体的现实世界。因此，中国传统审美意识中，人们不是创造一种新世界，恰恰相反，而是在于发现并呈现现有的现实世界。”如今，随着多变的当代生活环境的逐步形成，特别是电子视像媒介技术环境的形成，以往建立在现实经验世界基础上的中国传统文化面临着严重的挑战。这种挑战表现在以下几个方面：

一是有别于中国传统文化的体验世界，文化作为形式和想象观念的价值对象，世界是向人们呈现一个基本趋势，就是世界的形式化和美学化。正如莱辛在《拉奥孔》中指出的，人类视觉活动的天性倾向于形式的美，而不是真。世界的美学化会逐渐使人们感到内容的贫乏和不可理解，艺术的存在仅仅为了人们自我感觉良好，而根本不考虑世界存在的本身状况，人们也因此丧失了对于世界的最基本的道德责任，最终使艺术审美活动变成一种形式和观念的游戏，助长人们玩世不恭的生活态度。

二是世界的美学化是根源于人类的理性冲动，它力求通过自己的力量来克服因为时间而产生的人生有限的不足，而把人对世界的关系永恒化为具有美学意味的形式。这种冲动可以在理性的范围内，也可以在理性的范围之外。恰恰就是在理性的范围之外，它给社会造成的危害是异常大的。当前一些年轻人的另类行为，都是非理性的个人行为，有些人已经陷入极端个人主义的泥沼而难以自拔。

三是当代西方文明所标志的文化，使人们在失去了与内心世界联系的同时，也丧失了对待外在世界的那份耐心，人们漂浮在利益驱动的虚幻缥缈的梦幻之中，浮躁成为人们难以规避的处世心态。对于从文艺复兴以来的现代理念，如那些关于真理、理性、科学、进步、普遍解放的理念都成为可以被调侃被嘲弄的对象，由技术创造的新世界快速更新，培养了人们对于世界喜新厌旧的心态。正如即兴艺术的创始人卡普劳说的，他的即兴艺术所要表现的就是生产“卫生纸”形式的美学。

上述问题是在全球化语境中出现的问题，这些现象是当前思想文化艺术界中出现的思想潮流，虽然不是主流，但是也不能忽视。因为从全球化态势来看，西方文化处于强势地位，以美国为首的西方发达国家利用其资本、技术和市场优势对发展中国家进行文化渗透的目的，就是要通过文化手段统治人们的心灵，以对他国人民生活进行渗透和控制，重塑其他国家的价值观、行为方式、社会制度，使之服从帝国主义的利益。

在维护我国国家文化安全方面，除了在策略上抵制和防范外部势力对我国进行的渗透外，还要构建社会主义核心价值体系，充实并完善有自己特色的政治意识形态价值和感召力，抵御和抗衡西方社会以“自由民主”为核心的价值体系。如果没有中国特色的社会主义核心价值体系，则对内的凝聚力势必受到影响，对外也很难占领所谓的“道德制高点”。其次是建设和谐文化，增强社会主义先进文化凝聚力、向心力和感召力。和谐文化是人们依附的精神家园，有利于营造和谐的社会环境，丰富人们的精神生活，形成和谐的人际关系，促进社会的全面、协调、可持续发展，增强和提高国家的综合实力。再次要大力贯彻“百花齐放、百家争鸣”的文艺方针，大力发展和繁荣社会主义文化事业，和谐文化要继承古今中外关于和谐的优秀思想成果，挖掘我国民族文化中的和谐文化资源，借鉴和吸收国外的优秀思想成果。

第二节　新形势下我国的文化安全问题

全球化语境下的文化安全问题，是当前我们必须面对的问题。文化安全首先是意识形态安全和价值观安全，尤其是以美国为代表的西方文化帝国主义利用全球化对我国进行的严重挑战，如果我们不能积极有效地应对这种挑战，我国就会失去共同的、稳定的基本价值观念，或者分裂为许多不同的相互冲突的价值观念，其后果就是中国会出现“解体”。

一、文化全球化背景下的文化霸权

当代美国国家政策的一个明显特点，就是充分利用全球化所占据的制高点，将“文化”和“新经济”、“高科技”并列，使以美国为中心的西方文化成为当今的主流文化。美国杜克大学教授詹姆逊认为,文化的全球化才是真正意义上的全球化。他说:“界定全球化的真正核心:世界文化的标准化;美国的电视、美国的音乐、好莱坞的电影,正在取代世界上其他一切东西。”西方的理论家从他们的世界观、价值观出发,强调了全球化中文化所蕴含的现实价值观。亨廷顿说:“美国多元文化盛行,如果对开明的民主制度的共识发生分歧,那么,美国就可能同苏联一道落进历史的垃圾堆!”他还要求西方大国领导保护和促进他们共同拥有的珍贵而又独特文明中的利益、价值观和文化。

按照国际货币基金组织的定义,全球化既包括资金、劳动力和资源的全球流动,也包括文化、意识形态领域中国际交流与合作的深化发展。因此,全球化的影响是多方面的,不仅仅限于经济生活领域,也涉及文化生活领域。西方学者幻想全球文化同质化,以美国文化为代表的单一西方文化取代世界多样性的文化。文化渗透和文化扩张,是美国称霸全球战略的重要组成部分,文化帝国主义是美国谋求世界霸权的重要内容之一。美国所追求的世界霸权,既包括政治上、经济上的霸权,也包括文化方面的霸权。如果强大的经济和军事这些“硬实力”是物质基础,那么强大的文化形态这些“软实力”则是精神基础。以美国为代表的西方文化和价值观念,极力要渗透到世界其他国家和民族之中,建立起以美国文化为主导的文化,把自己的意识形态强加给其他国家和人民,甚至以此来干涉别国内政。

二、我国文化安全面临严峻挑战

随着信息时代的到来,互联网在我国得到迅速发展和普及,网民队伍日趋扩大。2005 年底,中国网民已经超过 1 亿人,网站达到 60 余万个,成为仅次于美国互联网用户的第二大市场。2009 年,中国的互联网用户达到 3.16 亿,中文网站 287.8 万个,中国网民数量达到世界第一。互联网不仅成为我国主要的通讯工具和信息获取方式,而且成为一种现代人的生活方式。现代科学技术的迅速发展,网络信息技术日新月异,超越主权国家传统国界的信息交流日趋廉价、便利和迅捷,国际上交流的信息量日增。网络信息技术的发展在扩大了不同国家、不同文化之间交流互动的同时，也给我国的文化安全带来了严峻的挑战。这种挑战主要表现在三个方面：

一是互联网的普及强化了美国等西方国家在国际格局中的文化强势地位。美国是网络信息技术的发源地和网络信息技术最发达的国家，世界上第一台电子计算机和第一条网络皆由美国创造，当今最流行的操作系统和最具影响力的网络搜索软件也都由美国人开发出来。此外，互联网 90%以上的信息都是英文信息，致使网络文化逐渐成为英语“网络文化霸权”。据统计，网上各种语言的使用频率依次是英语 84%、德语 4.5%、日语 3.1%和法语 1.8%，互联网在很大程度上成了以西方少数几个发达国家语言、思想、文化为核心的全球传播体系。这种体系通过网络强制性传递文化信息，不可抗拒地影响着受众的相关感受和价值判断。处于信息传播弱势的国家，被迫接受西方信息的影响，实际上成为了“信息殖民地”，随之而来的是本民族的文化被西方文化所同化。

二是西方国家对互联网的有效控制为其推广文化渗透战略提供了高端平台。西方国家对互联网的控制已经成为其推行文化战略的“制高点”，他们不断利用其技术优势向我国等发展中国家一边倒地大量倾销带有其政治模式、价值观念和生活方式的各类文化信息，力图潜移默化地影响网络受众的思想和价值判断，以此消解社会主义价值观。美国是处于信息强势地位的信息富国，它们不仅在信息的搜集、处理、应付和传播上具有优势，而且掌握着信息资源优势。美国正是利用这种资源优势重点对我国进行全方位的文化渗透，尤其是在意识形态领域里的文化渗透，直接威胁到我国的意识形态安全。

三是互联网使得我国的信息多元化进程大大加快，增加了文化整合的难度。互联网实现了文化交流与互动，使网民真正有了自己的话语权，改善了民众的知情权和社会的总体透明度，但是滥用话语权也会造成严重问题，造成了控制舆论导向和社会文化整合的难度增大。国内外敌对势力利用互联网发布反动信息，企图搞乱人们的思想，煽动不明真相的民众制造混乱，成为破坏我国经济建设和安定团结的工具。

尽管互联网有着许多“软肋”，但是由于中央和地方政府对网络舆情的高度重视，因此互联网也成为政府治国理政、了解社情民意的新平台。2008 年 6 月 20 日，胡锦涛总书记在《人民日报》强调说：“互联网已成为思想文化信息的集散地和社会舆论的放大器，我们要充分认识以互联网为代表的新兴媒体的社会影响力。”虽然政府在应对互联网舆情的态度整体上有所改观，但是一些地方政府和部门在面对安全事故等公共事件时打官腔、拖延、瞒报的习惯动作仍有出现。例如，2008 年初南方冰雪灾害引起铁路客运受阻，面对来自各方的批评质疑，铁路部门不断以官腔回应，引起广大网民强烈不满。这说明政府部门对于新兴媒体的应用不到位，也是造成不安定因素的重要原因。中国的网民超过三分之二的人群是 30 岁以下的年轻人。他们与中国的改革开放同时进步成长，因此对这个国家的兴衰和荣光感同身受，与新时期的社会体制和文化规则融合多于冲突。2008 年上半年，因为不满西方媒体在拉萨事件中的不实报道和奥运火炬传递在欧美国家受阻，中国社会掀起了一股反西方的热潮，而站在潮头的正是八零后的年轻人。现在，中国社会正出现一个“新意见阶层”，他们关注新闻时事、在网上直抒胸臆。据有关部门调查，常在网上发表言论的网民，35 岁以下的占 78.8%，大专以上学历的占 79.2%，月收入 2500 元以下的占 68.6%，在企业工作的占 36.9%，这些人是构成“新意见阶层”的主体。

“新意见阶层”的核心人群是所谓的“意见领袖”。网上人人能说，不代表人人说的都能够产生影响。根据网络知名度和号召力，包括时事关注度、原帖数、浏览数、跟帖数、帖文转载数、跟帖与原帖价值取向的一致性以及个人网络身份(级别、头衔等)，可以识别出一批网上“意见领袖”。时事评论、价值评判，首先由这些“意见领袖”提出，再由他们传递给大众。中国网民普遍比较年轻，高中学历所占比例最大，约 39%，网民的年龄和文化程度均低于传统媒体受众。因此在舆论酝酿和发酵过程中，他们更容易受到“意见领袖”的影响。政府在对互联网的管理中，应该注意与这些“意见领袖”的沟通，尊重他们为民代言、批评现实、监督政府的权利，引导他们成为和谐网络环境中的建设性力量而不是破坏性力量。同时要积极培养自己的“意见领袖”，在“新意见阶层”中形成正面的引导力量，否则网络也会成为文化安全的重大隐患。

三、影像传播对文化安全的现实威胁

信息技术的不断进步促进了影视艺术产业化的发展，在给影视艺术带来发展的同时，也带来了文化安全问题。现代高科技为影视艺术传播提供了崭新的渠道、方式和手段，满足受众不同层次、不同需求的审美形式。例如，我国正在兴起的有线数字电视，能为人们提供几百个专业化、个性化的电视频道，并有海量的影视艺术节目可供用户直接点播，这就为人们的审美选择提供了极为广阔的空间。方兴未艾的数字电视、数字电影、互联网等现代大众传媒正引领着一场新兴的信息文化革命。科技的发展和我国改革开放的政策，推动了跨地区、跨国界、跨文化的广泛文化交流，大量的海外影视艺术品的涌入，丰富了影视文化市场，促进了影视审美文化的多样性，也催生了人们审美取向的多元化。好莱坞高技术背后的强势文化无疑已经影响了中国受众的审美价值观，西方各种影视审美观和审美评价体系直接对中国本土影视艺术及其审美流向形成了冲击。

当下审美文化发展的另一个明显特征是：影视视听文化成为审美文化的主流。人们在精神文化生活的审美消费中除了阅读和观赏传统的艺术门类外，更多的人将审美的眼光投向影视艺术、卡拉OK、电子游戏、广告艺术、时装模特表演等诸如此类的视听文化享乐上。视觉文化是指文化脱离了以语言为中心的理性主义形态，转向以形象为中心，特别是以影像为中心的感性主义形态。与视听文化成为主流的实际相适应，形成了经由形象媒介特别是影像媒介为主的新的文化传播形态，即视听文化传播。人类的传播方式正从意蕴深厚的文字时代走向平面直观的图像时代，这为以影视为主体的审美取向多元化提供了现实可能性。当代影视制作和传播科技的飞速发展推动着影视视听艺术的迅速扩张，电视、互联网、VCD、DVD、EVD、MP4、多媒体、手机等，几乎将京剧、越剧和名目繁多的传统说唱艺术等中国的所有文化样式都置于自己的视阈内，几乎将所有的文化样式都变成了视听文化。当代审美文化也适应人们的这一生存方式而向视听化转化，现在人们到处可以看到形象，感受到形象，甚至触摸到形象。这种“意象形态”，深刻地概括了当代审美认知从“反映”到“反应”，从理性愉悦到感性愉悦的转变。以“意象形态”为其表征的审美文化当仁不让地在社会审美文化舞台上成为主角。电视、电影、卡拉OK、MTV、广告艺术、时装表演等都是“意象形态”的基本承载主体。影视艺术生产传播手段的现代化，影视艺术的表现手法、技巧越来越多样化，影视艺术作品的制作水平越来越高，观赏性越来越强，出现了艺术特性的疏离现象。主要表现在两方面：一是艺术性、思想性与商业性的疏离，表现在思想性、艺术性俱佳的电影进不了院线，成为无法放映的作品；二是影视艺术作品的艺术性、思想性与娱乐性的疏离，表现在那些无深度、打打闹闹、一笑了之快餐式的作品，以及离奇荒诞、难以理解的作品大量涌现。

伴随着影视艺术产业化的进程，影视艺术的生产和传播越来越呈现出多元化、全球化趋势。各种文化相互交流的范围扩大，数量增加，渠道增多，多元的思想观念和价值体系相互交融、相互碰撞的机率明显增大。这些都对中国传统的意识形态话语体系、舆论控制和文化控制方式带来了很大的冲击和挑战。这也就涉及国家文化安全的重大问题之一，比如，信息技术的不断进步促进了影视艺术的产业化发展，给影视艺术生产和传播带来一场深刻的变革。基于互联网平台的网络影视使得境外的影视艺术作品能够越过政府的控制、干扰而向境内传播；通过卫星接收设施能直接收看境外的影视艺术节目，即使暂时可以通过行政限制等保护措施，控制境外影视节目的直接传播，但从长远看，这一控制已越来越困难。中国加入WTO之后，境外影视节目和跨国公司的准入导致国内影视艺术市场的多元化话语空间，这在客观上增加了舆论控制和文化控制的难度。根据我国的承诺，图文电视、视频点播等增值服务在入世两年后外商可以达到50％。境外节目的直接进入以及跨国公司在中国投资传媒业，必将给我国影视艺术传播的内容、形式等方面带来重大影响，境外文化产品输入、多元化话语空间的形式必将对中国原有的影视艺术传播模式和控制模式提出新的要求。同时，多元资本进入影视艺术领域，也增加了管理和监控的难度，这些都是我们面临的现实威胁。

第三节　影像数字化对我国文化安全的影响

广播电视的全面数字化，给广电行业的制作模式、播出模式、管理模式、盈利模式、接收模式带来巨大而深刻的变化。这种变化体现在如下四点：一是频道数量大为增加。同模拟信号频道带宽有限相比较，数字频道数量可以达到数百套之多，为数众多的电视频道可以为受众提供更加丰富多彩的节目，可以实现真正意义上的专业化频道。二是收视质量大大提高。同模拟电视相比较，数字技术采用全新的系统来传输图像和声音，经过数字化处理，再通过地面传输、有线传输和卫星网络传输等，使观众接收的电视图像更加清晰，声音质量更加保真，符合数字技术条件下高清晰度的水平和标准。三是真正实现了互动功能。数字电视彻底改变了传统电视媒体单向传输的特点，真正实现了双向互动的交流，使受众真正具有越来越多的主动权。数字电视还使观众有观看时间上的自由，观众可以在任意时间收看已经播出的节目。四是大大增加了服务功能。除了收看收听之外，还可以进行电视购物、远程教学、远程医疗、可视电话、电视游戏、动漫制作等等功能。其实质就是将传统的电视、广播、电影等传媒与网络、通信整合起来，形成一个高度综合的终端和平台。在这个平台上，可以从事娱乐、商务、教育、通信、服务等多项功能，这种变化将会给人类社会带来巨大而深远的影响。

一、数字化深刻变革着影视传播形态

数字技术和计算机技术不断发展，人类社会在21世纪很可能出现一种崭新的艺术即“第九艺术”。这种艺术样式将会把电影、电视、电脑三维动画、动漫、计算机游戏和DV，以及“虚拟现实”技术和“互动娱乐”方式等通过数字技术整合起来，观众可以通过数字资料馆和自己运用数码摄像机DV拍摄的素材来进行创作，这对人类文化将产生重大而深远的影响。因此数字化是世界影视业

自诞生以来面临的最大的一场变革。

首先，数字化标志着中国电视发展新阶段的开始。我国将于 2015 年停止播出模拟电视，全面推广数字电视。我国的数字机顶盒从 2002 年的 9 万户发展到 2006 年的 1 100 万户。此外数字电视的海外运营发展态势良好，在北美已经辐射 400 万华人观众。其次，数字化加快了我国电视改革的步伐。数字电视的频道数量增加，电视节目的内容也随之大幅度增加，于是制播分离的改革势在必行。数字电视也带来了电视台内部体制的变化，出现了以频道总监为核心的管理模式。再次，数字化拓展了我国电视发展的空间。如电视频道的巨幅增加，电视种类大为拓展。最后，数字化服务扩大了我国电视服务的领域，并且成为文化创意产业的发动机，极大地推动了我国文化创意产业的发展。

数字化正在迅速变革着影视艺术的载体形式和传输手段。数字化给影视艺术传播带来了一场深刻的革命，极大地提高了传播质量，拓展了传播范围，增加了传播容量，扩大了服务领域。电影的发行和放映可以不再以机械的方式进行，它可以以比特流的形式通过光缆或卫星将一部电影直接传到各地接受点。过去一盘 16 毫米的电影拷贝成本为 2 000 多元，25 毫米拷贝为 1 万元，而且胶片质量随着放映次数的增加而降低。电影的数字化可以大大提高放映质量。数字电影减少了许多中间环节，大大提高了传播效率和经营效益，提高了时效性。另外，观众还可以通过互联网在家里收看电视，极大地便利了群众。

数字技术的发展还为影视艺术传播的发展提供了便利条件，由此还衍生出手机影视艺术、播客影视艺术的新艺术样式。随着数字技术被广泛运用到科幻片、灾难片等许多影视艺术作品的创作上，其独特的创造影像的能力被发挥到极致。影视艺术从叙事影视艺术转向景观影视艺术。数字技术创造出来的虚拟现实和非虚拟现实，极大地丰富了影视艺术的创造手段，提高了影视艺术的感染力、视觉冲击力和震撼力，促使影视艺术发生质的飞跃，使影视艺术能够冲破传统门槛和壁垒，使数字电影发生爆炸性增长。但是数字化也会给影视艺术的创作和传播带来一些新的问题。数字技术给影视艺术带来新的表现手段和新的艺术风格的同时，也使一些作品过分追求视觉刺激效果，过分唯美，忽视作品叙事的连贯性,忽视作品内在思想内涵和精神境界,这使本来就工业化的影视艺术更加娱乐化、同质化。这是典型的技术拜物教的表现,值得引起我们高度重视。有线网络与互联网络的融合,也带来了许多新的情况和问题。传统有线电视传播运行主体的模式受到严重冲击,西方强势文化的全球化扩张得到强化,多元文化对主流意识形态的冲击也日益严重,从而对发展中国家文化安全形成了巨大的挑战。影视播客就是"全民评论家"的典型诠释。DV 技术的广泛运用和影视播客的出现,打破了传统的影视艺术创作者、制作者、传播者之间的界限。许多播客把自己拍摄的短片放在网上互相交流、让人欣赏、供人评论。有的故意对影视艺术作品进行"恶搞",对其进行重新剪辑、拼凑,形成搞笑反讽的影视作品在网上广为传播,影响欠佳。还有的所谓"人肉搜索",往往也存在着"猎奇"、肆意炒作、破坏他人隐私的问题,这些都是互联网上屡禁不止,值得引起我们高度重视,采取有力措施加以解决的问题。

二、影像数字化挑战我国文化安全

影像数字化使国家文化安全和信息安全遇到极大的挑战。

第一,数字技术使电视所传播的国家和民族文化之间的冲突变得更激烈。以美国文化为代表的西方文化之所以在全球"兴风作浪",很大程度上依赖其经济上的强势地位。有资料显示,美国一直就是国际电视市场的主宰,早在 20 世纪 70 年代,美国就占据了全球电视节目出口的 40%,到了 80 年代、90 年代,美国电视在拉丁美洲占 77%,在西欧占 44%,在阿拉伯地区占 42%,在南部非洲地区占 47%。美国文化凭借商业机制和技术手段,在未来十年会通过数字电视获得更加有利的地位。文化由经济发达国家向欠发达地区的单向流动输出会更加明显。随着数字电视的发展,发达国家在这一领域会进一步显示出两个核心优势:其一,产业和技术优势。在电视行业生产能力、市场覆盖范围、信息流动速度、国际影响力等方面,西方电视大国比我们更具有优势。其二,作为全球使用范围甚广的国际性语言,西方媒体的英语将会在电视文化交流过程中发挥更大的作用。随着中国年轻人英语能力的提高,美国倡导的文化立场、宣传的生活方式、引导的价值观念已经通过电视媒体对中国年轻一代产生了深刻影响。

第二，数字技术将进一步促进以区域为共性特征的电视媒体市场的形成。最近十年内，一些重大的电视现象值得注意。比如，“半岛电视台”的一枝独秀，韩剧能够风靡东亚和东南亚等现象，说明只要我们能够发挥遍及全球的华人资源，这将是我们扩展影响的有力资源。从长远来看，数字电视在我国对外宣传中将会起到越来越重要的作用。

第三，电视文化主权的维护将在更大程度上依赖我国电视经济和技术实力，大力发展我国的数字电视技术是增强我国电视实力的根本动力。

影视业作为重要的大众传媒和文化产业，历来受到世界各国的高度重视。特别是数字技术更是大大增强了影视业的竞争力和影响力。当前世界各国大力推进数字化和网络化，一方面大力发展广播、影视、动漫、游戏、网络和新媒体等新兴产业和朝阳产业，使其成为国民经济新的增长点，推动本国知识经济的快速发展；另一方面又把数字电视和新兴媒体作为新技术的制高点，扩大本国的“文化影响力和精神控制力”，将之作为国家之间软实力竞争的重要领域来考虑。因此，为了中国的国家利益和长远的发展，我们要抓紧工作，以“只争朝夕”的精神，积极利用数字化、网络化等高新技术武装自己、占领阵地，努力开创具有中国特色的广播电视数字化的新局面。

全球化总是围绕贸易、外国投资、资本涌入以及其他话题。但是，有关文化、一个国家的民族认同、文化传统以及生活方式等等，却会带来许多负面影响。如果仅从经济角度上看，围绕全球化的讨论就会变成有关贸易壁垒、保护主义和关税的讨论。发达国家会要求弱小国家取消所有贸易壁垒，自己却维持一定程度的保护主义。弱小国家知道自己无法避免全球化过程中的霸权主义，因此团结起来，形成自己的经济联盟，希望借此与大国谈判达成更加公平的协议。但是，全球化还有另外一个重要的问题，就是文化的全球化，它对发达国家为维持自己的文化传统会造成一定的危害，更不用说对欠发达国家造成的巨大负面影响。这种危害表现是多方面的，比如电视新闻中的话语权都被西方发达国家所垄断，这是一种“软实力”，形态上并不表现为文化霸权，但是，它对欠发达国家却具有无孔不入的渗透性，因为这些外来的文化产品包装精美，花样翻新，不分昼夜地入侵欠发达国家。在这个过程中，西方文化以其强大的态势压倒了其他文化。

当然西半球以外的大多数国家观众听到的、读到的和看到的并不是严格意义上的西方文化，这是一种经过出品商精心选择的文化，它的艺术、娱乐是为了提供一个广告的平台，目的是兜售商品。这种经过选择后的西方文化只剩下物质价值观，可以通过刷卡消费来实现。但是，在销售商品的同时，媒体也兜售了价值观和意识形态，这种兜售是西方强势文化的兜售，弱小国家的文化却面临逐渐被淡化和被淘汰的局面。例如，2009 年年初以来，在土耳其，一些少年热衷玩一款电子暴力游戏，一边玩一边还用英语喊“杀死恐怖分子”。屏幕上显示的恐怖分子形象非常像土耳其人，而杀死恐怖分子的正义者却酷似美国人。那些玩游戏的儿童自然把自己想象成正在打击恐怖分子的美国人，而且其中还有一个游戏片段是儿童把自己想象成炸毁恐怖分子占领清真寺的美国特种兵。虽然我们并不反对文化交流，但是文化交流应该是双向的，而不应该只是单向的。媒体全球化的过程中并不是公平发展的，尤其是电视新闻的播出形式，它没有留给人们进行思考的空间，让人无法分清是非利弊，不能进行价值判断。新闻、音乐，甚至具有腐朽内容的影像都能直接出现在电视屏幕和电子产品中。全球化，当然不是一场公平的游戏。那些经济实力雄厚的国家一定会在全球化中占有较大的话语权，那些西方发达国家和在全球有影响力的国家也会拥有更具影响力的媒体。无论从哪个角度看，弱小国家都处于不利地位，它们既想在全球化中获得更好的经济地位，另一方面又想试图维护自己世代相传的文化特性。

每个国家都有自己的文化，也正是在统一的文化认同前提下，才能建立自己的国家。不同民族有不同的文化特征，因而文化已成为区分不同国家与民族的显著特征之一。正因为如此，文化间的思想竞争与冲突就成为必然。随着全球化的发展，利用信息技术宣传自己的思想文化，宣扬自己的价值标准，已成为西方主要资本主义国家进行文化渗透与控制、实现自己霸权的主要手段。在国际交往中，让对方接受你的价值观念和文化理念，就是让对方接受你的评判标准，也就是让对方接受你的优势地位。一个国家的主流文化一旦被外来文化所占领，这个国家显然就是丧失了思想文化的独立，就会直接影响到国家民族的真正独立。我们要牢固树立国家文化安全意识，对于危及国家与民族传统文化的因素和问题绝不可小看，只有牢固树立民族文化的安全意识，才能自觉保护和发展本民族的文化传承，抵制外来不良文化的影响。要通过建立文化安全的相关制度，运用相应的国家机制，诸如法律、市场和经济及其他相关的文化安全管理手段，对那些可能危及国家安全的文化因素和文化力量进行鉴别，及时准确地作出预先性和警示性反应，以此加强文化安全意识，认清文化渗透的危害，从思想上重视抵制西方“文化单边主义”及其渗透活动。通过建立文化安全预警制度，对符合中国国家文化利益的西方文化因素，给予认同和支持；对不符合中国国家文化利益的西方文化因素，则坚决予以打击与排斥，把可能危害中国文化发展的因素和力量牢牢控制在安全警戒线内。

第四节　网络安全的重要性与迫切性

互联网的普及和急剧扩张使世界发生了巨变，它在带给人类便利的同时，也产生了各种危机和威胁。由于网络已经成为一国经济、政治、军事、文化、科技等社会系统正常运转和发展的重要基础，加之信息交流的巨大开放性、强烈渗透性和广泛扩张性，催生了许多危及国家安全的新形式，国家安全的概念和内涵正发生着许多重要的变化。西方发达国家的“文化扩张主义”把自己的意识形态、价值观念、宗教信仰、社会制度作为“普世原则”，强迫其他国家在它们的“普世原则”的轨道上运行。以美国为首的西方文化扩张主义国家大肆利用互联网这一信息平台对我国进行文化扩张和渗透。境内外敌对势力，也利用网络进行渗透，国家的文化安全问题日益突出。文化安全的核心是意识形态和价值观念，在全球化和社会信息化的时代背景下，获得网络的安全是国家安全的重要内容。获得对网络的控制权,有效抵制危害国家文化安全、危害意识形态安全的各种形式的文化渗透,显得更加重要和迫切。

一、全球面临"网络战争"危机

2009 年以来,西方多次宣传"世界已经进入了网络战争"。11 月 18 日,西方多家媒体转载了美国网络安全公司 McAfee 对于网络战的论断。该网站指出美国已经建立起了世界第一个网络战司令部。据说该公司在网上发表的文章是由美国前国家安全顾问写的。美国不断通过影视片和各种研究报告渲染网络战争可能会毁灭了美国的观念。同日,中国网上也传出了消息说,中国国防部网站开通第一个月,就遭到 230 万次黑客攻击。中国国防大学信息安全学者说,网络安全是全世界的事,包括中国在内的每个国家每天都有网站被黑客攻击。虽然现在渲染"世界进入网络战争"为时过早,这也是西方媒体刻意进行炒作的话题,有许多危言耸听夸大其词的内容,但是,我们不能不对此提高警惕。据这家公司说,俄罗斯、法国、以色列和美国等国家已经完成了网络军备竞赛的准备工作。法新社也在 11 月 18 日引用了该公司某高管的话说:"两年多以前我们已经发出类似警告,但是如今越来越多的迹象表明,网络军备竞赛已经成为事实,一些国家正积极从事网络战争的准备,甚至开始实施打击。"报告还宣称 2008 年格俄冲突期间,俄就对格鲁吉亚政府网站进行攻击,2009 年美韩官方网站也遭到来自朝鲜的网络攻击。这位高管还说:"如今的战争模式不是核大战,而是网络战争,每个人都要做好心理准备。"近年来,美国等国的新闻媒体频频炒作网络攻击的新闻。美国有线新闻网 CNN 的评论说,美国受网络攻击的危险已被炒作了多年,美国政府网站防火墙的脆弱也是公开的事实,这份报告的新意,在于揭示了网络战和网络军备竞赛的危险。至今人们都无法确认网络攻击的责任人,因为针对黑客来源的调查很难有准确的结果。

据美国学者认为,由于网络连接的范围越来越广,最令人担忧的是电网、交通、电讯、金融等民用枢纽"在网络战争面前漏洞百出,危机四伏"。该学者还说,至今网络战争规模有限的原因是无法界定战争和非战争的界限,他呼吁广泛开展讨论，尽快确立“何为网络战争”的定义标准。俄罗斯 infox 通讯社的评论员说，各个国家的网站都曾遭受过攻击，但是绝大多数是数据安全问题。毕竟网络目前仍然是虚拟空间，虽然它可能间接引起一些破坏，但尚未听说它曾经造成直接的流血冲突或灾难。网络攻击的主体本身非常难以确定，如果不能确定它具有国家背景，那怎么能把这种攻击定义为战争呢？中国著名军事专家戴旭说，这是美国在故意渲染外国的威胁，为自己的网络战司令部寻求拨款找借口。许多美国媒体把从中国来的黑客攻击次数作为“中国黑客人数众多”和“中国政府有组织进行攻击”的证据。中国国防大学军事专家李大光说，实际上中国绝大部分黑客都是从网上下载一些黑客工具，中国黑客涂鸦者居多，属于恶作剧性质；美国黑客技术高，从近年来美国和西方破获的最大几起黑客案件来看，其黑客都是西方人。如果一个国家把网络攻击视为战争，这不仅意味着防御，还存在着发动战争的可能。美国是世界上唯一成立网络战司令部的国家，这不仅意味着它要保护网络安全，还意味着在明确的国家支持下储备“攻击性网络战争”的能力。目前，世界上绝大多数电脑安装的芯片、操作系统和应用软件，源于美国制造；互联网的绝大多数顶级服务器都在美国境内。美国随时可以把这种技术转化为军事优势，这对世界网络而言才是更大的安全威胁。俄罗斯专家说，美国在网络方面存在绝对的综合优势，但它却不断强调自己的安全受到威胁。

二、我国应对互联网安全问题的举措

针对互联网的安全问题，我们要做到以下几点：

一是我们必须自觉维护社会主义意识形态的主导地位，积极培育主导意识形态赖以发展的文化土壤，坚持马克思主义在意识形态领域的指导地位，增强民族主体意识，繁荣具有中国特色的社会主义先进文化，构建和谐文化，为构建和谐社会和实现中国和平崛起提供文化支撑。充分利用网络发出中国的声音，向国外宣传社会主义的意识形态，展示社会主义的建设成就，让世界了解中国及中国文化，让中国与中国文化走向世界。

二是要利用网络阵地加强主流意识形态的宣传，扩大社会主义思想文化的世界影响，抵御西方政治文化和价值观的渗透；要把握网上斗争的主动权，大力加强网络传媒的阵地建设，发挥传媒的舆论强势，用马克思主义占领网络阵地，清除西方腐朽思想的影响和网络中的丑恶现象，净化网络空气。利用网络强有力的影响力和穿透力，建立具有鲜明政治立场与观点的宣传网站，从而粉碎西方敌对势力对我国的“西化”“分化”，以及国内某些反动势力妄图颠覆我们党和政府的图谋，逐步把网络建设成为重要的宣传舆论工具，成为我们巩固和发展社会主义意识形态的重要喉舌。

三是加强网络技术的开发，带动网络思想阵地的建设。一方面，要加快信息产业的高科技建设，用高技术同西方国家抗衡，抢占网络中的话语权、制高点，破除境外敌对势力对我国进行渗透的基础，以信息技术推动民族文化的保质和提升。各业务部门要加强网络监管，增强对各种有害信息的过滤能力，维护国内文化传播环境的清洁。另一方面，要以马克思主义理论为指导，批判、剔除西方国家渗透的意识形态、生活方式，提高自身的免疫力。要批判西方文化中的颓废主义、极端个人主义、黄色文化尤其是西方政治学术中许多不适宜中国国情的政治理念。在当前全球金融危机的条件下，要充分利用“中国模式”在全世界日益扩大影响力的有利条件，充分宣传中国特色社会主义的活力、抗御风险的能力、社会稳定的凝聚力和人民脱贫致富的说服力，充分宣传中国社会主义的优越性和生命力，在意识形态战线上打主动仗。

四是加强网络监管，主动接触网上黑客和各类电脑专家，争取他们成为“网络统一战线”的力量，共同抗击西方网络文化的渗透。加强全体公民尤其是各级领导干部的网络安全教育，使他们具有网络安全的意识观念。

第九章　透视全球化背景下的国家文化话语权

在文化全球化以及数字化技术全面推进的背景下，影像作为国家文化输出的重要载体，异国文化的渗透变得越来越悄无声息，掌控国家文化话语权成为各国亟待应对的挑战。

第一节　好莱坞电影：胶片故事渗透异国文化

在好莱坞电影历史上，借助他国文化资源创作出具有世界影响力的影片，例子难以计算。《甘地》《莫扎特》《泰坦尼克号》《勇敢的心》《指环王》，其实都不是美国题材。因此，《功夫熊猫》的出现是美国电影工业的一种必然结果。中国文化创意产业要能够创造出《功夫熊猫》这样的作品，首先需要产业的基础和土壤，否则我们很难创造出自己的《功夫熊猫》。即便偶然出现一两部大片，不仅会受到市场风险的压力失去文化内涵，而且也难以形成产品规模和产品品牌。《功夫熊猫》可以提供一面镜子，让我们反省中国文化产业的现状，或者说反省为什么好莱坞将中国的文化资源打造成为全球畅销的文化产品，而我们自己难有作为。

一、《功夫熊猫》：中国元素与美国元素的完美演绎

电影以画面、声音为媒介，集光线、色彩等视听元素于一体，通过在特定的

银幕时空中创造出连续影像来表达人的主观世界观念。画面、声音、色彩在电影艺术的空间中占据着主体地位。影片《功夫熊猫》中的视觉传达可谓美轮美奂，画面充满了优美的韵律感。例如，影片开篇的画面像剪纸画一样，浓墨重彩，很有中国传统动画片的风味，带有一种飘逸清雅的审美意境；乌龟大师仙逝的镜头段落，则完全是中国古代神话中"羽化成仙"的视觉再现，镜头的运用无论从内在逻辑还是到外在画面的表象都显示了对东方生命哲学精湛的了解和认同，是一种"胸怀万物"的对人生和宇宙独特的空灵感悟。

《功夫熊猫》的镜头设计不以西方式的魔法来"神化"中国功夫，也不以华丽的慢镜头敷衍，而是回归香港传统功夫电影的写实精神，注重动作场面的重量感。很明显，影片《功夫熊猫》的动作设计来自以李小龙、成龙、李连杰、周星驰为代表的香港功夫电影，甚至可以说是刻意模仿。

电影中的色彩是一种自觉的审美元素，它创造节奏、氛围、风格；也被用来展现人物情感，表达主题思想，是一种贯注了审美经验和审美意识的艺术手段。电影艺术通过对色彩的选择和处理来创造独特的审美价值和审美效果，使精心营造的彩色世界走进观众的心灵，不动声色地传达出镜头所包孕的抽象观念和深厚意蕴。

红色可以说是中国人最喜欢的主色调，影片《功夫熊猫》多次使用这种色调，表现喜庆、胜利、光明和力量。例如，影片开头的梦境一段，熊猫在多次打败各种邪恶势力时，浓重的深红色渲染了胜利的气氛和主人公阿宝的侠肝义胆；还有阿宝练武功时远处赤红色的树丛；乌龟大师仙逝时漫天飘舞的红色桃花等等。红色与故事的情节吻合，非常符合中国人的审美心理期待。蓝色也是影片的主色调之一，蓝色在电影中常给人以肃穆、崇高、平静之感。影片《功夫熊猫》主要表现中国道教的思想，道教的精髓就在于"游心于淡，合气于漠，顺物自然"，而蓝色是最能体现道家的这种思想内涵的。例如，玉殿山比武、乌龟大师修炼、浣熊师傅传授功夫的武术馆等皆以蓝色为主色调，表现了中国人崇静尚和的理想追求。其余的如黄色、橙色、白色、灰色的运用，也都以情节为核心，起着衬托、铺垫、渲染主题的作用。

按照法国社会学家艾德加·莫兰的观点："精神活动的前提就是想象活动与认知实践活动原则上的统一，文化应当是体验社会问题的方式与文化系统的编码。"有了《花木兰》《卧虎藏龙》《功夫皇帝》这些好莱坞化的中国电影作为参考，好莱坞这次的《功夫熊猫》显然更可以理解为东方传统和叙事规则。换句话说，只要把中国传统文化的底子坐实，美国式的"幽默"就有了通行的美丽路径。

因此《功夫熊猫》在主要人物造型上延续了中国传统武侠片的套路。阿宝，一个平庸无能的年轻人歪打正着走上学武之路，然后在高人的指点下激发潜能，从而打败恶人成为大侠；残豹，武功高强却因心术不正而不被师长接受，他怀恨在心，发誓要杀回来抢夺武功秘籍称霸武林。这样的人物设定都很符合中国武侠片剧情设计的传统。但不同的是，在阿宝的具体塑造上，其内核则完全是好莱坞式的："浑小子的作风，成天嬉皮笑脸，没有正形却有着追求梦想的决心和实现自我的毅力"，语言和搞笑方式也都是好莱坞式的。阿宝的背后实际上是美国"英雄平民化"式的信条："人人都能成为自己的英雄，一切最后要靠自己，每个人都有潜能，只是需要开发，别人不相信你，自己不能灰心。"这样的寓教于乐也许深度不够却不做作，尤其是"成长和励志的故事"本来就是好莱坞电影在全球盛行的资本。

此外和中国传统武侠电影中的反派一样，残豹出场前被制造了足够的悬念，戏份不多，却绝对抢眼。但是好莱坞的《功夫熊猫》对这个反面角色处理得更有人情味，富于人性化："他其实并不是个坏蛋，他只是一个性格复杂，内心充满矛盾的悲剧性人物"；而在阿宝成长的过程中，乌龟大师的去世又颇有"权力更替"的意味，这样的人物设计是因为好莱坞传统叙事更习惯于新旧交替、上下传承。

虽然电影《功夫熊猫》所表现的主题是典型的好莱坞式的英雄情结："历经曲折的弱势英雄最终战胜强大的邪恶势力，从而拯救了人类。"但影片的叙事以中国为背景，中国的艺术、建筑、山水风光中的很多细节特色在影片中都有忠实的反映。其景观、布景、对白、配乐、服饰道具、武功心法，乃至情节意境等都透着浓郁的中国元素，甚至片中有些小细节更是为了符合中国人的观赏心理而专门设计的。

由于影片的故事发生地在中国本土，因此片中的崇山峻岭，绵延不断，很具有中国的地形风格，犹如中国传统山水画一般，透着一股朦胧的迷人气息。影片的背景也是以中国传统的水墨绘画风格贯穿始终：落英缤纷的世外桃源、白云缭绕的隐逸山林，一派东方古韵呈现于好莱坞的电影世界里。影片中的中国符号也是比比皆是：汉服、卷轴、兵器、斗笠、庙宇、宫殿、面条、豆腐、鞭炮、瓷器；就连阿宝的五个同门，也分别选取了老虎、螳螂、蛇、仙鹤、猴子，因为这些动物在中国武术里都能找到对应，其灵感来源于我们在香港武侠电影中所熟知的“形意拳”。这些豪情飞扬的意象极具气势和力度，极具仿真性。

由此可见好莱坞的《功夫熊猫》是做足了中国文化的功课，该片导演马克·奥斯波恩曾说过这部电影是他献给中国的一封情书。看过影片之后的观众都会相信这封情书不光力图一笔一画标点正确，而且还有点妙语连珠。

电影《功夫熊猫》的成功又一次提醒我们：中国的电影创作在内容上要顺应历史潮流。目前，在国际层面上，中国电影的竞争力与中国文化比较强势的国际地位是不相匹配的。中国的电影市场蕴藏着巨大的潜力，制作上可以利用异域文化受众喜闻乐见的表现形式，配以中国电影特有的创作理念，增强东方文化的影响力。即使是制作中国题材的内容，也不应存在狭隘的民粹主义思想，可以融合其他文化的视听元素，增强不同文化间的可接性。对世界电影和中国文化传播而言，如何让我们的文化资源持续焕发生机与活力，如何能吸取全球文化资源为我们的电影创作所用，再将中国电影推销到世界各地，这是一项艰巨而富有意义的重要课题。

二、美国电影引发中国文化产业新思考

《功夫熊猫》是中国元素与美国元素的完美演绎，也是美国文化外向型开放和内敛型吸收的集中表现。美国梦工厂选择了中国的“功夫”和“熊猫”两大主体元素，加上筷子、包子以及具有中国特色的各种符号，不仅仅是考虑到中国市场，更是力争为全球市场提供一种共享的娱乐产品。

随着中国国际地位的上升，中国文化在西方越来越普及，同时创造了全球对中国文化的一种需求，中国电影最近几年成为唯一能够进入国外主流文化市场的文化产品类型，汉语热、孔子学院热都可以看作是这种需求的反映。《功夫熊猫》正是借助了北京奥运会之机将这种需求放大，一方面说明好莱坞对市场的敏感，一方面也说明世界对中国的关注度在上升。《功夫熊猫》充分利用了已经在全球市场上具有广泛影响的各种中国元素，从画面到音乐，从场景到对白，从情节到细节，都充分考虑了市场和观众的接受需求。

《功夫熊猫》的问世经历了一段漫长的筹备期，经过了近十年的项目论证、市场调查、修正调整、制作推广，最终整合了各种商业娱乐元素，而且考虑到孩子和成年人、中国人和全球都能够满足的娱乐元素，在中国的奥运年这样一个特殊时期，推出这部充满中国元素，同时又能让全球共享的动画影片。因此，这是一个有计划、有“预谋”、有市场调查基础、以创意为核心的商业项目。

《功夫熊猫》给我们的重要启示，其一是要注重文化产品的题材和主题的共享性。中国人同样不仅可以表现世界价值，我们甚至可以用我们的文化、道德和哲学去补充、丰富世界价值。其二是作为文化产品的运营，必须依赖于一个有规模的、成熟的、稳定的、专业的、有市场控制力的企业才能完成。创意产品的成功来自于深谋远虑、精雕细刻以及最终对市场元素的整合和创新。创意的成功不仅仅来自于传播愿望，而且来自于传播接受者的需求和预期。其三是《功夫熊猫》所传达的汉语名词、功夫精神、自强不息，其实也已经包含了某些东方元素。中国必须融入世界，才能影响世界，自立于世界之林而不是世界之外，我们的文化才能有影响力。

中国是文化产量大国，但却是文化影响小国，中国的文化产业急待升级。中国的文化产业经过最近几年的改革开放和发展，在生产力释放方面取得了巨大成绩。2011 年，中国电视剧年产量达到 17 000 部集，居世界第一；电影年产量达到 791 部，居世界第三；动画年产量 26 万分钟，也在世界靠前；而电视节目的数量更是全球任何国家难以企及。从这些意义上说，中国绝对已经是文化产品生产的大国。但是，中国如此众多的产品，却不仅缺乏世界影响力，甚至也缺乏国内影响力。

《功夫熊猫》的项目培育了近十年，梦工场耗费了两年多的时间制作完成，超过1亿美元的巨额投资，这些都是目前中国文化企业不可能做到的。任何产业，在初期是以生产产品为标志；产业的发展期，是以创造品牌为标志；产业的成熟期，是以制定市场标准为标志。而市场标准的制定，就必须依赖少数几家领导性的大企业。美国电影的发展是以好莱坞七家大公司为核心的，美国电视格局是由五大电视网制定的；中国移动通讯格局也是由中国移动、中国联通确立的。中国的文化产业目前还处在简单地生产产品时期，没有品牌产品更没有拳头企业。

在多数情况下，一部成功的文化产品所创造的效益甚至可能超过100部平庸的产品。即便美国作为世界头号电影超级大国，电影的出品机构也都集中在好莱坞，动画出品机构主要是迪士尼、皮克斯和《功夫熊猫》的出品机构梦工厂。但是，在中国，电影机构、电视剧生产机构、动漫基地、动漫城遍地都是，包括电视台和电视频道的数量也是世界上绝无仅有的，结果导致资源分散、产品同质、恶性竞争、效率低下，难以出现品牌产品和优质企业，实际上这种多主体无序竞争的格局，也会导致媒介责任感的消解和公共服务供给的不足。市场整合不完全，中国不可能出现批量化的优质文化产品，更不可能出现有国际竞争力的文化企业，甚至也难以提供充分的公共服务，产品和媒介的管理难度也会大大增加。

中国的文化产业发展急需配套的产业促进政策，借助目前国际市场的需求快速发展推动中国文化产业。目前，最迫切的是制定更具改革气魄的文化产业政策；分别制定支持公共服务和主旋律生产的文化事业发展政策和文化产业政策；将文化事业发展基金和文化产业发展基金分开运行；启动青年人才培训和扶持计划；制定中小企业扶持政策；制定产业整合政策和市场监管政策等等。《功夫熊猫》是一种产业基础上的产物，对于中国文化产业来说，如果不完成从产品到品牌到标准的产业升级，我们仍然很难生产出《功夫熊猫》这样的产品，即便偶尔出现一两部大片，也很难在文化上和产业上保障有一批优质产品的出现,更不可能形成具有国际竞争力的大型跨媒介的综合性核心企业。在全球化、信息化、产业化大背景下,中国的文化产业要成为国家文化软实力,必须从“小米加步枪”的时代走向海陆空综合立体的时代,从游击战进入正面战场,用市场培育的战斗力进入全球文化竞争,包括在本土市场上与外来文化产品的竞争。

正如中国经济硬实力的迅速增长,与来自社会主义市场经济所释放的巨大生产力一样,中国文化软实力的发展,很大程度上也要依赖于社会主义市场经济的深入和坚定。只有这样,我们才能建立一个健康活跃的文化生产和流通机制,创造具有世界胸怀的中国文化,建构中华民族文化认同和交流平台,创造性地参与全球文化的交融。

第二节　“韩流”现象:引进剧冲击本土电视剧

所谓“韩流”,是指韩国流行文化在东南亚各地的影响。1993 年,中央电视台引进第一部韩剧《嫉妒》,该剧凭借着轻松平实的剧情让很多人从那个时候起就喜欢上了韩剧。自此之后,韩剧在中国的热度一浪高过一浪,其后引进的《爱情是什么》《蓝色生死恋》《看了又看》《人鱼小姐》等都在国内引起巨大反响,这些从 80 集到 190 集不等的超长电视剧,让很多中国观众看上了瘾,都有着相当高的收视率。2005 年,韩国电视剧《大长今》在中国一经播出,就创造了收视率新高。这部韩剧讲述的是韩国历史上唯一的一位女御医——大长今的传奇故事,就是这样一部电视剧,让很多中国人看得如醉如痴。如今,这种“韩流”现象继续蔓延着,韩国文化也继续渗透着,韩剧冲击着本土电视剧的生存空间,这不得不引起国内电视剧从业人员的反思。下文力图透视韩剧的生存镜像,剖析韩剧的成功经验,以供本土电视剧借鉴。

一、《大长今》:在中国流行现象的营销解读

《大长今》的成功是近年来韩国电视剧发展巅峰的一个缩影,同时也是韩剧

在营销策略上的成功。

1.《大长今》的营销环境

市场营销学中所说的营销环境是指“在营销活动之外,能够影响营销部门建立并保持与目标顾客良好关系的能力的各种因素和力量”[①]。因此,电视剧的营销环境就是指影响和制约电视剧生存发展的各种因素和力量。一般来说,电视剧的市场营销环境包括微观和宏观两个层面,具体来说,宏观环境是指政治与法律、文化、经济、科学技术等对整个电视剧市场的发展具有全面性、整体性影响的因素;而微观环境是指电视剧本身的境况,直接面对的目标受众,作为播放平台的中间商等因素。《大长今》之所以会取得如此成功的收视效果以及如此大的社会反响,和它播出时所处的营销环境是息息相关的。

《大长今》营销的宏观环境有以下两个方面:

一是政治与法律环境。韩国政府于1998年正式提出“文化立国”的国策方针,并将文化产业作为21世纪发展国家经济的战略性支柱产业;1999年,韩国政府制定了有关文化产业的综合性法规《文化产业振兴基本法》,充分发挥了立法在文化产业发展中的重要作用;同时,韩国政府设立专门的文化产业促进机构,以落实各项政策措施,专门拨出巨额资金,对文化内容产业进行扶持;甚至,韩国政府还通过减免关税税收等手段,大力推进影视、音乐等文化产品的出口,等等。在这一系列政策和法律的推动下,短短几年时间内,韩国文化产业实现了飞跃式发展。

电视剧是韩国文化产业非常重要的一个组成部分。在这样一个宽松的政治法律环境下,韩剧的流行也是有目共睹的,它不仅在本国范围内得到很好的反响,而且在世界范围内特别是亚洲地区更是取得了可喜的成绩。现在韩国电视剧已经成为了一个品牌,成为很多观众了解韩国文化和历史的窗口,同时也对韩国经济有很巨大的促进作用。这种宽松的政治法律环境为韩国电视剧提供了一个很好的发展机遇,也为其在海外市场树立自己的“韩剧品牌”打下了坚

① 〔美〕菲利普·科特勒、加里·阿姆斯特朗著,俞利军译:《市场营销》,华夏出版社2003年版,第57页。

实的基础。因此,《大长今》在进入中国市场时,就已经拥有了很好的品牌效应,使其瞬即便在全国范围内赢得市场。

二是文化环境。韩国电视剧不仅仅有一个非常精彩的剧情,而且它能通过剧情向人们传达一种价值观和一种精神,而这些所折射出的精神层面的东西是各个民族之间所共通的,它让观众在一种共通的精神世界中,潜移默化地了解韩国的文化和历史。再者,中国和韩国的文化虽然各有其独特的魅力,但这两种文化在某种程度上又有其文化的历史认同感。

《大长今》在引进中国大陆时,被定位为一部青春励志电视剧,不管观众是否了解韩国的历史和文化,从剧情故事中,观众就可以感受到一种精神上的鼓舞和历练。剧中的长今无论受到何种坎坷及陷害,那种不屈不挠的斗志最终都会换回灿烂的阳光,这份屡次战胜坎坷的求生意志力,是全人类共同的情感,也是《大长今》在牵动观众情绪上最大的成功基础。而且,《大长今》背后渗透着非常浓厚的汉文化。当时的韩国是明朝的附庸国,韩国文化也是被中华文化所影响的。在剧中,我们可以看到他们的门楹上、客厅里都是我们能够识别的汉字,在这些电视镜头里,汉字不仅美化了它的画面,让人看到了历史的真实,同时也增加了汉韩民族的精神认同感。这也是《大长今》在中国流行的一个主要原因。

《大长今》营销的微观环境有以下三个方面:

一是《大长今》本身的艺术魅力。一部电视剧能否取得成功最关键的是这部电视剧本身是否是一个艺术精品,是否有其独特的艺术魅力。《大长今》就是一部制作精良、精致严谨的电视剧,这是韩国电视剧独特的生产和制作方式的成功。

在电视剧生产上,韩剧的创作人员大部分都接受过影视生产的专业教育,在电视剧的后期制作上完全按照电影镜头的标准精雕细琢,使每个镜头都充满美感,追求尽善尽美。正是他们在每个环节上的共同努力,才使得韩剧能够经得起艺术水准的考究。

在电视剧制作方式上,韩剧不同于中国电视剧的生产。中国电视剧要求编剧先构思出一个完整的故事,然后要把这个故事编写成剧本,最后导演与编剧对剧本进行完善之后，才进入拍摄阶段。而韩剧在开始制作的时候，并不知道剧情将如何发展，也不知道将拍摄多少集，更不知道人物的命运将会是怎么样的，在拍摄过程中，它是在观众反馈的基础上逐步完成的。因此，韩剧是把观众的反馈当成电视剧是否继续拍摄的唯一根据，受观众欢迎，故事就一直发展下去，一旦观众对故事失去兴趣，电视剧就会停止拍摄。

正是这样一种独特的“韩式”电视剧生产和制作手段，使得韩剧的艺术水准和商业价值达到一个很好的契合。《大长今》就是一部电视剧精品，它承载着韩国的传统文化，传达着韩国的民族精神，用细腻而朴素的手法再现韩国的精神风貌。它所表现的生活状态都是真实而亲切的，使观众在观看电视剧的时候，有一种身临其境的感觉，仿佛剧中的人物就在自己的身边。70 集的《大长今》并没有因为它的剧集长度而影响它的艺术水准，整个电视剧的欣赏价值是经得起时间考验的。

二是目标受众的期待需求。早在《大长今》之前，韩国电视剧早已在中国深入人心了，而且流行程度经年不减。自 1993 年中央电视台引进第一部韩剧《嫉妒》开始，韩剧在中国的热度就一浪高过一浪，其后引进的《爱情是什么》《蓝色生死恋》都在国内引起巨大反响。近几年的韩剧《看了又看》《明成皇后》的热播也足以证明了国内观众对韩剧的期待。因此，从某种程度来说，韩剧在国内已经有了一个很成熟的目标受众市场，而且有一个相对固定的收视受众群，主要以女性观众为主，这给《大长今》的播放提供了一个良好的受众市场环境，使得这部电视剧在播出之前就已经赢得了很多观众的期待和关注，《大长今》收视率的奇迹也就不足为怪了。

三是国内电视台的积极配合。《大长今》要打入海外市场，选择相对较强的播放平台也是很重要的。在中国，《大长今》选择了两家实力相对较强的电视台——香港无线电视台和湖南卫视。这两家电视台也非常配合这部电视剧的播映，与《大长今》剧组进行了一系列的合作和互动，通过各种营销手段使这部电视剧得到了很好的收视效果。

香港无线电视台不仅在《大长今》播出之前进行一系列的宣传介绍活动，而且为了配合《大长今》剧集较长的特点，还相应地进行了跟踪报道，及时地报道关于观众的反响，使这部电视剧一直处于观众的期待视野中，同时，还邀请剧中的演员到香港与观众进行互动，再度使《大长今》的关注度提升到了一个新的高度。

湖南卫视则利用频道运作的优势，借当时红极一时的"超女"提前造势，演唱《大长今》的主题歌，使得观众有了一个先入为主的感受。而且，湖南卫视在播出《大长今》之前进行了全方位的宣传，除了进行高密集的节目预告之外，还在名牌栏目专门策划以《大长今》为主题的节目来宣传这部电视剧，比如《音乐不断》《快乐大本营》《背后的故事》《娱乐无极限》等娱乐新闻节目。

作为架构《大长今》和目标受众之间桥梁的电视台，既要与《大长今》本身电视剧产品的元素（如演员，剧情等）进行互动，还要与受众进行良好的沟通和互动，只有紧紧地把握住这两方面，才能使电视剧在观众群中保持一个相对较长的新鲜度和关注度。

2.《大长今》的营销策略

第一，《大长今》的产品策略。在市场营销组合中，产品策略居于中心地位。在电视剧市场营销中，电视剧产品策略自然也是关键中的关键。价格策略、分销策略和促销策略的确定和开展都应以产品策略的确定和开展为基础。现代市场营销理论认为，"产品整体的概念包括核心产品，有形产品和附加产品。具体到电视剧产品，就是指通过交换能够满足观众精神需求和利益的有形物体和无形服务的总和，它通常包括核心层，形式层和延伸层三大部分"①。

第一个层次即核心层，是指电视剧作品提供给观众的实际利益，是观众需求的中心内容。产品质量的高低是以观众的满意度为标准的，而电视剧产品质量包括两个方面：观赏性和思想性，如果电视剧同时具备观众所满意的观赏价值和思想价值，那么，这部电视剧就能够引起广大群众的强烈共鸣，从而大大提高收视率。一方面，韩剧《大长今》具备较高的观赏价值。《大长今》通过"小家

---

① 贾虹琳：《电影市场营销》，中国广播电视出版社 1999 年版，第 213 页。

生活"到"君王起居"的写实手法来表现历史,看似平淡,实则内涵丰富,而且剧情环环相扣、扣人心弦。剧中除了核心人物大长今外,其他人物也被刻画得出神入化,从头至尾塑造了有名有姓的人物就达几十位,每一位配角都全心全意地尽情发挥,联袂上演了这出大戏。这部电视剧从剧本的一度创作到演员的二度创作都是经过精良准备和细致揣摩的,自然就提升了这部电视剧的观赏价值和审美价值,是一部不可多得的艺术精品。另一方面,韩剧《大长今》的思想价值也是它核心层的重要组成部分。它通过讲述朝鲜第一女御医传奇的一生,折射出一种不屈不挠的精神,一种屡次战胜坎坷的求生意志力,这种自强自立的品质给现代社会的年轻人带来一种精神上的激励,也引起了观众的强烈共鸣。因此,湖南卫视在引进这部电视剧时就冠以"青春励志片"的名号。可见,《大长今》的观赏价值和思想价值铸就了这部电视剧的高质量,因此得到了观众的认可和赞许。

第二个层次即形式层,是指电视剧作品的表现手法、艺术形式和制作形式等。好的形式可以给观众带来心理上的满足。韩剧《大长今》除了有一个精彩的剧情内容展现给观众外,还把民众喜闻乐见的饮食、医学知识糅入到剧中,贴近百姓日常生活,具有浓郁的家庭气息,通过观众最熟悉的日常生活的表现形式,让观众在收看电视剧时潜移默化地从剧中学到许多实用的烹饪常识和养生之道,这种家庭式的定制,弥补了以往宫廷剧脱离老百姓生活的缺陷。

第三个层次即附加层,是指电视剧作品的各种附加值的总和。韩剧《大长今》的核心产品是电视连续剧《大长今》,而附加产品则是由此衍生出来的韩国文化,包括音像制品、韩国游及韩国服饰等等,都能很好地满足观众各方面的延伸需求。《大长今》成为品牌符号后,与其相关的一切产品都将成为"品牌",成为产品升值的主要途径。

电视剧产品上述的三个层次是一个不可分割的整体,三者缺一不可。因为在市场营销活动中,观众所追求的是完整的电视剧产品,需要一种立体的、全方位的冲击力,这样的电视剧才能赢得观众的认可和赞誉,而且能够在市场中树立自己的品牌。在成为了一个响当当的名牌符号后,将其知名度、美誉度作为一种无形资产，而这种品牌价值的升值是不可估量的。

第二，《大长今》的价格策略。价格策略是市场营销组合中非常重要且独具特色的组成部分。在电视剧市场营销组合的因素中，定价是电视剧制作者和播放者获得经济利益和实现营销目标的关键因素之一，适度的定价往往会使电视剧制作者和播放者获得丰厚的利润。电视剧是一种传媒产品，而传媒产品又是一种特殊的产品，它有双重属性，一个是内容，一个是受众。因此，电视剧具有特殊的经济属性即电视剧产品的二次售卖，电视剧的价格策略也就包含了两个层次。

第一个层次是电视剧制作者将电视剧产品卖给播放者的价格。一方面，《大长今》制作者对海外销售有很大的积极性。《大长今》能够顺利走出国门，得益于韩国政府实行的鼓励文化出口政策。韩剧的制作费由电视台支出，但政府鼓励制作者用各种办法以比较低的价格将电视剧批量地推销到海外市场，海外收益由电视台和能够推销到海外的制作者四六至六四分成，极大地刺激了制作公司海外销售的积极性。同时，韩国政府还帮助销售状况好的文化产品申请免税，这一系列的政策使得以《大长今》为代表的韩国影视文化产品能够迅速地发展起来。另一方面，《大长今》在中国实行总代制的价格策略。《大长今》确定的是高端的市场价格路线，使得出口商和经销商有丰厚的利润以及广阔的炒作空间。《大长今》的东南亚版权卖给了台湾一家公司，而中国内地的播映权和音像版权被湖南电视台以 1000 万元的高价买得，内地其他电视台如果要播《大长今》，必须从湖南电视台购买。这样，《大长今》不仅本身取得了较高的利润，也给买断该电视剧的电视台有较大的利润空间，获得双赢的效果。

第二个层次是电视剧播放者把受众卖给广告商的价格。在中国内地拥有《大长今》独播权的湖南卫视推出了三种广告投放形式，一是“独家冠名”，“创维”以 800 万元获得了一个“年度巨献”的“独家冠名”；二是“特约播出”，《大长今》的特约播出单位有 4 家；三是“插播广告”。通过三种广告投放方式，湖南卫视一共获得了 4000 多万元的广告收入。而且湖南卫视不可能只播一次《大长今》，所以未来的广告收入还会上升。

总的来说,《大长今》的价格策略使得该剧的制作者和播放者都得到了很好的利润回报,取得了双赢的效果。

第三,《大长今》的分销策略。电视剧分销策略是指电视剧从制作到播放所要经过的一系列中间环节,其中包括两个方面:区域的选择和代理商的选择。

在区域选择上,《大长今》把中国内地、中国台湾、中国香港和日本、美国等地作为代理区域,因为这些区域分别是受东方文化影响的区域以及华人聚居密集的区域,与《大长今》文化的欣赏习惯比较吻合,而且这些区域是影视资源的集散地,具有极强的辐射扩散功能。

对于中国内地这个区域而言,它的文化消费市场潜力很大,而目前它的文化市场的开发还不够成熟 ,文化产品的营销能力不强,几乎是自产自销,国际化运作程度较低,相对而言引进电视剧的准入门槛不高,一般以低成本就可以抢占部分市场。因此,选择中国内地作为一个重要的代理区域,是《大长今》取得如此好的收视成绩的重要策略。

对于华人聚居密集地这个区域而言,这个区域中的受众大都深受中国传统文化的熏陶,都与中国内地有着千丝万缕的联系,是与《大长今》所依托的东方文化相吻合的,因此,能够迅速地获得较好的收视率,而且几乎不需要任何营销成本。

在代理商的选择上,《大长今》主要采用直销方式,绕过影视发行等中介机构,直接面对终端客户,即有实力的电视代理商,并会对合作商进行全面的考察,认为达标的客户才授权。在香港,《大长今》选择了实力雄厚并颇具市场策动力的香港无线电视台作代理,而在中国内地,则与人气正旺的湖南卫视合作。《大长今》对代理商的选择主要是考虑到强势媒体综合的资源优势,可以借此谋求到许多免费的宣传资源,如电视、报纸、网络等立体宣传资源,这些宣传资源对奠定《大长今》品牌的主流地位大有裨益。

第四,《大长今》的促销策略。电视剧促销策略有两个层次:第一个层次指电视剧的制作方或发行方运用人员或非人员的方式,向播放平台进行售卖电视剧的版权;第二个层次指播放机构向观众提供电视剧的播放信息,帮助观众了解电视剧，引起观众对于某一电视剧的关注和兴趣，激发其观看的欲望，从而产生观看行为的一种营销活动。

从第一个层次来说，《大长今》是先在韩国国内获得“名牌”地位，然后以“名牌”的标签去争取海外市场，售卖版权。

《大长今》在韩国播出后，韩国媒体为了保护本土剧，对该剧好评如潮；而且该剧的宣传推广人员还精心策划并赢取了韩国各种奖项及殊荣。比如宣传该剧以平均47.8%的收视成绩勇夺2004年年度韩国收视率第一的宝座，同时韩国女生部颁发“2004男女平等大奖”给《大长今》，表彰它在宣扬女性自主自强方面的突出贡献，同时把它定位为第一部真正意义上的韩国国民剧，这些举动对电视剧都起到了很好的正面宣传作用。

《大长今》在国内获得“名牌”标签后，该剧的策划人员迅速在韩国举办国际影视文化展，邀请国际知名影视明星、文化名流出席，在展会上重点推介《大长今》，并赠送《大长今》相关音像制品，在全球迅速扩散其影响力。同时，包括饰演大长今的李英爱在内的演员扮演各种亲善大使、形象小姐到世界各地巡回活动。有了这样的“名牌”标签和轰动的宣传效应，《大长今》在未正式进入海外市场前就已经有了国际上的影响力和知名度，高价售卖版权也就理所当然了。

从第二个层次来说，《大长今》进入中国市场时，选择了两家实力较强的电视台——香港无线电视台和湖南卫视作为播放平台，并成功地赢得了观众对《大长今》的青睐，这和这两家电视台对一部海外引进剧进行的包装和大量的后期工作是分不开的。

第五，《大长今》衍生产品的开发。在这个传媒行业大力发展产业链的年代，《大长今》是一个很好的可以开发衍生产品的项目。开发《大长今》的主题公园。主题公园原本是为拍摄《大长今》而搭建的基地，自从《大长今》在韩国成功播放后，投资方韩国MBC电视台于2004年12月6日宣布拍摄基地正式对外开放，命名为“大长今主题公园”供游人参观，观众可亲临实景，扮演当中的角色。而且公园里面每一个细节都体现着韩国文化的历史和特点，每个场地都用超薄的液晶电视播放剧中的精彩场面，与现场呼应，每个拍摄场备有拍摄当时的道具和服饰，这个公园让“长今迷”过足戏瘾。

开发《大长今》的纪录片、动画片、专题片等音像制品。一般来说，韩国电视剧选择第一轮首播、第二轮重播后，才考虑制成音像制品，而《大长今》在播出的时候就已经有了音像制品，关于《大长今》的纪录片、专题片就已经能在市面上找到了。而文字版的《大长今》同名小说和漫画也在 2006 年 2 月在香港推出，还有韩国画家的电视漫画也在同步发行，算是电视剧的浓缩版，受到了“长今迷”的极度关注和期待。

开发《大长今》的饰品、化妆品、服装、餐具等日常用品。在《大长今》剧中，其具有韩国文化特色的饰品、化妆品、服装、餐具等日常用品同样吸引了很多观众，霎时间在《大长今》覆盖的区域内掀起了一阵“长今热”，许多服装店在售卖剧中不同角色的服装、洋娃娃等各种道具、饰品时，一度还出现了供不应求的情况。

开发《大长今》的精品旅游路线。在《大长今》播出后，“影视＋旅游”的效应被发挥到了极致，各地掀起了一股探寻“长今故乡”的韩国旅游热潮，国内各个旅行社都专门开辟了“大长今”精品路线游。

《大长今》所开发的这些衍生产品在最短时间内扩散了《大长今》的美誉度，而且这些产品的开发是及时而全面的，同时也为《大长今》赚得了不错的市场回报，树立了“大长今”的品牌价值，使得“大长今”成为一个无形资产，随着衍生产品的继续开发，《大长今》的影响力和知名度将越来越受到人们的关注。

二、中韩电视剧营销模式比较

韩国电视剧凭借着它独特的营销模式，从制作到发行电视剧，实现了一个完整的电视剧产品、价格、分销、促销四个环节有机结合，使得韩剧能够在国内市场和海外市场均获得可喜的佳绩。韩国电视剧在整个产业链的每个环节凸显了独特的特点：

1. 制播合一

与中国“制播分离”不同，韩国电视剧一直实行“制播合一”的模式。韩国电视台播出的电视剧大多是下属的影视制作公司制作，电视台与制作公司之间是定购关系，电视台事先要付给影视制作公司整个拍摄资金的35%—45%，所以制作公司一般没有资金压力，只需要把剧本做好，以便电视台来定购。电视台投资生产制作电视剧的首要目的就是为了在自己电视台播出，通过收视率来赚取广告市场份额，其次是拿到海外市场进行交易，赚取外汇收入。

2. 边写、边拍、边播

"边写、边拍、边播"是韩国电视剧生产与传播机制的主要特点。一般来说，一部韩剧的筹拍周期为两年半，由电视台或者编剧确定好选题后，导演、编剧、制片人三方面共同策划剧本，编剧甚至可以直接介入演员的挑选。剧组开机时，编剧一般只会写好三分之一的剧本，后面的部分则是根据拍摄进度边拍边写。在此过程中，他们会不断拿出已经写好的部分和观众座谈或发到网上，及时得到改进意见。另外在电视剧拍摄完毕之前，电视剧已经进入电视频道播出，电视剧的最终结局要根据观众的收视反应来决定。

"边写、边拍、边播"来源于韩国独特的播出方式。韩国主流电视台播出的电视剧主要包括每日连续剧和周末连续剧两类。所谓"每日连续剧是在每周一至五播出的电视剧，周末连续剧指在周六和周日两天内连续播出的电视剧"①。韩剧多为两天连播，周一、二连播一部，周三、四连播一部，周末两天再连播一部，周五再播另外一部连续剧，这样一周之内就有四部剧同时播出。这样的播出方式，为电视剧实现"边写、边拍、边播"提供了时间保障，在播出期间，编剧完全有时间根据观众的收视反应来设计下一步情节的进展，以及设计故事结局。韩剧把观众的反应当成电视剧是否继续拍摄的唯一根据，受观众欢迎，故事就一直发展下去，一旦观众对故事失去兴趣，电视剧就会停止拍摄。韩国这种电视剧生产与传播机制很好地发挥了电视剧连续性的体裁特点。

3. 以编剧为核心

韩剧精心的故事情节设计是吸引大批中国观众的主要原因，这主要得益于以编剧为核心的生产制作体制，而这一点与中国也大不相同。

---

① http://www.zijin.net/get/xueshu/2006_03_18_9685.shtml.

中国电视剧需要编剧先构思出一个完整的故事，然后要把这个故事编写成剧本，最后导演和编剧对剧本进行完善之后，才进入拍摄阶段，一旦进入拍摄，编剧的任务基本结束。而在韩国电视剧生产制作中，编剧是剧组的灵魂，一般情况下，导演、制片人要听从编剧的意见，编剧要介入演员的挑选，编剧的进度决定着电视剧的拍摄进度。目前韩国大约有700名职业编剧，他们全部隶属于拥有1700名会员的韩国作家协会。

三、"韩剧"成功模式背后的思索

通过从营销角度对《大长今》在中国流行现象的解读，我们可以体会到《大长今》的营销不仅具有韩国电视剧营销模式的特点，而且具有自己独特的营销方式。从它的生产制作到宣传造势，从开始连续播出到开发衍生产品，每一环节都充分发挥了营销思维。但是，也许我们并不能通过对《大长今》的解读从根本上解决国内电视剧所面临的竞争压力，毕竟两国之间的国情不同，但是《大长今》整个营销活动当中有很多的营销思维却是值得我们借鉴和学习的，这也就是我们研究和解读这个现象的现实意义。

一是密切制播关系，建立共赢市场。国内的电视剧经历了"制播合一"和"制播分离"两个阶段，但在实行"制播分离"的具体操作上却将制作与播出机械地分开，这种模式很容易导致电视剧制作脱离播出市场，浪费有限的资金和资源，不利于电视剧产业的健康发展。

电视剧的制作方和播出方分别是电视剧产业链上的两个市场，虽然我们国家已经不是实行"制播合一"的年代了，但是"制播分离"并不意味着将电视剧的制作方和播出方完全割裂，而是两者原则上是独立的双方，但在电视剧的制作和播出的具体行为上应该是互相合作的。如果双方在电视剧的策划、投资、制作中一直保持不间断的联络和沟通，以必要的程序提供互相保障，减少生产和制作的盲目性，肯定会有效地提高电视剧的艺术水准和制作质量，以此达到电视剧作品兼顾艺术和商业的双重标准。因此，密切制播关系，拉动制播联动，可以实现多方的共赢，建立共赢市场，这才是我们所希望看到的一个健全而成熟的电视剧市场。

二是整合产业资源，形成品牌效应。品牌，就是生产经营者对自己的产品设定的名称及系列识别系统，其目的是使商品或服务与其他产品区别开来，它代表着产品的特性、功能、品质等。所谓电视剧的品牌，就是电视剧作品制作者劳动的凝结，是受众在接受心理上对物化的电视剧的普遍认同，是电视剧在观众心目中的固定化和标识化，具有很强的感染力、吸引力和号召力，是观众在一定时期的观赏经验中形成的一种“集体无意识”，是电视剧的品位、品格和品质，是传播效能和竞争实力的一种文化象征。

当某一部电视剧成为品牌后，它将以特有的生命力和竞争力，给电视剧及其衍生产品带来知名度、美誉度和经济效益，品牌作为产品的无形资产将会带来其他价值的升值。电视剧是高投入、高风险、高产出的产业，中国的电视剧产业需要有一批资金实力强大、市场运作能力强的制作机构，对相应资源进行大力整合，提高产业的集中度、规模化，以此形成强有力的品牌效应，进而努力开发电视剧的衍生产品，形成一条产业链，提升电视剧的市场价值、品牌价值、社会价值，提高中国电视剧在国际上的竞争力。

三是密集宣传力度，加大造势强度。当今社会正处于一个“眼球经济”，也称“注意力经济”时代，受众市场是一切营销活动的重心。谁吸引了受众的注意力，谁就赢得了受众市场。因此，提高受众的注意力是电视剧营销的一个重中之重，而要引起更多受众的注意力，就必须借助于宣传，依靠恰当的造势。

对于一部电视剧宣传而言，它涵盖了电视剧制作者、电视剧播出者即电视台、各大媒体三大主体，而这三个主体不应该是割裂的，要密切彼此的关系，共同合作，一起宣传电视剧。只有三大主体共同联手宣传电视剧，形成一个完整的宣传网络、立体式的宣传规模，才能加大电视剧在受众市场的曝光率，从而吸引受众最大范围内的注意力和关注度，达到电视剧最大可能的知名度，为电视剧的播出和发行营造一个良好的市场环境。同时，还要善于抓住市场中的敏锐信息，利用这些有助于提升电视剧知名度的信息，进行适当的造势，可以为电视剧抓住一个意想不到的市场机会和开发一个意想不到的市场潜力。

四是超越民族文化，开拓国际市场。国内电视剧要想在海外市场有很强的号召力，重点在于它不应该过分强调自己的民族身份、国别身份和意识形态特征，而是在尊重民族文化自主性的基础上，更强调将整个东方文化作为其文化背景与题材资源，这样就超越了原本作为民族文化的弱势层面，从而能够获得更多海外观众的共鸣和认同。

国内电视剧还必须注重东方文化的影像表达。好的电视剧应该将民族、国家、时代、社会都放在背景层次，重点描写那些家庭、婚姻、恋爱、事业之中的挚爱真情、伦理美德等，避免出现浓厚的意识形态色彩；强调以人为本，以故事为本，在情节设计上，细节处理精心到位；在风格上注重走或温馨、或悲情的路线，这样的策略会使得电视剧天生就有一种观众缘。

五是借助国家政策，促进产业发展。电视剧产业是我国文化产业的一个重要组成部分。一直以来，国内的电视剧产业就得到党和政府的支持和扶持，特别是党的十六大提出建设文化产业的战略目标后，为电视剧产业的发展提供了前所未有的机遇。国务院发布了关于非公有资本进入文化产业的若干规定，鼓励和支持非公有资本进入电影电视剧制作发行领域，而且还颁布了《关于加强文化产品进口管理的办法》，要求对文化产品进口加强内容审查和总量控制，以确保文化产业的健康发展。

对于国家关于文化产业的相关政策，可以发现国内电视剧的产业化发展正进入一个新的机遇期，国内电视剧应该抓住这个机遇，在这个宽松政策的背景下，找到自己的立足点，力争使国内的电视剧取得良好的社会效益和经济效益，带动整个电视剧产业的发展。

第三节　中西方影像的视觉文化表达对比

通常情况下，我们观看电影，最先映入眼帘的是图像内容。通过画面，我们不仅能看到它所展现的内容，还可以了解其性质。“对视觉文本内容的严密分析能从文本自身揭示出意想不到的意义”[①]。下面以《长江七号》与《E. T. 外星人》为例对比说明。

《E. T. 外星人》讲述外星人E. T. 被同伴遗留在了地球上，与小男孩艾里奥特(Elliot)偶遇，成为好朋友的故事。艾里奥特把E. T. 介绍给自己的哥哥和妹妹，并与其产生了心灵感应。E. T. 尝试重返家园，终告失败，生命垂危的E. T. 被哥哥救回家中。但随之而来的警察、科学家、FBI等强行带走了奄奄一息的E. T. 准备进行研究，最后艾里奥特与伙伴们一起救走E. T.，并帮助他重返家园。而《长江七号》则讲述了这样一个故事：民工周铁家境贫寒还要供儿子周小狄读贵族学校。因买不起百元的玩具，只能从垃圾堆捡来一个外星人遗留下的小球作为礼物送给小狄。一次偶然的机会，小球蜕变成了一只外星狗，起名“长江七号”。周铁因为一次意外事故去世，“长江七号”用尽全部能量救活了他，自己却变成了一个布公仔。外星人再次来访，带来了多种多样的外星狗……

两部电影都是儿童科幻片。《E. T. 外星人》中没有惊悚与色情的成分；而在《长江七号》中也没有血腥与暴力的镜头，唯一一次同学打架也虚化为孩子之间的嬉戏。它既是对童年的一种追忆，也是童趣的一种表达。作为表现儿童情感的商业电影，《E. T. 外星人》走的是友情路线，《长江七号》则主攻父子亲情(见图9—1)。

一、视觉形式对比

“情感不是由题材决定的，而是通过感性要素进行清楚表达的。”[②]两部影片中不同的造型呈现形式，既是出于主题表达的需要，也体现出了导演的个人情愫。然而，图像是没有国界的，是不受地域、语言与文字限制的。不同的视觉形式，为我们传达出了各自的传统文化特质。

---

① 〔英〕查理德·豪厄尔斯著，葛红兵等译：《视觉文化》，广西师范大学出版社2007年版，第20页。

② 同上，第33页。

图9－1 《长江七号》与《E.T.外星人》海报

1. 童话模式

“艺术是表达想象生活的，不是现实生活的复制品。”[①]两部影片都是对于外太空以及超能力的一种梦想，幻化为童话般的科幻电影故事。“梦幻是无意识愿望的象征性满足。”[②]因此，两部影片运用了不同的造型手段，来营造导演心中各自的童话。

(1)用光。《长江七号》的拍摄主要以自然光效为主，与主人公的平凡境遇相贴合；《E.T.外星人》中多处使用了戏剧光效，加强了神奇绚烂的科幻效果。

《E.T.外星人》中，利用摄影的“光画艺术”营造了一个童话的梦境。在许多画面中，都运用了光线投射以增加烟雾感效果。朦胧的感觉营造了童话般的意境，为这个具有超能力的E.T.外星人笼罩了一层神秘的面纱。也正是这份

① 〔英〕查理德·豪厄尔斯著，葛红兵等译：《视觉文化》，广西师范大学出版社2007年版，第30页。
② 周月亮：《影视艺术哲学》，中国广播电视出版社2004年版，第201页。

烟雾的朦胧感，造成了画面内容的部分掩盖与缺失，借助于视觉心理学格式塔(Gestalt)法则中的合拢性、连续性原理，让观众自己来构建视觉画面的完整性，“观众不是从外部重建故事，而是和角色一起从内心经历它”①，增强其参与感。

(2)色调。列宾说，“色彩即思想”。视觉心理学研究表明：不同色调、比例的色彩通过刺激观众的无意识感知，传达出不同的故事内容和情感内涵。

蓝色是夜空的写照，让人们想到了天空，联想起浩瀚的宇宙，还有陌生的外太空。为了迎合影片的科幻色彩，以及 UFO 与外星人的神秘感，E. T. 与“长江七号”来到地球时，画面都处理成了蓝色基调。但《E. T. 外星人》中的蓝色调被赋予了更多的内涵。蓝色是男孩子的颜色(女孩子一般用粉色)，作为艾里奥特的好朋友，E. T. 也被赋予了相同的性别；蓝色又是纯洁的颜色，见证了 E. T. 与艾里奥特诚挚的友谊；蓝色还是理性的颜色，渲染了 E. T. 的超能力与艾里奥特的睿智，他们利用生活用品(衣架、键盘、齿轮、绳子等等)发射与外星人的联络讯号，摆脱科学家和警察的追捕，使 E. T. 重返家园。

黄色多是室内白炽灯照明的光线色调。艾里奥特的家里，以橙黄色调为主。甚至在 E. T. 洗澡的那场戏中，室内被处理成了红色调，多了几分温暖与舒适以及科幻的绚丽效果。然而，在《长江七号》中，周家的室内画面却多以棕黄色调为主，带有一种主观回忆的色彩，像是翻看尘封老照片的感觉。“色彩的变化能够表达没有颜色的面部表情所不能表达的情绪和感情。色彩的变化能为面部表情增添微妙的神韵”②。棕色“适中的暗淡和适度的浅黑”，带有微微的萧瑟感，也为影片的童话故事抹上了一丝伤感。既反映了周星驰艰辛的童年，又是对他以往经历的一种祭奠。另外，棕黄色使人联想到了土色、尘土以至建筑工地和破败的危房，这些正是影片主人公赖以生存的环境。

2. 画面视角

《E. T. 外星人》从儿童探索未知宇宙，尝试与外星人沟通交流的视角出发，在主观镜头和一些客观镜头中，摄影机的位置都架设较低，模拟出儿童的观看

---

① 周月亮：《影视艺术哲学》，中国广播电视出版社 2004 年版，第 74 页。

② 〔匈牙利〕巴拉兹・贝拉著，何力译：《电影美学》，中国电影出版社 2003 年版，第 258 页。

视角。如开篇 E. T. 躲避科学家的追捕，在丛林中他只能看到科学家腰间挂着的一串钥匙，既定位了 E. T. 孩童般的身高，也模拟出它紧张而不敢向高处张望的心理状态。与此同时，在拍摄艾里奥特等小朋友的时候，摄影机也多为儿童视线的平行高度。没有采取大人的俯视角度，符合了儿童的观看视角，表现出对小朋友们的尊重，也是他们作为社会中独立个体的一种视觉标志，更易于儿童的视觉接受。

与此相比，《长江七号》则加重了家长的戏份，减少了低角度仰拍的画面，更多的是"我们虽然穷，但不说脏话。我们不去偷，我们不去抢。不属于自己的东西，我们不会拿。你要努力读书，将来做一个有用的人"的主旋律教育。当然，在"暴龙""如花"等出场的画面中，也采用了低角度仰拍，但主要是为了营造一种夸张与搞笑的氛围。因此，与《E. T. 外星人》相比，《长江七号》更多的是从大人角度着眼，带有一些教育与庇护的色彩，也更易于家长的视觉接受。

二、视觉元素符号对比

"标志并不是场景中随意的部分，而是超越了物质的存在，具有重要的意义。"①"……'隐藏的象征主义(disguised symbolism)'的技巧来达到，普通物体可通过现实的或象征的手法表现两种不同的存在方式。"②影片《E. T. 外星人》中，老款的奥迪汽车，追溯到了 20 世纪 80 年代初的中产阶级；背带裤、牛仔帽把故事定位在了美国。在《长江七号》中，则展现了房产重镇、工地林立的中国浙江省宁波市；一处随时可能拆迁的破败钉子户住宅，则把社会下层为了生活而苦苦挣扎的农民工的窘迫表露无遗。

1. 外星人

斯皮尔伯格说："我希望 E. T. 的造型很特别，我不希望他看起来像别的电影里的外星人，我要把他的身体构造设计得和任何生物都不同，这样观众才不

---

① 〔英〕查理德·豪厄尔斯著，葛红兵等译：《视觉文化》，广西师范大学出版社 2007 年版，第 10 页。

② 同上，第 11—12 页。

会觉得他是一个演员穿着戏服扮的。"著名设计师艾德维洛回忆说:"不同生物的眼睛、嘴巴或其他特征……爱因斯坦、海明威等人老年的照片。有一些灵感来自兰波迪的喜马拉雅猫和他的一幅《三角洲的女人》画作。"把不同的部位拼凑起来,完成了这个身高只有三尺,拥有细长脖子和短胖双脚,由工作人员操控的 E. T. 模型。

七仔则是周星驰曾经养过的一条京巴狗"旺财"的变异版。通过 CG 设计,后期与真实人物场景融合而成的。特效负责人黄宏显说:"我们特别研发了一套软件,专门绘制'长江七号'复杂夸张的面部表情及诙谐的动作。"除此之外,负责影片特效制作的万宽数码还特别启用了一套好莱坞最先进的视觉效果程序,称为"毛毛系统"。它不但能模拟湿和脏的状态,还有手触互动的效果。时隔 26 年,科技手段更加高超了一些。

表象之下,不同的视觉元素,隐藏着深层的文化渊源。以外星人的眼睛为例,斯皮尔伯格说:"我好喜欢爱因斯坦、海明威的眼神,我请卡洛把 E. T. 的眼睛设计得跟他们的一样睿智和忧伤。"诚然,我们看到了那双酷似科学家、作家的眼睛,这是导演个人情愫的一种外露。但眼睛那透彻的蓝色,却无法隐藏其深邃的西方特质。而七仔,固然那双又圆又大的眼睛来自京巴狗的原型,但黑亮的特质又带有了亲和中国的元素。

另外,与憨态可掬的 E. T. 相比,"长江七号"更多了一些中国元素——功夫。在周小狄的梦里,七仔每拿出一件宝贝,都会先耍一套拳脚功夫。李小龙似的招式,周星驰版的搞怪,使其既具有了中国传统的民族特色,又不失导演的个人风格。

2. **UFO**

《E. T. 外星人》与《长江七号》中,UFO 升空的画面如出一辙。但外形却有明显的差异。《E. T. 外星人》里的 UFO 拥有圆穹式流线型金属外壳,又装点着绚烂的灯光,表达了一种对外太空的向往,也激发了人们对外星科技的探索。而斯皮尔伯格幼年时就是一个充满冒险与幻想的孩子。相比之下,《长江七号》中的 UFO 则较为中规中矩,配合画面的棕黄色调,以及尘封的童年记忆,可能复古风格的UFO更贴合影片的整体基调。

不同的能指，表达出了相同的所指，都幻化成了外太空生命的一种迹象，来访者的一种昭示。

3. **“ENTER”**与“请”

《E. T. 外星人》中，艾里奥特的房门底下贴着一个牌子，上面写着“ENTER”。无独有偶，《长江七号》中，周铁家外围墙的拱门顶上，也写着一个“请”字。文字的不同取决于语言，语言来自于民族，民族的精神又体现在了这简简单单的一个字上。

“ENTER”挂在门下面，是儿童的视角高度，是艾里奥特写给哥哥、妹妹和狗狗看的；而在E. T. 到来之后，艾里奥特还在牌子上边加注了“DO NOT”，又是对母亲的一种警示，体现出西方孩子独立于大人的个性，以及小朋友间的童趣。“ENTER”在这里成为孩子之间一种纯真友谊的视觉符号。

而周铁家院墙拱门顶上的“请”字，或许是简单的视觉符号模仿，或许也拥有相同的所指，但在此影片的语境下，它又被赋予了更多的内涵。曹主任的训斥、同学们的嘲笑、售货员的眼神……在世人的种种鄙夷下，仍然高高地写着“请”字，充满了一种乐观的精神；破败的房子、简陋的家具，在生活的逆境中，仍然用“请”字，体现了一种坚定的信念。一个“请”字，一种虚化的精神，一份暗暗的教化，传达出了更多的含义。

4. 童年元素

“其实这里挺好，我不会让任何人伤害你，我们一起长大”，艾里奥特承诺E. T. 说。一瞬间，打开了我们尘封的童年记忆。两部影片中，导演都或多或少地复原了自己孩时的记忆，祭奠了过往的童年。

《E. T. 外星人》中的妹妹(Gertie)就是斯皮尔伯格两个妹妹的浓缩版。在现实生活中，他有两个爱大惊小怪的妹妹，表现在影片中则全部集中到了由德鲁·巴里摩尔(Drew Barrymore)扮演的妹妹身上。

在《长江七号》中，也有不少周星驰本人的童年记忆。例如他曾两度见到UFO；片中周铁用脚举起小狄在床上玩耍的段落都来自于对幼年时的回忆；而与小狄一起打蟑螂的情节，也是他小时候跟邻居们主要的“饭后娱乐”。

5. 个性化符号

在《长江七号》中，我们看到更多的是周星驰的童年经历、视觉记忆以及对自己电影事业的种种回顾，体现了后现代主义文化中的最显著特征——“影像自我参考”。

周小狄梦境的那个段落，如同《宝葫芦的秘密》，长江七号酷似“多啦 A 梦”，发光特性犹如“奥特曼”，喷火鞋子还让我们联想到了“铁臂阿童木”；那句“你为什么要逼我”又有些李小龙的意味……《卧虎藏龙》《黑客帝国》《碟中谍Ⅱ》《猫狗大战》等大片中的经典场面也在影片中得以幽默再现。

与此同时，我们从“美娇”身上联想到了童年版的“如花”；从“曹主任”和“体育老师”身上看到了《少林足球》里面的“汽车维修工”；从“胖老板”身上找回了那个嘴恶心善的“包租婆”；从“袁老师”身上也回忆起了周星驰以往影片中的完美女性形象；还有棒棒糖、蟑螂小强……

另外，不论是作弊抑或是小社团的出现，都像是《逃学威龙》的儿童版；小狄遭遇的危机和梦中显神威，其处理方式也不过是与《整蛊专家》类似的科技再升级；小狄踢球部分则是对《少林足球》的翻版，还有小狄打出的一记“如来神掌”又是对《功夫》的模仿。

此外，七仔“高兴”、“生气”、“伤心”、“看到美女”、“家里着火”、“中了彩票”、“全家死光”以及“考试 100 分”的表情，也可以看到周星驰在《喜剧之王》中的影子。这些表情都是由周星驰自己先表演出来，再由电脑制作完成的。

这些视觉符号都是周星驰化的，是他的一种“无厘头”标记。曾经，其中的每一个视觉符号都逗乐过亿万的电影（电视）观众。但是当它们再次出现时，我们却不再发笑，即便它们综合在了一起。从某种程度上说，不是我们不喜欢这些噱头了，而是受众产生了审美疲劳。观众需要新的视觉刺激。如同我们看惯了相声、小品，突然间看到二人转，欣喜间捧红了小沈阳一样。这或许也是电影人应该继续前进的一种鞭策吧。

6. 商业化元素

在影片中植入赞助商的广告是好莱坞商业大片的惯常做法，也是分担票房风险的一种有效方式。《E. T. 外星人》中，艾里奥特用一种“瑞斯”(Reese's Pieces)的巧克力豆，把E. T. 从丛林吸引到了家中院子，又进一步吸引到了自己的房间。还有可口可乐(Coca-Cola)、四季宝花生酱(Skippy)、Alta-Dena牛奶、V8 100%蔬菜汁饮料以及康胜啤酒(Coors)等等。当我们沉浸在电影画面中时，也陷入了电影的隐性广告之中。

在中国市场，电影也同样被植入了隐性广告。《长江七号》中周小狄穿的那双神奇喷火红鞋是“艾克佩特”(Acupuncture)的；体育老师的运动衣则是“乔丹”的。冯小刚曾指出：“要是没有广告，我们需要的庞大资金从哪儿来啊？”[①]实际上，有了广告支撑，片子的质量在一定程度上得到了保证。而通过电影中的这些隐性广告，也从一个侧面反映了特定时期的文化潮流与流行时尚。

三、意识形态对比

1. 孩子的教育模式

《E. T. 外星人》中，包含着西方孩子的独立以及开放式教育所带来的某些与大人间的冲突。E. T. 希望回家，而喜欢它、同情它、帮助它的只有一群孩子，成年人在这部影片中完全站在了对立面上。影片表现的是一种寻求释放个性与鼓励自由探索的培养模式，反映出西方更注重孩子的素质教育。艾里奥特与E. T. 一起动手制作与外星人的通讯工具，和哥哥驾车飞驰，同小伙伴们一起飞车登空……充满了冒险精神与探索意识。

相比之下，《长江七号》却是父子亲情的写照。父亲与儿子一起打蟑螂；替儿子买电风扇；帮儿子补鞋、送饭……这些影像或许在某种程度上弥补了周星驰自身缺失的父爱，但更多的是表现了东方大人与孩子间的和谐与融洽。虽然

① http://news.xinhuanet.com/ent/2008-12/15/content_10504654.htm.

其中夹杂着赌气拌嘴，但内心却没有任何的芥蒂。另外，还有那句如《大话西游》中唐僧念经般不停叨念着的话："我们虽然穷，但不说脏话。我们不去偷，我们不去抢。"以及"我们虽然穷，但是我们不说谎话。也不打架。不属于自己的东西，我们不会拿。要努力读书，将来做一个有用的人才。"更偏重于孩子的品德教育与主旋律的灌输。

2. 人物的中性化

《长江七号》中，"美娇"是由一个小男孩韩永华来扮演一个声音甜美的小女生。年龄的对比、身材的反差、声画的错位，带给观众许多搞笑噱头。抛开"美娇"不说，我们很难发现，"周小狄"的扮演者徐娇是女孩，"暴龙"的扮演者姚文雪也是女生，而且"陈俊生"也是小女孩黄蕾反串的……这里不想评述小演员们的演技如何，但却反映出了一种影视界新近出现的"中性化"问题。"美娇"我们还可以说成是"如花"的少年版，是周星驰电影的搞笑标志。但其余几个的反串演出，又有谁可以分辨得出来？但她们却受到了观众的一致认可。即便有人分辨得出来，但还是对她们所饰演的形象赞不绝口。为什么？这不禁让我想到了从"超级女声"中脱颖而出的李宇春、周笔畅。她们的中性化造型不但赢得了观众的认可，还为中国内地带来了一股风靡的中性化热潮。

3. 外星人的地位与归属

在《E. T. 外星人》中，艾里奥特与 E. T. 成为了平等的好朋友，E. T. 拥有独立的社会地位，一开始就作为单独的个体存在于影片故事当中。它不愿受科学家们的摆布，不停地逃避追捕；它不会改变自己的目标——回家。因此，注定在影片结尾，E. T. 离开地球重返家园。

《长江七号》中，七仔是父亲送给儿子的一个玩具；也是小狄作弊之后，用来没收的一种惩罚。七仔既是父子亲情的一种见证，也是进行思想教育的一种工具，最后成为了父亲起死回生的代价。影片中表现出一种世间万物为我所用的自信与豪迈。最后，外星人再次来访地球，带来了多种多样的太空狗，又是一个中国观众喜闻乐见的大团圆结局。

四、文化阐释对比

不同的电影视觉文本，从更深层次上讲，是中西方不同民族文化的一种外化形式。

1. 性别文化

在《长江七号》中出现了许多女孩的反串角色，电影弱化了她们的性别，更多的是关注她们每个人所代表的人物类型。中性化蕴含了男性与女性各自的特质，也拥有了被两性同时青睐的元素。与此相比，在《E. T. 外星人》中，甚至连一个外星生命，他们都要赋予其准确的性别。孰对孰错，只是各自文化的不同表现吧。

此外，中国古有花木兰、杨门女将，今有《双枪老太婆》《杜鹃山》；乃至现代的女飞行员、女特警，都是女性中的男性化代表。女子在现实生活中胜任男性的工作，被认为是一种英雄的标志。当然，也有梅兰芳等男扮女装的大腕。但多数人无法从理念上接受他们，给人一种“娘娘腔”的感觉。这也许就是为什么同样是反串演出，我们会认为“美娇”是恶搞，而“周小狄”“暴龙”“陈俊生”却是演技精湛。

2. 教育文化

《长江七号》更多地体现了中国自古讲究的“因果报应”之善有善报。《易经》说：“积善之家，必有余庆；积恶之家，必有余殃。……善不积不足以成名，恶不积不足以灭身。”儒家认为：“为善，降之百祥；为恶，降之百殃。”太上曰：“祸福无门，惟人自召；善恶之报，如影随形。”《因果经》则说：“莫道因果无人见，善恶报应从来真。”《长江七号》中，周铁捡回了太空狗，小狄按下了其蜕变的开关，父子二人赋予了七仔以生命。因此，七仔不惜用尽自己的全部能量来救助周铁。似乎有些报恩的感觉，反映了善有善报的圆满结局，也正是中国传统文化主旋律的一种视觉表现。

此外，在中国文化中，还宣扬一种历经磨难的“隐忍”精神。如《大智度论》

的"生忍"、"法忍"(卷六);《优婆塞戒经》的"世忍"、"出世忍"(卷七《羼提波罗蜜品》);《大乘大集地藏十轮经》的"安忍"(卷九《福田相品》);《解深密经》的"耐怨害忍"、"安受苦忍"、"谛察法忍"(卷四《地波罗蜜多品》)等等。《长江七号》中,周家父子所经历的种种磨难,有"必先苦其心志,劳其筋骨,饿其体肤,空乏其身,行拂乱其所为"的感觉;而他们所具有的隐忍精神,也正达到了"动心忍性,增益其所不能"的效果。"忍为一切出家之力,能伏诸恶,能于众中现奇特事。忍能守护,令施戒不毁。忍为大铠,众兵不加。忍为良药,能除恶毒。忍为善胜,于生死险道安稳无患。忍为大藏,施贫苦人无极大宝。忍为大舟,能渡生死此岸到涅槃彼岸。"或许,正是因为这些,使得周铁的起死回生成为一种文化之必然结果。

相比较而言,美国文化更追求"个人主义"。《E. T. 外星人》中尝试与外星人沟通,飞车逃离追捕都体现出了美国个性文化中的独立奋斗、自由情怀以及冒险精神。与此同时,影片中还具有很强的"合作精神"。同样是外星生物,七仔只是小狄一个人的玩具,而 E. T. 却是艾里奥特、哥哥、妹妹和狗狗共同的朋友。最后,也是在小朋友们的共同努力下,E. T. 逃离科学家们的追捕并重返家园。在影片故事的表象背后,拥有着文化的精神积淀。

3. 历史文化

Discovery 频道的一位科学家说过:"我们对于外太空的想象都来自本身的变形。"同样说宗教信仰,西方的耶稣就是蓝眼金发的白种人;而中国的如来、观音则是典型的黄种人。由此可见,形象的塑造离不开其所在的地域与拥有的文化,这或许从更深层次上解释了两个不同版本的 UFO 以及画面的色彩基调。

中国,东方的文明古国,作为世界文明的四大发源地之一,拥有悠久的历史。《长江七号》中复古的 UFO 造型和画面尘封的棕黄色调,都蕴含着厚重的历史积淀,带有中国古老文明的痕迹。美国,多种族、多民族的殖民与结合,历史短暂但科技发达。《E. T. 外星人》中,UFO 的金属外壳和绚烂彩灯,还有那蔚蓝色的画面基调,无不体现出美国的现代化工业气息,以及对高科技水平的向往与追求。

此外，影片中 UFO 的去留问题，也体现出了两个国家不同的精神内涵。

中国文明博大精深，在厚重的历史人文底蕴中，更多的是一种包容。《长江七号》影片结尾处，不但 UFO 重回人间，还带来了更多的外星生物，体现了中国文化对异族文化的一种内在包容倾向，以及“天人合一”的中国古典哲学思想。而《E. T. 外星人》影片结束时，E. T. 乘坐着 UFO 离开人间，激发了人们对未知宇宙的探索，也反映出了美国无根文化所带来的科技探索精神与向外扩张意识，体现了美国文化对异族文化的一种外在扩张倾向。

诚然，如社会学家安东尼·吉登斯（Anthony Giddens）所言：“不完整理解是解释学的核心。”[①]无论是导演各自经历的迥异，还是中西方文化的差异，但《E. T. 外星人》与《长江七号》这两部电影都着眼于少年儿童这个群体上。在类型片泛滥的今天，很少有电影人会剥去惊悚、色情、血腥、暴力的噱头，而单纯去做一个适合儿童观看的影片。因此，相比较其他电影类型，儿童电影领域虽较少有人关注，但也因此而拥有较大的发展空间。另外，电影是传播思想与理念的一种载体与工具，儿童的思维与心智都还是没有定型的毛坯，相比较成年人而言，少年儿童拥有更大的被影响空间与更强的可塑性。这些都是电影可以深度开发的广阔市场，也是教育界应该广泛关注的焦点。

① 〔英〕查理德·豪厄尔斯著，葛红兵等译：《视觉文化》，广西师范大学出版社 2007 年版，第 106 页。

第十章　创新启动新一轮国家文化安全战略

国家的文化安全必须建立在民族创新和国家实力的发展上，缺乏科技、经济和文化创新的民族将不能自立于世界民族之林。

第一节　科技创新是国家文化安全的技术基础

现代科学技术给人类提供知识和方法，正在改变着人们的生产方式、生活习惯和思维方式。邓小平说科学技术是第一生产力，这是对几千年人类社会发展经验最精辟的总结和概括。创意是人类前进的动力，随着中国加入 WTO，进入经济全球化的轨道，创新经济、创意产业已经成为中国人民的共识。新的思想创意会比以往产生更大的效益。

科学，是一个难以界定的名词，概括起来说，可以从三个方面进行阐述：第一，科学是人对客观世界的认识，是反映客观事实和规律的知识。早在 19 世纪 30 年代，创造进化论的科学家达尔文，花了五年时间，遍游了四大洲三大洋后，对收集的大量动物标本进行分类比较研究，写出了《物种起源》这部科学著作。达尔文认为："科学就是整理事实，以便从中得出普遍的规律或结论。"事实可以是历史事实、社会事实、自然界的事实和其他事实，科学就是发现人们未知的事实。英国科学家戴维发现了钾和钠，尽管这些物质早就存在于世界上了，但是过去没有人发现过，那是因为以前没有电解技术将它们分离出来。戴维将它们分离出来，他就成为人们公认的科学家。这种以事实为依据、实事求是、一切从实际出发的行为准则就是科学精神。第二，科学是反映客观事实和规律的知识体系。20 世纪初，人们认识到科学是由很多门类组成的知识体系，科学已经不只是事实或规律的知识单元，而是一个多层次组成的体系。科学史表明，科学家不只是知识的发现者，更重要的还是知识的综合者。古今中外的大科学家，都是在发现知识中进行综合，在综合知识中进行创造。在综合过程中，按照内在逻辑关系把已知知识进行条理化、系统化，发现矛盾或空白，再作观察，试验论证，得出新的原理，补充和完善知识体系，这是一种科学过程。第二，科学是一项与反映客观事实和规律的知识体系相关的事业。20 世纪 50 年代以后，人们的科学观发生了很大变化，那种把科学认为只是反映事实和规律的普遍客观真理的知识体系的认识已经不够了。随着美国制造原子弹的成功，人们已经把科学视为一项国家的事业，从而使企业和政府都参与到这项事业中来。近年来，跨国公司有很大发展，国家地域化、集团化的发展趋势，使不同国籍的科学家之间实现合作，科学成为国际事业和产业。科学作为国家事业，在社会生活中的功能主要有两个方面：一是在精神文明方面具有认识世界的认识功能；二是在物质文明方面具有改造世界的生产力功能。

“技术”与“科学”的概念相同，也是比较难以界定的。在古希腊，亚里士多德就对“技术”的本质和意义进行了考察研究，他把“技术”界定为制作的智慧。在古罗马时代，工程技术发达，人们把“技术”不仅看成是实实在在具有制作能力的“实”的方面，也把技术看成具有形而上学、属于知识领域的“虚”的方面。法国科学家狄德罗在他主编的《百科全书》条目中开始列入了“技术”一词。他说：“技术是为某一目的共同协作组成的各种工具和规则体系。”这句话可以分作五个要点：一是把技术与科学区别开来，技术是“有目的的”；二是强调技术的实现是通过广泛的“社会协作”完成的；三是指明技术的首要表现是生产“工具”、生产设备，属于硬件部分；四是指出技术的另一重要表现形式“规则”，即生产使用的工艺、方法、制度等知识，属于软件部分；五是与科学相同，把技术定义的落脚点放在“知识体系”上，说明技术是指成套的知识系统。科学与技术是辩证统一的整体，科学中有技术，如物理学有实验技术；技术中有科学，如杠杆、滑车等就利用了物理学原理。技术产生科学，如射电望远镜的发明和使用，产生了射电天文学；科学也产生技术，如1862年发现内燃机原理，1876年生产出了内燃机；1948年贝尔电话研究所的研究员发现半导体，1954年生产出半导体收音机。科学回答的是“是什么”“为什么”，技术回答的是“做什么”“怎么做”。科学提供物化的可能，技术提供物化的现实；科学是发现，技术是发明；科学是创造知识的研究，技术是综合利用知识于需要的研究。

现代的技术完全是建立在科学理论的基础上的，现代科学也装备了复杂的技术设施，科学技术是建立在创新、开拓基础上的事业。当代科学技术的创新，主要有两种方式：一是突破，二是融合。突破是线性的，推陈出新，用研发的新一代技术代替原有的一代科技成果；融合是非线性的，它们是互补和合作，融合许多不同领域的科技，进而发展出新的产品，造成革命性市场。如光电计算机，就是光与电子技术的结合，用光束代替信息技术中的电子，以进一步提高信息存储和加工方面的效率。邓小平说：科学技术是第一生产力。科技兴则国兴，发展科技，壮大创意产业是中国实现现代化的关键，也是实现国家安全的重要保证。改革开放以来，中国坚持以经济建设为中心，大力发展科学技术，国家实力迅速增强，社会主义有了更强大的物质基础，这就大大增强了社会主义在人民群众中的吸引力和凝聚力。

如果我们放眼世界各国的经验，回顾世界科技发展的近代史，就可以看出科技创新对于一个国家繁荣发展的重要性，科技发展带动国家富强的例子比比皆是。例如，美国化学工业有120年历史，但取得世界领先地位主要靠优于德国煤化工的石油化工。1927—1934年，美国的纤维、塑料和橡胶的三大合成工业迅速发展。杜邦公司的卡罗瑟工程师发明了“尼龙”，惊动了世界，尼龙袜子成为各国妇女争相抢购的热门货。尼龙的出现，是标志着煤化工向石油化工转换的里程碑，石油化工能够合成各种日用产品，使其成为各工业部门中附加值最高、规模最大、发展很快的“摇钱树”。美国石油工业的发展促进了汽车工业和航空工业的发展。1908年，美国福特汽车厂的董事长福特采用了“泰勒制”，把零部件生产标准化和流水作业线结合起来，大幅度提高了生产效率。他的管理创新，节约了大量的人力、物力，使汽车售价由当时的 8 000 美元一辆降到了 850 美元一辆。1927 年，福特汽车公司的汽车销售量达到了 1 500 万辆，美国也成为“汽车王国”。当年，美国的汽车总产量已经占有世界的 80%。1903 年，在美国自行车行业工作的莱特兄弟，首次在滑翔机上面安装了 12 马力的汽油发动机。1904 年，莱特飞机试飞 40 公里，试飞成功。1908 年，莱特兄弟与美国国防部签订了生产合同。1909 年，莱特飞机时速可以达到每小时 65 公里，并且运载客人也试飞成功。从此，人类进入了航空时代。1918 年，美国开辟了纽约到芝加哥航线。50 年代，随着喷气客机的使用，美国波音航空公司成为世界上最大的航空工业公司。

1896 年，美国人贝尔发明了电话。之后两年，美国就建立了电话局，一年后遍及纽约全城。1885 年，电话在欧洲普及。1892 年，美国建立了世界上第一个自动拨号电话局。1927 年，美国电话台数占世界总台数的 61%。1906 年，美国人德福雷斯特发明了无线电的关键部件——三极真空管。1910 年，美国建成第一个无线广播电台，收音机开始进入家庭。1920 年实现了商业广播，1926 年建成全国广播网，第一个节目是 1927 年元旦橄榄球比赛。1929 年，美国人发明彩色电视。1943 年，美国建成国际广播电台——美国之音。1947 年，美国利用微波通讯，实现电视电话的中继与多路传送。1960 年，美国人使激光技术得到应用，迎来了“激光通讯时代”，到此，美国成为名副其实的世界科技中心。从美国历史来看，是科技使其富强。1860 年以前，美国还是经济落后的殖民地，其后的 30 年间，美国通过工业技术革命、创新，使国民生产总值上升 9 倍。到 1880 年，它已经是西方第二大经济大国。1890 年，跃居世界第一。1900 年，人均收入超过欧洲。1913 年黄金储量达到世界储量的 70%，成为世界经济强国。

再以日本为例。二战之后，日本执行全面引进技术，并实行引进与改进相结合的政策，取得成功。1955 年，日本的发电厂已经由原来烧煤为主改为烧石油为主，但是他们依然从美国和德国引进了三套火力设备，他们引进的目的不是为了使用，而是为了开发试用，结果三年后，日本自己开发设计的火电设备就推广到全国。接着,日本发现美国有更大更好的发电机,于是引进了美国最先进的 22 万千瓦的发电机图纸,经过五年的实验改进,1961 年,日本生产出了 32.5 万千瓦的大机组电机,超过了美国。1952 年,日本一家生产摩托车的本田公司组成考察小组,走遍主要工业发达国家,花了几百万美元,搞到几十种最新发动机样机,回国后进行剖析和综合研究,经过上百次实验,制成了世界最好的发动机,装配成世界一流的摩托车,只用三年时间就占领了国际市场。日本松下公司也是这样,它们引进了各工业发达国家 300 多项新技术,他们生产的电视机的每个零件都是引进的,连线路图也是买来的。由于他们善于综合利用这些新技术,终于开发生产出世界上一流的电视机。日本的石油化学工业也是白手起家的,引进了 300 多项外国技术,由日本人自己装配起来。主体技术是日本从美国孟山都公司引进的聚苯乙烯技术,从英国帝国化学工业公司引进的高压聚乙烯技术,从德国齐格勒公司引进的低压乙烯技术,从意大利引进的聚丙烯纤维技术。日本通过将这些技术加以改造与综合,建起了自己的化学工业,组成世界上独一无二的日本产品系列,在国际市场上压倒了美国,处于领先地位。

1954 年,美国人发明了半导体收音机,但是由于成品率太低,成本高,价格昂贵,始终没有进入市场。1952 年,索尼公司的董事长盛田昭夫到美国考察,他看到了美国贝尔电话公司发明的半导体技术的发展前景,于 1953 年从美国引进了这项技术。他在日本组建起了上千人的研究所,全力以赴进行技术攻关,提高了成品率,降低了成本,制成了半导体收音机投入市场,并且形成了日本技术在半导体市场上的“霸主”地位。接着他们又研制成功半导体电视机、半导体录音机、半导体录像机、半导体洗衣机等多种产品,从此,日本“家电”占据了世界市场的半壁江山。日本人还用半导体技术制成电子表,挤占了瑞士手表市场。用半导体技术制成“傻瓜”照相机,挤占了德国的市场。1968 年,日本人购买了美国的机器人技术,经过改进,于 1972 年用半导体技术生产出机器人,1978 年返销美国,挤占了发明机器人的美国市场,现在作为机器人王国的美国,所使用的机器人中 60%来自日本。此外,日本还从荷兰引进了激光唱盘技术,从美国派克斯公司引进了磁带录音机、录像机技术,从美国施乐公司引进复印机技术，以及美国人发明的传真机等等多项技术，经过改进之后，日本用这些技术生产的产品占领了世界市场。战后，日本运用不断创新、不断综合地发展生产技术的方法，使经济增长长期保持在10%以上，是同期德国经济增长速度的1倍，美国经济增长速度的4倍。日本在明治维新时期的人均产值为290美元，到1992年人均产值达到2万多元，是美国的9倍。在战后40多年当中，日本由落后于西方的国家一跃而成为世界经济大国，成为世界最富的国家之一。

除了美国、日本之外，爱尔兰、瑞典和芬兰这些国家，也是通过发展科技使国家繁荣的典型。他们成功地找到更大规模地实现局部经济繁荣的有效途径：开发几项全球大量需要的世界一流技术，或培育几家产品行销全球的世界一流企业，从而带动经济发展，保持一个小国的兴旺繁荣。瑞典通过大力削减法人税，举国支持技术工程改造，催生了爱立信、乐利拉伐、宜家等世界一流企业，向世界提供移动通信、廉价包装及家具定制等产品和服务。爱尔兰仅用15年时间，就从发展最慢、最为贫穷的欧洲国家发展成为欧洲第一富国。

科学技术是第一生产力，是提高劳动生产率最重要的手段和发展社会生产力的主要力量，依靠科学成果从质量上改造生产力已成为经济发展的首要课题。科学技术已经成为世界经济社会发展的原动力。20世纪的科学技术发展，特别是第二次世界大战之后科学技术的飞跃发展，在理论上和思维方法上有革命性进展，对人的科学世界观和方法论产生了重大影响。当代科学技术发展形成的思维方式的特点是：从绝对走向相对；从单一性走向多义性；从精确性走向模糊性；从因果性走向偶然性；从确定性走向不确定性；从不可逆性走向可逆性；从分析方法走向系统方法；从定域走向场论；从时空分离走向时空统一。这使人类对客观过程的认识更加深化和全面，而且把人的认识水平提高到一个崭新的高度。新的视觉化技术的发展将使形象思维和抽象思维紧密结合起来，使人的认识能力产生新的飞跃。科学技术的概念、方法和手段向人文科学的渗透，以及人文社会科学的价值、伦理观念和理论在科学技术中的广泛运用，引起了当代思维方式的深刻变革。当代富有创造性的理论成果正是出现在各门自然科学、技术科学和社会科学相互交汇之处。“科学技术是生产力”是马克思主义的一个基本原理。现代科学技术的发展，使得科学技术在经济和社会发展中的作用越来越显著。进入 20 世纪 80 年代，邓小平高瞻远瞩、审时度势，进一步作出“科学技术是第一生产力”的论断，为我国繁荣富强提供了强大的驱动力和坚实基础。

第二节　经济创新是国家文化安全的物质基础

经济创新对于一个国家来说就是经济制度的创新，我国从 1978 年改革开放以来走过的 30 多年的历程，所取得的辉煌成就成为世界上一个典型的成功范例。中国的经济创新，主要来自于举国上下团结奋斗、一心一意进行世界上规模最大的现代化进程的决心和意志。苏联戈尔巴乔夫上台之时，僵化的苏联领导人死抱着形成于 20 世纪 50 年代并最终宣告失败的计划经济体制不放手，苏联的解体使中国的改革开放更加迅速。如果没有苏联的解体作为对照，西方的多数人并没有注意到中国从 1978 年开始的经济体制改革，这种改革就是中国经济制度的创新，邓小平同志为了实现经济现代化，开始放弃社会主义计划经济。

中国的改革首先选择在农村，建立起以家庭承包经营为基础、统分结合的农村双层经营体制。这对于当时的中国，这个拥有丰富自然资源的落后国家来说，是相当敏感和关键的步骤。党中央制定了一系列政策，逐渐放开了几十年来国家对粮食定价和流通的严格控制，极大地调动了广大农民的积极性，使粮食的产量大幅度增加。粮食的增加，以及随之出现的大量粮食剩余，使粮价下跌。广大农民为了摆脱贫困，逐渐从土地密集型的农业生产中转移出来。党中央随之打破了限制乡镇企业发展的条条框框，大量的农村剩余劳动力和干部共同创造了千千万万个乡镇企业，开始对国有企业形成有效的补充。此后的十年间，中国把几千万农民从农业转移到其他行业，而欧美国家花了两代人的时间才完成这个进程。到了 20 世纪 80 年代末，乡镇企业已经成为对中国 GDP 贡献最大、创造就业岗位最多的经济成分。

不断地扩大对外开放,使我国成功实现了从封闭半封闭到全方位开放的伟大历史转折,打开国门搞建设,从建立经济特区到开放沿海、沿江、沿边、内陆地区再到加入世界贸易组织。在改革进程中,也有许多曲折,中国正是按照邓小平说的"摸着石头过河"这句话,闯过难关的。苏联解体后,中国实现了更大的飞跃。20 世纪 90 年代,中国彻底抛弃了阻碍苏联几代人实现经济发展和社会进步僵硬的意识形态和计划经济制度。列宁的"新经济政策"的理论在中国得到认可,比如列宁所说的一个国家的发展质量必须与国家本身的经济能力成正比,国家比企业更加重要。因此,我国开始把给国有企业的财政拨款改成银行贷款,并要求企业上缴利润,以支持公共财政。这项改革雷厉风行,影响深远,其结果是在中国形成了以公有制为主体、多种所有制经济共同发展的基本经济制度,形成了国家宏观调控下的市场对资源配置发挥基础性作用的经济管理制度。充分发挥全社会发展积极性的体制机制,放手让一切劳动、知识、技术、管理、资本的活力竞相迸发,让一切创造社会财富的源泉充分涌流。

中国的社会主义市场经济确立了经济体制改革的目标模式,正确解决了关系整个社会主义现代化建设全局的一个重大问题。着力建立和完善社会主义市场经济体制,发挥市场在资源配置中的基础性作用,推动建立现代产权和现代企业制度,同时又注重加强和完善国家对经济的宏观调控,克服市场自身存在的某些缺陷,促进国民经济充满活力、富有效率、健康运行。坚持和完善以按劳分配为主体、多种分配方式并存的分配制度,既鼓励先进、促进发展,又注重社会公平、防止两极分化。我们的党也通过修改党章,加进了坚持邓小平理论和"三个代表"重要思想的内容及科学发展观等重大战略思想在内的中国特色社会主义理论体系,赋予当代中国马克思主义以勃勃生机。当欧洲一些知识分子依然坚持 20 世纪 30 年代的社会主义理论时,我们党提出了要代表全中国人民的根本利益,代表先进生产力和先进文化发展的方向,而且我们党也张开怀抱,欢迎新一代企业家。

在俄罗斯,政府把国有企业卖给管理层,换取毫无价值的股份,把自然资源卖给少数寡头资本家。而我们国家,毫不动摇地巩固和发展国有经济、发挥国有经济的主导作用，推行公有制的多种有效形式，增强国有经济活力、控制力、影响力，同时又毫不动摇地鼓励、支持、引导非公有经济发展，鼓励千千万万的年轻人自己创业。中国的改革是从上到下的改革，目标是发挥市场配置资源的基础性作用。中国经济面向外资、面向外贸完全开放。中国新兴的企业家因此得以和急切向中国转移资本和技术的外国公司创立合资企业。

西方国家经常抨击中国在现代化进程中，一直没有实现任何西方式的民主自由，而这恰恰是中国经济改革和现代化进程能够取得快速推进的关键环节。在多数欧洲国家，工会、农民及传统行业组织都成为既得利益者，极力坚持原有的管制政策，拼命维护已经不适应全球化要求的现行体制。而在中国的政治环境中，大规模的社会改造不会遭到任何形式的公开抵制。经济的创新使中国的经济实力和综合国力不断增强，举世瞩目。

2008 年年底，一场百年来最严重的金融危机席卷全球。这场危机由美国次贷危机引发，随后迅速从局部发展到全球，从发达国家传到新兴市场和发展中国家，从金融领域扩散到实体经济领域，冲击力之强、影响程度之深、范围涉及之广，史所罕见。在这场危机面前，中国不可能置身事外。这是我国在对外开放中必然面临的风险和挑战，是我们曾经充分估计和预料的可能结果。应对这场危机，对于建设史只有 60 年和社会主义市场经济发展史只有 20 年的中国来说，是第一次。就是这一次，中国向全世界展现了中国特色社会主义的生机和活力。中国的经济体制在这场危机中显示出独特的优越性，面对危机，中国沉着应对，保持住了经济较快增长、价格回稳、结构优化、民生改善的良好局面。这个经济体制，既能够充分发挥社会主义制度的优越性，又能充分发挥市场配置资源的有效性，使全社会充满改革发展的创造活力；既毫不动摇地发展和巩固公有制经济，又毫不动摇地鼓励、支持、引导非公有制经济的发展，形成多种所有制经济平等竞争、相互促进的新格局，让一切创造财富的源泉充分涌流；既强调充分发挥市场在资源配置中的基础性作用，又注重加强和完善国家对经济的宏观调控，有效弥补市场经济自身的不足，确保国民经济充满活力、富有效率、健康运行。

这个经济体制，使国家在应对危机时，能够依靠国有经济在关系国民经济命脉的重要行业和关键领域中的强大控制力，增强重大风险的防范能力，有力保持宏观经济的稳定。依靠国有经济的强大引导力，带动各种社会资源投入到应对危机之中，扩大应对危机的回旋余地。依托国有经济这一重要平台，实现保增长、扩内需、调结构、惠民生的目标，保持国民经济平稳较快发展。这个经济体制，使我国能够在危机面前采取灵活的宏观调控措施。把"稳健的财政政策和从紧的货币政策"调整为"积极的财政政策和适度宽松的货币政策"，出台一系列扩大内需、加大金融对经济增长支持力度的重大举措，及时而且灵活审慎地调控措施确保了经济平稳较快发展。这种对宏观经济的控制力和调控的灵活性，为应对这场危机赢得了宝贵时间，争取了主动。这个经济体制，使中国能够在遵循市场经济规律的基础上，充分发挥集中力量办大事的社会主义优越性。在应对危机时，从中央到地方发挥了强大的组织动员能力，运用财政、金融、税收等政策杠杆，动员社会各方面力量迅速投入到保持经济平稳较快发展中去，出手快、出拳重、措施准、工作实。我国应对金融危机的实践证明，在经济全球化条件下，只要我们不断完善社会主义市场经济体制，着力构建充满活力、富有效率、更加开放、有利于科学发展的经济体制，就能够为国家的经济社会发展提供强大动力。

曾力促中美建交的美国前总统卡特感叹：从未想到中国通过宣布 4 万亿人民币的经济刺激计划而成为当前稳定全球经济危机的主要力量。在这场危机的巨大冲击下，中国的表现和努力，得到了世界的赞扬。作为一个充满活力的新兴经济体，世界的期许提醒我们，在全球经济发展中中国将扮演更加重要的角色。但是我们也要清醒地认识到，我国依然处于全面建设小康社会、实现社会主义现代化的时期，与西方发达国家相比，经济发展的基本面和基本态势并没有根本改变。我国经济发展的水平和实力与西方发达国家相比较还有很大差距。西方发达国家虽然在这次金融危机打击下陷于困境，但是依然在科技、经济、文化上占据优势地位。我国经济发展还会遇到各种可以预料和难以预料的困难和挑战，我国在世界经济发展格局中的话语权和主动权有待进一步增强。

第三节 文化创新是国家文化安全的精神基础

文化创新是一个民族自立于世界民族之林的鲜明旗帜。胡锦涛总书记说："一切有理想有抱负的文艺工作者，都要大力发扬创新精神，积极开拓文艺的新天地。推进文化发展，基础在继承，关键在创新。继承与创新，是一个民族文化生生不息的两个重要轮子。"[①]一个国家的文化创新，首先体现在国家文化政策的创新上面。"中国特色社会主义理论"本身就是中国历史上呈现出来的最突出的思想理论创新，这个理论是中国共产党将马克思主义与中国实际相结合，与时俱进的产物和思想结晶。中国特色社会主义理论体系之中关于文化建设部分，就是非常独特的文化理论创新。这个理论阐明了现今的社会主义现代化建设，必须把发展社会生产力同提高全民族文明素质结合起来，坚持物质文明和精神文明两手抓，实行以法治国和以德治国相结合，以科学的理论武装人、以正确的舆论引导人、以高尚的情操塑造人、以优秀作品鼓舞人，着力培育有理想、有道德、有文化、有纪律的公民，不断提高全民族的思想道德素质和科学文化素质。

中国特色社会主义是全面发展、全面进步的事业，是物质文明和精神文明协调发展的事业。物质贫乏不是社会主义，精神空虚也不是社会主义。人的素质是历史的产物，又给予历史以巨大的影响。要把社会主义核心价值体系建设作为主线，贯穿到国民教育和精神文明建设全过程，坚持不懈地用马克思主义中国化的最新成果武装全党、教育人民，用中国特色社会主义共同理想凝聚力量。特别强调的是，要把以爱国主义为核心的民族精神和以改革创新为核心的时代精神，作为社会主义价值体系的关键部分，作为鼓舞人民奋勇前进的精神支柱和力量源泉。用"八荣八耻"的社会主义荣辱观作为引领社会风尚健康向

---

① 胡锦涛：《在中国文联第八次全国代表大会中国作协第七次全国代表大会上的讲话》，人民出版社 2006 年版，第 9 页。

上发展的指针，以此作为巩固全党全国各族人民团结奋斗的共同思想基础。中国特色社会主义理论的文化政策，还包括要探索用社会主义核心价值体系引领社会思潮的有效途径，既尊重差异、包容多样，又有力发展面向现代化、面向世界、面向未来的、民族的、科学的、大众的社会主义文化，要全面贯彻党的文艺方针政策，充分发扬艺术民主和学术民主，坚持社会责任和创作自由的统一，不断认识和掌握文艺规律，尊重文艺工作者的创造性劳动，以符合文艺规律的方式领导文艺工作。要鼓励艺术家贴近实际、贴近生活、贴近群众，深化文化体制改革，大力推进文化创新，激发全民族文化创造活力，提高国家文化软实力，推动文化事业和文化产业的不断发展、文化市场更加繁荣，使人民基本文化权益得到更好保障。要坚持社会主义先进文化的前进方向，在进行中国特色社会主义伟大实践中进行文化创造，使人民共享文化发展成果，使人民文化生活更加昂然向上。

在发展中国特色社会主义先进文化的同时，要按照胡锦涛总书记的要求，继承和发扬民族传统文化。他指出："中华民族历来以悠久而丰富的文化著称于世。在五千多年的历史演进中，在祖国这片广阔神奇的土地上，勤劳智慧的我国各族人民自强不息、百折不挠，在改造山河、改善生活的不懈奋斗中，创造了饱蕴中华民族精神思想精髓和价值追求的灿烂文化。"[①]中国传统文化，就其本质而言指中华民族在几千年的历史发展中，逐渐形成的一种民族精神，它至今还在潜移默化地影响着中华民族所共有的思维方式和行为方式。中国传统文化的形成有其特定的地理环境和历史条件，中国古代文明主要发生在黄河、长江流域，尤其是黄河流域，在相当长的一段时间里，那里成为中国古代文明的主要发祥地和根据地。黄河流域特殊的自然条件使之成为古代农业文明的滋生地。由于黄河流经黄土高原及其冲积作用，形成了肥沃厚重的黄土层，大河及其众多的支流，又提供了可资开发利用的水利资源，加上这一地区具有四季分明的温带气候等自然禀赋，为农业文明的产生、发展提供了条件。之后，长江

---

① 胡锦涛：《在中国文联第八次全国代表大会中国作协第七次全国代表大会上的讲话》，人民出版社2006年版，第3页。

和珠江流域也进行农业开发，并后来居上，经过魏晋南北朝的大发展之后，在唐代开始成为中国主要的农业经济区。所以，中国传统文化植根于农业文明。农业文明给中国传统文化的形成、发展以决定性的影响，构成了中国传统文化不同于欧洲传统文化的基本点。

首先，中国传统文化具有强大的生命力、持续性和包容性。中国是世界四大文明古国之一，中国传统文化是世界上最古老的文化之一，也是世界上公认的唯一长期延续而没有中断过的文化。中国长达五千年的文明发展史，曾创造了领先世界的光辉灿烂的古代文明。但是中国文化的发展之路不是平坦的。在漫长的历史发展中，历经坎坷、饱受磨难：既有异族文化的冲击，如夏、商、周时期猃狁、犬戎的入侵，秦汉时期匈奴的侵扰，魏晋南北朝的“五胡乱华”，宋与辽、夏、金之间的民族战争，以及元朝和清朝蒙古族、满族的入主中原等，又有国内专制政治的压制和割据内乱的破坏，如周王室的内乱、秦始皇的“焚书坑儒”、东汉末年董卓的洛阳焚城、魏晋南北朝的“八王之乱”和“侯景之乱”、梁武帝和武则天的崇佛，以及明清的“文字狱”等。所有这一切，都没有使中国文化中断，相反，在各种冲击和挑战中完成了中国文化的更新和改造。世界上辉煌一时的古埃及文化、古巴比伦文化、古印度文化，它们作为一种活文化都已经不复存在，只有中国文化硕果犹存，至今傲然于世界。

中国文化这种强大的生命力归根结底来自于它本身所固有的内在结构和基本素质，以及由此产生的更新机制，其中很重要的一个原因是它具有恢弘气度和巨大的包容性。正如海纳百川，中国文化对各种外来文化吸纳和包容，不断充实自己，改造自己，使自己在吐故纳新中获得生命的活力。从中国文化的发展进程看，最初的华夏文化主要由西夏文化和东夷文化发展而来。仰韶文化是西夏文化的代表，龙山文化是东夷文化的代表，东西两个民族文化的汇合，奠定了华夏文化的基础。经夏商周文化的综合，最终形成华夏文化。华夏文化是多源的。春秋战国时期，秦文化、三晋文化、楚文化、吴越文化、齐燕文化、邹鲁文化等各放异彩，最后形成了以齐鲁文化为核心的汉民族文化。在以后的漫长岁月里，又不断吸收了主要来自西方和北方的少数民族文化，如匈奴、羌、羯、氏、鲜卑、乌桓、柔然、高车、突厥、回纥、契丹、女真、蒙古等；又南下融合了百越、巴蜀等文化；又通过文化交流先后吸收了印度的佛教文化、阿拉伯的伊斯兰教文化以及波斯的袄教、摩尼教文化。这种博大的包容性在世界文化史上是唯一仅见的，这是中国文化宽容、自信、进取精神的典型反映。

其次，中国传统文化注重强调大一统和整体利益的价值取向。中国传统的价值观念是强调大一统和注重整体利益。它既是中国传统社会历史发展的产物，又对中国传统社会的发展予以很强的规范作用。中国古代实行专制主义的中央集权制度，而鉴于小农社会的松散性，为了把千万个散漫的小农家庭组织起来，以维持社会的秩序和运行，作为专制制度的补充的大一统观念应运而生。早在西周就产生了“溥天之下，莫非王土，率土之滨，莫非王臣”的观念。周王号称天子，代表上天来统治整个天下。而在春秋战国时期，政治形式虽然是分裂割据的，但是每个大国的统治者都把统一天下作为政治的终极目标。如春秋的第一位霸主齐桓公提出了“尊王攘夷”的口号，战国七雄的兼并战争都是统一中国的战争。反映到思想界，诸子百家都主张政治统一。墨子讲“尚同”，孟子讲“天下定于一”，荀子讲“四海之内若一家”，韩非讲“圣人执要，四方来效”，《吕氏春秋》讲“一则治，异则乱；一则安，异则危”、“王者执一”。秦统一中国后，进一步强化了“大一统”的观念。汉武帝尤其强调《春秋》提倡的“大一统”精神。这一时期产生的历史巨著——《史记》把夏、商、周、秦、汉的先祖和中原周边的戎、狄、蛮、夷各族的祖先都归根于黄帝，黄帝成为中华民族各支派的共同祖先。“炎黄子孙”的概念至此形成。

中国的“君权神授”的思想几乎和国家的产生一样久远，“天无二日，国无二君”的观念深入人心。早在先秦，诸子百家中的多数学派都主张“尊君”，如孔子的“君君、臣臣、父父、子子”的等级名分、墨子的“尚同于天子”的思想、黄老学派的“君人南面之术”、法家的“君权至上”论。宗法关系强有力的纽带联系和强调专制统一的制度文化培养出中华民族注重整体利益的价值观念。社会的利益、国家的利益和家族的利益始终放在首位，而地方利益、局部利益和个人利益往往被忽视，个性被湮灭在共性中，整齐划一是理想典范。注重整体利益的价值取向培育了中华民族爱国主义和集体主义的精神传统。在中国的历史上，爱国的民族英雄彪炳千秋，如苏武、祖逖、岳飞、文天祥、郑成功等等。在这些英雄们身上表现出来的精神，成为中华民族的精神脊梁。中华民族在长期曲折的发展中，历尽劫难而不衰，爱国主义和集体主义精神是中华民族的精神支柱，具有强大的凝聚力和向心力。

其三，求和谐、主平衡的世界观和安天乐土的生活情趣。中国历史上的早期农业生产是靠天吃饭，因此观察并掌握自然规律的变化是社会经济发展的基本要求，从而产生了最初的"天人合一"的思想。这是中国人从切身的生存意识中体悟到的真理，并成为传统文化的重要组成部分。中国传统文化重视人与自然的和谐，要求在不违背自然规律的条件下去利用自然。"天人合一"不仅是处理人与自然的一种准则，而且是一种很高的人生境界。"天"是一种宇宙精神，是与世俗人生相对立的。"天人合一"往往喻指人格的升华，从而达到一个崇高的境界，使人不仅注重与自然协调，而且还要注意人际关系的协调和人的身心的协调。"天人合一"作为一种哲学，其基本的出发点就是创造一个和谐平衡的世界。求和谐、主平衡的世界观还表现在"中庸"思想中。中庸思想同样是农业文明的产物。如果说"天人合一"的思想根植于人与自然的关系，那么"中庸"思想则侧重于社会内部的关系，旨在寻求一种社会内部的平衡点，使社会保持一种稳定的状态。中庸思想反对偏激和极端，主张不偏不倚、不温不火、恰到好处，追求社会稳定。求稳是中国人性格的一大特征。

农业文明的特点之一是定居生活，有别于游牧经济和商业活动的流动性，从而逐渐形成了中国人守土居安、崇尚稳定的生活方式。农业生产较稳定的收入使他们并不羡慕游牧和商业所产生的高额利润。中国农民满足于土地和自然的赐予，缺乏探险的好奇和对外扩张的贪欲，中国的长城就是中国人崇尚和平主义的明证，因为长城是防御的屏障而非扩张的利器。中国传统思想是以耕读传家为本，视穷兵黩武为戒。和谐稳定的生活方式，生成了中国人乐天知命的性格。中国人具有一种淡泊平和的心态、一种特殊的心理承受能力和调整能力，很少表现出大喜大悲的失态举止，崇尚克制和含蓄的平和处事能力。

其四,注重现实的理性态度和人伦文化。中华民族是一个具有人文主义传统的民族,长于理性思维。他们以理智的眼光看待社会,以清醒的态度处理问题,对于宗教似乎具有一种天然的免疫力。虽然他们对于宗教抱着一种宽容的态度,但是他们专注的重点始终是现实社会和此岸世界,而对宗教宣扬的来世和彼岸世界三心二意。孔子说:"务民之义,敬鬼神而远之,可谓知矣。"这种理智态度成为儒家的传统。道家讲"天道自然"、"六合之外存而不论",完全排除了神对社会的介入。法家反对占卜巫筮,兵家和名家更是高扬理性的旗帜。魏晋之后,道教讲长生,表明了对现世的依恋。佛教思想也逐渐为中国文化所同化,成为一种道德修养的特别形式。无神论成为中国传统文化中的主流思想。中国人现实主义的态度倾心于实实在在的道德和政治,"内圣外王"成为最高的理想境界,追求的精神生活是"诚意、正心、修身"的道德自我满足,追求的现实生活是"修身、齐家、治国、平天下"。中国传统文化对宗教采取实用主义的态度,仅仅局限于祈福消灾,而没有在宗教的精神世界里流连忘返。道德对于宗教有一种替代作用,道德在中国传统文化中的支配地位,使宗教思想始终作为一种附庸存在。在中国历史上,从来没有出现过像西方中世纪那样政教合一的时代。中国传统文化强调以人为本,尤其重视人伦关系。人伦文化注重血缘关系,强调等级名分,把人分割设定为特定的社会角色,并通过制度和道德将这种社会角色固定化。"人伦"虽属于伦理道德的范畴,却具有政治功能,成为古代社会的统治工具之一,由此形成了中国传统文化的一个重要特点:政治的伦理化。人伦文化的积极方面是借助于血缘感情增强国家与社会的内在凝聚力,缓和矛盾冲突,促进社会稳定;不利影响造成是重道德而轻功利、重道德自觉而轻制度规范、重人治而轻法治、重人文而轻自然科学的倾向。

最后,辩证思维和经学思想。中国传统文化的思维方式是将辩证思维和经学式思维相互结合的思想方法。中国传统的辩证思维源远流长,儒家讲"生生之谓易",强调事物发展变化的连续性和合理性;又进一步探索发展变化的原因,认为事物"一阴一阳之谓道","阴阳"两大基本要素的对立统一和相互作用,促成了世界的千变万化。老庄思想的辩证思维更加明显,老子讲"反者道之动,弱者道之用”，把矛盾的转化看成是“道”的基本运动形式，而以柔胜刚则是辩证法的具体之用。庄子也提出了世界具有相对性和物质无限可分的思想。这些传统的辩证思想使中国人习惯从整体上把握世界。和辩证思维形成鲜明对照的是经学式的思维方式。中国传统文化崇拜圣贤，“托圣贤以立言”，以经典和圣贤的是非为是非，具有定向思维的特征。中国传统的辩证思维还是经学思维，其性质都是一种直觉体验的思维方式。它从日常的生活经验出发，凭直觉办事，注重体验和顿悟，强调经验基础上的类比或类推，而缺乏严密的逻辑推理和理论上的归纳演绎，具有模糊性的特点。这种直觉体验的认识方法妨碍了抽象思维的发展和分门别类的理论研究的深入，表现出某些局限性。但是，传统文化中所具有的模糊性的特征，可以为现代科学的发展提供有益的借鉴。

第四节　“三位一体”的创新确保国家文化安全

以上三节从科技创新、经济创新、文化创新三个方面，用古今中外各国的经验和成就充分说明了创新是历史前进的引擎。面对经济全球化给我国文化安全领域造成的种种不安全因素，我们要采取积极应对的措施，打主动仗，重点是采取科技创新、经济创新、文化创新的方法，三位一体地确保国家文化安全。

科技创新，是要在加强中国全方位的科技创新之外，提高中国科学界各个门类的水平，使中国在世界的科学研究中进入世界先行行业之列，将“科学技术是第一生产力”的理念变成使中国的科学技术成为世界最尖端科学成果的发明地、世界上尖端科技发明专利大国，并且将科学研究成果转化为生产力。只有科技生产力极大地发展，尤其是在信息技术上占世界领先地位，我们才能确保有效地根除敌对势力通过互联网对我国的文化安全造成的危害。比如，我们要通过科技的手段，发展过滤信息来源技术、在线监控技术等，有效地拦截对国家主权和文化主权构成威胁的信息，或者采取路由表过滤信息，即通过在几个国际互联网的出口路由器上加上路由过滤功能，将国外有害信息源拒之于“国门”

之外。采取这些措施时，要解决好“黑名单”的确定及网络畅通问题。同时针对网络犯罪和网上政治活动，应建立正规的网上监控技术队伍，制定或完善相关的法律法规，采取先进的科技手段及时发现这些非法活动，并且设立专业的技术队伍迅速准确地打击网络犯罪活动。针对网络信息资源不对称的现象，我们要大力发展网上信息，宣传自己，及时通过媒介和网上消息驳斥谣传谬论，同时丰富健康有益的网络文化。同时还要加强对网络营销商的管理，加强网络营销商的行业自律，这样既可以减轻政府的负担，又可以避免行政部门过多的干预。针对外国和民间的经济战略，我们可以采用经济手段来对付外商，如开发或购买过滤、反黑客软件，以及网络设备和相关软件。这些措施都是在我国科技发展和经济发展的前提下才能进行的。

经济创新，是我国 30 多年来的显著特点，这些成果使我国在面对国内外敌对势力的渗透活动时能够有实力采取各种得力措施。如我国在购买国外的设备时，让国外公司按照我方提出的条件进行谈判，将对方推行西方意识形态的有关行为化解掉。西方的许多大公司为了自己公司的利益，也只得坐下来与我方进行谈判，进行合作和协商，而非采取对抗措施。正如卡内基基金会研究报告所说，国际跨国媒体公司“常常顺服中国政府，而不是进行挑战”。美国因特网公司对所谓的人权组织的请求也常常不得不保持“沉默”，就是很好的例子。由于危害我们国家安全的信息源往往设在国外，不在我国的治权下，因此要解决有害信息源的问题，还需要与有关国家进行磋商。这些措施都必须建立在我国强大的科技实力和经济实力的基础上。在经济全球化时代，只有通过经济创新，壮大国家的经济实力，才能体现中国特色社会主义的优越性，构建社会主义和谐社会。当前我国改革发展正处在关键时期，经济社会发展面临着一些亟待解决的问题，如人口、资源、环境压力加大，城乡发展不平衡、地区发展不平衡、经济社会发展不平衡，人民群众的物质文化需求不断提高并日趋多样化，社会利益关系更加复杂，劳动者就业结构和方式不断变化，人员流动性大大增强，各种思想文化相互激荡，人们思想活动的独立性、选择性、多样性、差异性明显增强。这些矛盾和问题，都对和谐文化建设提出了具体的、更高的要求。

文化创新，就是要在思想观念上倡导和谐精神、和谐思维，形成与建构社会主义和谐社会相适应的坚定的理想信念基础、道德支撑和社会氛围。这里，首先要继承和发扬中华民族优秀的传统文化的精髓，要通过发掘、吸收中国传统文化的精华，来弘扬中华民族优良的文化体系，将其作为社会主义先进文化和和谐文化的重要组成部分。此外，在制度规范上，建立一系列调整利益关系、化解社会矛盾的制度和机制，增强全社会的凝聚力，激发全社会的创造力，整合社会力量、化解矛盾、凝聚人心。在社会关系上，营造和谐的社会环境，丰富人们的精神生活，形成和谐的人际关系，促进社会全面、协调、可持续发展，增强和提高国家的综合实力。和谐文化建设通过提高国家综合实力，为文化安全提供物质基础和保障。

当前，我国处在社会转型时期，各种思潮相互激荡，冲击和影响着人们对文化的认同感和自豪感。社会主义和谐文化，对于个体而言起着潜移默化的教育作用，影响着人们的思想和行为准则；对全社会而言具有明确的价值导向作用，内含着人们高度认同的共同价值观念。因此，和谐文化建设对彰显和增强社会主义先进文化的凝聚力、向心力、感召力和优越性，对维护我国文化安全起着根本的保证作用。和谐文化建设，是保证我国文化安全的重要举措，是抗拒国内外敌对势力对我国进行破坏活动的重要法宝。建设和谐社会，首先就要坚持和弘扬社会主义核心价值体系，要与我国的文化建设任务紧密结合起来，立足眼前、放眼未来，多做打基础、利长远的工作。要把社会主义核心价值观体系体现到媒体宣传中，有效引导社会舆论，积极营造健康向上的主流舆论，振奋民族精神、凝聚党心民心，在全社会形成有利于社会主义核心价值体系建设的舆论环境。要把社会主义核心价值体系体现到群众性精神文明创建活动中，始终围绕建设社会主义核心价值体系部署任务、安排活动、开展工作，广泛开展各种精神文明创建活动，加强社会公德、职业道德、家庭美德、个人品德建设，不断提高公民思想道德素质和社会现代文明程度。要把社会主义核心价值体系体现到文艺创作生产的各个方面，使之成为鲜明的主旋律，把积极的人生追求、高尚的情感境界、健康的生活情趣传递给人们，让人们在美的享受中受到鼓舞、得到陶冶、获得启迪。

文化创新的另外一个重要内容就是要提高文艺作品的自主创新能力，这是国家发展战略的核心，是提高综合国力的关键，是维护国家文化安全的重要举措。改革创新和科技进步是文化发展的根本动力，必须在推进文化体制机制创新的同时，大力推进各方面的创新。要加快建立以文化企业为主体、市场导向、产学研相结合的文化创新体系，使企业成为文化创新的投入主体、实施文化创新项目的主体、文化创新成果转化的主体，以企业为纽带推动文化在与市场、科技和产业结合中不断创新。要适应人民群众文化需求的新特点和审美情趣的新变化，不断推进文化内容形式的创新，推动不同艺术门类和文化活动相互融合，积极运用声、光、电等手段提高传统文化的表现力，实现题材体裁、风格流派和表现手法的多样化。要积极运用现代科技手段开发利用民族文化资源，改造传统文化产业，催生新的文化业态，大力发展文化创意、文化博览、动漫游戏、数字传输等新兴产业，加快构建传输快捷、覆盖广泛的文化传播体系。要实施重大文化工程，调动各方面力量，整合优势资源，聚合各领域最新的创作理念和创作方法，以项目为平台带动文化创新。要鼓励探索与市场接轨的商业模式，建立以市场为导向的内容集成、加工、制作、传播的生产机制，打造有自主知识产权、有市场影响的文化品牌，满足人民群众的现实文化需求，引导和开发群众的潜在文化需求。在文化创新中，关键还要加强人才队伍的培养。文化生产是复杂的创造性劳动，投入的是智力资源，产出的是著作权、版权等知识产权。知识分子是文化生产的骨干力量，在文化建设中有不可替代的作用。要坚持尊重劳动、尊重知识、尊重人才、尊重创造，从政治上、工作上、生活上关心知识分子。要认真贯彻“双百”方针，实行学术民主、艺术民主，鼓励探索，支持创新，包容失败，努力营造良好创作环境，最大限度调动知识分子的积极性、主动性、创造性，多出精品力作。要认真贯彻人才强国战略，牢固树立“人才是第一资源”的观念，加大文化领域各类人才的培养，才能使中国的文化不断繁荣发展，有效抵御西方强势文化的入侵。

图书在版编目(CIP)数据

影像数字化的历史沿革与媒介功能研究/李兴国,徐智鹏著.
—北京:中国传媒大学出版社,2015.5
ISBN 978-7-5657-1305-7

Ⅰ.①影… Ⅱ.①李… ②徐… Ⅲ.①图象数字化处理—研究
Ⅳ.①TP391.4

中国版本图书馆 CIP 数据核字(2015)第 047853 号

影像数字化的历史沿革与媒介功能研究

著　者	李兴国　徐智鹏
责任编辑	黄松毅
责任印制	曹　辉
封面制作	拓美设计
出 版 人	王巧林
出版发行	中国传媒大学出版社
社　址	北京市朝阳区定福庄东街 1 号　邮编:100024
电　话	86—10—65450528　65450532　传真:65779405
网　址	http://www.cucp.com.cn
经　销	全国新华书店
印　刷	北京艺堂印刷有限公司
开　本	710×1000mm　1/16
印　张	17
版　次	2015 年 5 月第 1 版　2015 年 5 月第 1 次印刷
书　号	ISBN 978-7-5657-1305-7/TP·1305　**定　价**　58.00 元